教学的盛衰

夏丏尊 等 著

泰山出版社·济南·

图书在版编目（CIP）数据

美学的盛宴 / 夏丏尊等著 . — 济南：泰山出版社，2021.10
ISBN 978-7-5519-0678-4

Ⅰ.①美… Ⅱ.①夏… Ⅲ.①美学—文集 Ⅳ.①B83-53

中国版本图书馆 CIP 数据核字（2021）第 210390 号

MEIXUE DE SHENGYAN
美学的盛宴

著　　者	夏丏尊　等
责任编辑	池　骋
特约编辑	史俊南
装帧设计	观止堂＿未　氓

出版发行　泰山出版社
　社　　址　济南市泺源大街 2 号　邮编　250014
　电　　话　综 合 部（0531）82023579　82022566
　　　　　　市场营销部（0531）82025510　82020455
　网　　址　www.tscbs.com
　电子信箱　tscbs@sohu.com
印　　刷　天津画中画印刷有限公司
成品尺寸　155 毫米 ×230 毫米　16 开
印　　张　26.5
字　　数　310 千字
版　　次　2022 年 2 月第 1 版
印　　次　2022 年 2 月第 1 次印刷
标准书号　ISBN 978-7-5519-0678-4
定　　价　78.00 元

凡　例

一、将原书繁体竖排改为简体横排，并参照不同版本，订正书中明显的错讹。

二、原则上保留原著作中出现的外国人名、地名等的旧式译法，订正个别极易引起歧义的译法。

三、不改变原书体例，酌情删改个别表述不规范的篇章或文字。

四、原书中文字尽量尊重原著，通假字及当时习惯用法（如"他""她"不分，"的""地""得"不分）而与现在用法不同者，一般不做改动。人名、字号、地名、书名等专有名词，酌情保留繁体和异体字形。

五、参照现行出版规范，对原书中标点符号进行适当修改，新中国成立后的日期等情况统一采用公元纪年法表示。

目录 contents

美育与人生	蔡元培	001
美术与科学的关系	蔡元培	003
美学讲稿	蔡元培	007
美学的趋向	蔡元培	015
美学的对象	蔡元培	035
美学的研究法	蔡元培	042
美术的进化	蔡元培	049
美学的进化	蔡元培	054
康德美学述	蔡元培	060
美术的起原	蔡元培	068
美术批评的相对性	蔡元培	090
论哲学家与美术家之天职	王国维	093
古雅之在美学上之位置	王国维	096
孔子之美育主义	王国维	101
霍恩氏之美育说	王国维	105

趣味教育与教育趣味……………………………… 梁启超 113

美术与科学……………………………………… 梁启超 119

美术与生活……………………………………… 梁启超 125

美与艺…………………………………………… 徐悲鸿 129

美术之起源及其真谛…………………………… 徐悲鸿 131

古今中外艺术论………………………………… 徐悲鸿 134

美的解剖………………………………………… 徐悲鸿 139

美术漫话………………………………………… 徐悲鸿 140

艺术谈…………………………………………… 李叔同 143

释美术…………………………………………… 李叔同 147

艺术活动之力…………………………………… 徐朗西 149

自然　艺术　人格……………………………… 徐朗西 152

文艺鉴赏的程度………………………………… 夏丏尊 154

艺术与现实……………………………………… 夏丏尊 159

爱美的戏剧……………………………………… 陈大悲 163

捧角家是戏剧艺术之贼………………………… 陈大悲 168

调和之美………………………………………… 李大钊 171

美与高…………………………………………… 李大钊 172

动的艺术………………………………………… 欧阳予倩 176

听观众的话……………………………………… 欧阳予倩 178

音乐与人生……………………………………… 王光祈 180

德国的音乐教育………………………………… 王光祈 182

怡情文学与养性文学——序太华烈士编译《硬汉》小说集	许地山	185
中国美术家的责任	许地山	187
大众的艺术	陶行知	194
艺术是老百姓最需要最爱好的东西	陶行知	197
人类的心灵需要滋补了	陈之佛	199
艺术对于人生的真谛	陈之佛	201
艺术与国家	郁达夫	206
文艺赏鉴上之偏爱价值	郁达夫	212
山水及自然景物的欣赏	郁达夫	218
文学的美——读Puffer的《美之心理学》	朱自清	224
论雅俗共赏	朱自清	231
什么是女性美	孙福熙	238
论文艺的重要	孙福熙	242
"美"	瞿秋白	244
艺术与人生	瞿秋白	247
说 舞	闻一多	253
戏剧的歧途	闻一多	260
诗与批评	闻一多	264
戏剧与趣味	熊佛西	271
写意与写实	熊佛西	276
体验与艺术	滕 固	278

艺术之节奏	滕 固	281
诗书画三种艺的联带关系	滕 固	286
有用与美	徐蔚南	291
艺术对于人生的价值	徐蔚南	295
论触景生情	许君远	297
论意境	许君远	303
谈"本色的美"	江寄萍	310
诗人与诗	江寄萍	314
民众艺术的内容	苏 汶	317
"雅"与"俗"	苏 汶	320
现代中国艺术之恐慌	傅 雷	322
艺术与自然的关系	傅 雷	327
中国歌舞短论	聂 耳	340
电影的音乐配奏	聂 耳	342
文人画的价值	陈师曾	344
国画之气韵问题	余绍宋	350
音乐的势力	萧友梅	356
论音乐感人之理	杨昭恕	361
关于美的几种学说	刘伯明	364
《梅兰芳歌曲谱》序	刘半农	370
要善于辨别精粗美恶	梅兰芳	376
属于一个时代的戏剧	洪 深	383

艺术的产生和发展……………………………曹伯韩　390

音乐的欣赏……………………………………黄　自　395

影剧之艺术价值与社会价值…………………孙师毅　400

中国绘画之精神（节选）……………………傅抱石　403

普遍的音乐——随感之四……………………冼星海　410

美育与人生

蔡元培

人的一生,不外乎意志的活动,而意志是盲目的,其所恃以为较近之观照者,是知识;所以供远照、旁照之用者,是感情。

意志之表现为行为。行为之中,以一己的卫生而免死、趋利而避害者为最普通;此种行为,仅仅普通的知识,就可以指导了。进一步的,以众人的生及众人的利为目的,而一己的生与利即托于其中。此种行为,一方面由于知识上的计较,知道众人皆死而一己不能独生;众人皆害而一己不能独利。又一方面,则亦受感情的推动,不忍独生以坐视众人的死,不忍专利以坐视众人的害。更进一步,于必要时,愿舍一己的生以救众人的死;愿舍一己的利以去众人的害,把人我的分别,一己生死利害的关系,统统忘掉了。这种伟大而高尚的行为,是完全发动于感情的。

人人都有感情,而并非都有伟大而高尚的行为,这由于感情推动力的薄弱。要转弱而为强,转薄而为厚,有待于陶养。陶养的工具,为美的对象,陶养的作用,叫作美育。

美的对象,何以能陶养感情?因为他有两种特性:一是普遍;二是超脱。

一瓢之水,一人饮了,他人就没得分润;容足之地,一人占了,他人就没得并立;这种物质上不相入的成例,是助长人我的区别、自私自利的计较的。转而观美的对象，就大不相同。凡味觉、嗅觉、肤觉之含有质的关系者，均不以美论；而美感的发动，乃以摄影及音波辗转传达之视觉与听觉为限。所以纯然有"天下为公"之概。名山大川，人人得而游览；夕阳明月，人人得而赏玩；公园的造像，美术馆的图画，人人得而畅观。齐宣王称"独乐乐不若与人乐乐"，"与少乐乐不若与众乐乐"；陶渊明称"奇文共欣赏"；这都是美的普遍性的证明。

植物的花，不过为果实的准备；而梅、杏、桃、李之属，诗人所咏叹的，以花为多。专供赏玩之花，且有因人择的作用，而不能结果的。动物的毛羽，所以御寒，人固有制裘、织呢的习惯；然白鹭之羽，孔雀之尾，乃专以供装饰。宫室可以避风雨就好了，何以要雕刻与彩画？器具可以应用就好了，何以要图案？语言可以达意就好了，何以要特制音调的诗歌？可以证明美的作用，是超越乎利用的范围的。

既有普遍性以打破人我的成见，又有超脱性以透出利害的关系；所以当着重要关头，有"富贵不能淫，贫贱不能移，威武不能屈"的气概；甚且有"杀身以成仁"而不"求生以害仁"的勇敢；这种是完全不由于知识的计较，而由于感情的陶养，就是不源于智育，而源于美育。

所以吾人固不可不有一种普通职业，以应利用厚生的需要；而于工作的余暇，又不可不读文学，听音乐，参观美术馆，以谋知识与感情的调和，这样，才算是认识人生的价值了。

1931 年前后

美术与科学的关系

蔡元培

诸君都是在专门学校肄业的,所学的都是专门的科学,而我所最喜欢研究的,却是美术,所以与诸君讲:美术与科学的关系。

我们的心理上,可以分三方面看:一面是意志,一面是知识,一面是感情。意志的表现是行为,属于伦理学,知识属于各科学,感情是属于美术的。我们是做人,自然行为是主体,但要行为断不能撇掉知识与感情。例如走路是一种行为,但要先探听:从那一条路走?几时可到目的地?探明白了,是有了走路的知识了;要是没有行路的兴会,就永不会走或走得不起劲,就不能走到目的地。又如踢球的也是一种行为,但要先研究踢的方法;知道踢法了,是有了踢球的知识了;要是不高兴踢,就永踢不好。所以知识与感情不好偏枯,就是科学与美术,不可偏废。

科学与美术有不同的点:科学是用概念的,美术是用直观的。譬如这里有花,在科学上讲起来,这是菊科的植物,这是植物,这是生物,都从概念上进行。若从美术家眼光看起来,这一朵菊花的形式与颜色觉得美观就是了。是不是叫作菊花,都可不管。其余的菊科植物什么样?植物什么样?生物什么样?更可不必管了。又如这里有桌子，在科学上讲起来，他那桌面与四足的比例，是合于力学的理法的；因而推到各种形式不同的桌子，同是一种理法；而且与桌子相类的椅子、凳子，也同是一种理法；因而推到屋顶与柱子的关系，也同是一种理法，都是从概念上进行。若从美术家眼光看起来，不过这一个桌面上纵横的尺度的比例配置得适当；四足的粗细与桌面的大小厚薄，配置得也适当罢了，不必推到别的桌子或别的器具。

但是科学虽然与美术不同，在各种科学上，都有可以应用美术眼光的地方。

算术是枯燥的科学，但美术上有一种截金法的比例，凡长方形的器物，最合于美感的，大都纵径与横径，总是三与五、五与八、八与十三等比例。就是圆形，也是这样。

形学的点线面，是严格没有趣味的，但是图案画的分子，有一部分竟是点与直线、曲线，或三角形、四方形、圆形等凑合起来。又各种建筑或器具的形式，均不外乎直线、曲线的配置。不是很美观的么？

声音的高下，在声学上，不过一秒中发声器颤动次数的多少。但是一经复杂的乐器，繁变的曲谱配置起来，就可以成为高尚的音乐。

色彩的不同在光学上，也不过光线颤动迟速的分别。但是用美术的感情试验起来，红黄等色，叫人兴奋；蓝绿等色，叫人宁静。又把各种饱和或不饱和的颜色配置起来，竟可以唤起种种美的感情。

矿物学不过为应用矿物起见，但因此得见美丽的结晶，金类宝石类的光彩，很可以悦目。

生物学，固然可以知动植物构造的同异、生理的作用，但因此得见种种植物花叶的美，动物毛羽与体段的美。凡是美术家在雕刻上、图画上或装饰品上用作材料的，治生物学的人都时时可以遇到。

天文学，固然可以知各种星体引力的规则与星座的多寡；但如月光的魔力，星光的异态，凡是文学家几千年来叹赏不尽的，有较多的机会可以赏玩。

照上头所举的例看起来，治科学的人，不但治学的余暇，可以选几种美术，供自己的陶养，就是所专研的科学上面，也可以兼得美术的趣味，岂不是一举两得么？

常常看见专治科学、不兼涉美术的人，难免有萧索无聊的状态。无聊不过于生存上强迫的职务以外，俗的是借低劣的娱乐作消遣，高的是渐渐的成了厌世的神经病。因为专治科学，太偏于概念，太偏于分析，太偏于机械的作用了。譬如人是何等灵变的东西，照单纯的科学家眼光，解剖起来，不过几根骨头，几堆筋肉。化分起来，不过几种原质。要是科学进步，一定可以制造生人，与现在制造机械一样。兼且凡事都逃不了因果律。即如我们今日在这里会谈，照极端的因果律讲起来，都可以说是前定的。我为什么此时到湖南，为什么今日到这个第一师范学校，为什么我一定讲这些呢，为什么来听的一定是诸位，这都有各种原因凑合成功，竟没有一点自由的。就是一人的生死，国家的存亡，世界的成毁，都是机械作用，并没有自由的意志可以改变他的。抱了这种机械的人生观与世界观，不但对于自己竟无生趣，对于社会毫无爱情，就是对于所治的科学，也不过"依样画葫芦"，决没有创造的精神。

防这种流弊，就要求知识以外，兼养感情，就是治科学以外，兼治美术。有了美术的兴趣，不但觉得人生很有意义，很有价值，就是治科学的时候，也一定添了勇敢活泼的精神。请诸君试验一试验。

1921 年 2 月 22 日

美学讲稿

蔡元培

美学是一种成立较迟的科学,而关于美的理论,在古代哲学家的著作上,早已发见。在中国古书中,虽比较的少一点,然如《乐记》之说音乐,《考工记·梓人篇》之说雕刻,实为很精的理论。

《乐记》先说明心理影响于声音,说:"其哀心感者,其声噍以杀;其乐心感者,其声啴以缓;其喜心感者,其声发以散;其怒心感者,其声粗以厉;其敬心感者,其声直以廉;其爱心感者,其声和以柔。"又说:"治世之音安以乐,其政和;乱世之音怨以怒,其政乖;亡国之音哀以思,其民困。"

次说明声音亦影响于心理,说:"志微噍杀之音作,而民思忧;啴谐慢易繁文简节之音作,而民康乐;粗厉猛起奋末广贲之音作,而民刚毅;廉直劲正庄诚之音作,而民肃敬;宽裕肉好顺成和动之音作,而民慈爱;流辟邪散狄成涤滥之音作,而民淫乱。"

次又说明乐器之影响于心理,说:"钟声铿,铿以立号,号以立横,横以立武,君子听钟声,则思武臣;石声磬,磬以立辨,辨以致死,君子听磬声,则思封疆之臣;丝声哀,哀以立廉,廉以立志,君子听琴瑟之声,则思志义之臣;竹声滥,滥以立会,会以聚众,君子听竽笙箫管之声,则思畜聚之臣;鼓鼙之声欢,欢以立动,动以进众,君子听鼓鼙之声,则思将帅之臣。"

这些互相关系，虽因未曾一一实验，不能确定为不可易的理论；然而声音与心理有互相影响的作用，这是我们所能公认的。

《考工记》："梓人为笋虡，……厚唇弇口，出目短耳，大胸燿后，大体短脰，若是者谓之赢属；恒有力而不能走，其声大而宏。有力而不能走，则于任重宜；大声而宏，则于钟宜。若是以为钟虡，是故击其所县，而由其虡鸣。锐喙决吻，数目顅脰，小体骞腹，若是者谓之羽属；恒无力而轻，其声轻阳而远闻；无力而轻，则于任轻宜；其声清阳而远闻，于磬宜；若是者以为磬虡；故击其所县，而由其虡鸣。小首而长，抟身而鸿，若是者谓之鳞属，以为笋。凡攫閷援簭之类，必深其爪，出其目，作其鳞之而。深其爪，出其目，作其鳞之而，则其眡必拨尔而怒；苟拨尔而怒，则于任重宜，且其匪色必似鸣矣。爪不深，目不出，鳞之而不作，则必颓尔如委矣；苟颓尔如委，则加任焉，则必如将废措，其匪色必似不鸣矣。"

这是象征的作用，而且视觉与听觉的关联，幻觉在美学上的价值，都看得很透彻了。

自汉以后，有《文心雕龙》《诗品》《诗话》《词话》《书谱》《画鉴》等书，又诗文集、笔记中，亦多有评论诗文书画之作，间亦涉建筑、雕塑与其他工艺美术，亦时有独到的见解；然从未有比较贯串编成系统的。所以我国不但无美学的名目，而且并无美学的雏型。

在欧洲的古代，也是如此。希腊哲学家，如柏拉图、亚里士多德等，已多有关于美术之理论。但至十七世纪（应是十八世纪），有鲍格登（Baumgarten）用希腊文"感觉"等名其书，专论美感，以与知识对待，是为"美学"名词之托始。至于康德，始确定美学在哲学上之地位。

康德先作纯粹理性批评，以明知识之限界；次又作实践理性批评，以明道德之自由；终乃作判断力批评，以明判断力在自然限界中之相对的自由，而即以是为结合纯粹理性与实践理性之作用。又于判断力中分为决定的判断与审美的判断，前者属于目的论的范围，后者完全是美学上的见解。

康德对于美的定义，第一是普遍性。盖美的作用，在能起快感；普通感官的快感，多由于质料的接触，故不免为差别的；而美的快感，专起于形式的观照，常认为普遍的。

第二是超脱性。有一种快感，因利益而起；而美的快感，却毫无利益的关系。

他说明优美、壮美的性质，亦较前人为详尽。

自有康德的学说，而在哲学上美与真善有齐等之价值，于是确定，与论理学、伦理学同占重要的地位，遂无疑义。

然在十九世纪，又有费希耐氏，试以科学方法治美学，谓之自下而上的美学，以与往昔自上而下的美学相对待，是谓实验美学。费氏用三种方法，来求美感的公例：一是调查，凡普通门、窗、箱、匣、信笺、信封等物，求其纵横尺度的比较；二是装置，剪纸为纵横两画，令多数人以横画置直画上，成十字，求其所制地位之高下；三是选择，制各种方形，自正方形始，次列各种不同之长方形，令多数人选取之，看何式为最多数。其结果均以合于截金术之比例者为多。

其后，冯德与摩曼继续试验，或对于色，或对于声，或对于文学及较为复杂之美术品，虽亦得有几许之成绩，然问题复杂，欲凭业经实验的条件而建设归纳法的美，时期尚早。所以现在治美学的，尚不能脱离哲学的范围。

费希耐于创设前述试验法外，更于所著自下而上的美学中，说明美感的条件有六：

第一，美感之阈。心理学上本有意识阈的条件，凡感触太弱的，感官上不生何等影响。美感也是这样，要引起美感的，必要有超乎阈上的印象。例如，微弱的色彩与声音、习见习闻的装饰品，均不足以动人。

第二，美的助力。由一种可以引起美感的对象，加以不相反而相成的感印，则美感加强。例如，徒歌与器乐，各有美点，若于歌时以相当的音乐配起来，更增美感。

第三，是复杂而统一。这是希腊人已往发现的条件，费氏经观察与试验的结果，也认为重要的条件。统一而太简单，则乏味；复杂而不相联属，则讨厌。

第四，真实。不要觉得有自相冲突处，如画有翼的天使，便要是能飞的翼。

第五，是明白。对于上面所说的条件，在意识上很明白地现出来。

第六，是联想。因对象的形式与色彩，而引起种种记忆中的关系，互相融和。例如，见一个意大利的柑子，形式是圆的，色彩是黄的，这固然是引起美感的了；然而若联想到他的香味，与他在树上时衬着暗绿的叶，并且这树是长在气候很好的地方，那就是增加了不少的美感。若把这个柑子换了一个圆而黄的球，就没有这种联想了。

从费希耐创设实验法以后，继起的不少。

惠铁梅氏（Lightner Witmer）把费氏用过的十字同方形，照差别的大小排列起来，让看的人或就相毗的两个比较，或就列上选择，说出那个觉得美，那个觉得不美。这与费氏的让人随便选择不同了。他的结果，在十字上，两端平均的，不平均而按着截金术的比例的，觉得美；毗连着截金术的比例的，尤其毗连着平均的，觉得不美，觉得是求平均而不得似的。在方形上，是近乎正方形与合于截金术比例的长方形，觉得美；与上两种毗连的觉得不美，而真正的正方形，也是这样（这是视觉上有错觉的缘故）。

射加尔（Jacob Segal）再退后一步，用最简单的直线来试验，直立的，横置的，各种斜倾的。看的人对于直立的，觉得是自身独立的样子；对于斜倾的，觉得是滑倒的样子，就引起快与不快的感情，这就是感情移入的关系。

科恩（J.Cohn）在并列的两个小格子上填染两种饱和的色彩，试验起来，是对称色并列的是觉得美的，并列着类似的色彩是觉得不美的。又把色彩与光度并列，或以种种不同的光度并列，也都是差度愈大的愈觉得美。但据伯开氏（Einma Baker）及基斯曼氏（A.Kirschmann）的修正，近于相对色的并列，较并列真正相对色觉得美一点。依马育氏（Major）及梯此纳氏（Titchener）的试验，并列着不大饱和的色彩觉得比很饱和的美一点。

韬氏（Thown）与白贝氏（Barber）用各种饱和程度不同的色与光度并列，试验后觉得红蓝等强的色，以种种浓淡程度与种种不同程度的灰色相配，是美的；黄绿等弱的，与各度的灰色并列，是不美的。

摩曼氏（Meumann）把并列而觉为不美的两色中间，选一种适宜的色彩，很窄的参在两色的中间，就觉得美观，这可以叫作媒介色。又就并列而不美的两色中，把一色遮住若干，改为较狭的，也可以改不美为美。

摩曼氏又应用在简单的音节上。在节拍的距离，是以四分之四与四分之三为引起快感的。又推而用之于种种的音与种种的速度。

雷曼（Alfred Lehmann）用一种表现的方法，就是用一种美感的激刺到受验的人，而验他的呼吸与脉搏的变动。马汀氏（Frnlein Martin）用滑稽的图画示人而验他的呼吸的差度。苏尔此（Rudolf Schulze）用十二幅图画，示一班学生，用照相机摄取他们的面部与身体不等的动状。

以上种种试验法，都是在赏鉴者一方面，然美感所涉，本兼被动、主动两方面。主动方面，即美术学著作的状况。要研究著作状况，也有种种方法。摩曼氏所提出的有七种：

一　搜集著作家的自述

美术家对于自己的创作，或说明动机，或叙述经过，或指示目的。文学的自序，诗词的题目，图画的题词，多有此类材料。

二　设问

对于美术家著作的要点，设为问题，征求各美术家的答案，可以补自述之不足。

三　研究美术家传记

每一个人的特性、境遇，都与他的作品有关。以他一生的事实与他的作品相印证，必有所得。

四　就美术品而为心理的分析

美术家的心理，各各不同，有偏重视觉的，有偏重听觉的，有偏于具体的事物的，有偏于抽象的概念的；有乐观的，有厌世的；可就一人的著作而详为分析，作成统计；并可就几人的统计而互相比较。例如，格鲁斯与他的学生曾从鞠台（Goethe）、希雷尔（Schiller）、莎士比亚（Shakespeare）、淮革内尔（Wagner）等著作中，作这种研究，看出少年的希雷尔，对于视觉上直观的工作，远过于少年的鞠台；而淮革内尔氏对于复杂的直观印象的工作，亦远过于鞠台。又有人以此法比较诗人用词的单复，看出莎士比亚所用的词，过于一万五千；而密尔顿（Milton）所用，不及其半。这种统计，虽然不过美术家特性的一小部分，然积累起来，就可以窥见他的全体了。

五　病理上的研究

意大利病理学家龙伯罗梭（Lombroso）曾作一文，叫作《天才与病狂》。狄尔泰（Dilthey）也提出诗人的想象力与神经病。神经病医生瞒毗乌斯（P.J.Mobius）曾对于最大的文学家与哲学家为病理的研究，如鞠台、叔本华、卢梭、绥弗尔（Scheffel）、尼采等，均有病象可指。后来分别研究的，也很有许多。总之，出类拔萃的天才，他的精力既为偏于一方的发展，自然接近于神经异常的界线。所以病理研究，也是探求特性的一法。

六　实验

自实验心理进步，有一种各别心理的试验，对于美术家，也可用这种方法来实验。例如，表象的方法，想象的能力对于声音或色彩或形式的记忆力，是否超越常人，是可以试验的。凡图画家与雕像家，常有一种偏立的习惯，或探求个性，务写现实；或抽取通性，表示范畴。我们可以用变换的方法来试验。譬如，第一次用一种对象，是置在可以详细观察的地位，使看的人没有一点不可以看到的，然后请他们描写出来。又一次是置在较远的地位，看的人只可以看到重要的部分，然后请他们描写。那么，我们就可以把各人两次的描写来比较：若是第一次描写得很详细，而第二次描写得粗略，那就是美术家的普通习惯；若是两次都描写得很详细，或两次都描写得很粗略，那就是偏于特性的表现了。

七　自然科学的方法

用进化论的民族学的比较法，来探求创造美术的旨趣。我们从现在已发达的美术，一点点地返溯上去，一直到最幼稚的作品，如前史时代的作品，如现代未开化人的作品，更佐以现代儿童的作品。于是美术的发生与进展，且纯粹美感与辅助实用的区别，始有比较讨论的余地。

上述七种方法，均为摩曼氏所提出。合而用之，对于美术家工作的状况，应可以窥见概略。

1921 年秋

美学的趋向

蔡元培

一　主义

在美学史上，各家学说，或区为主观论与客观论两种趋向。但美学的主观与客观，是不能偏废的。在客观方面，必须具有可以引起美感的条件；在主观方面，又必须具有感受美的对象的能力。与求真的偏于客观，求善的偏于主观，不能一样。试举两种趋向的学说，对照一番，就可以明白了。

美学的先驱，是客观论，因为美术上著作的状况，比赏鉴的心情是容易研究一点，因为这一种研究，可以把自然界的实体作为标准。所以，客观论上常常缘艺术与实体关系的疏密，发生学说的差别。例如，自然主义，是要求艺术与实体相等的；理想主义，是要求艺术超过实体的；形式主义，想象主义，感觉主义，是要求艺术减杀实体的。

自然主义并不是专为美术家自己所倚仗的，因为美术家或者并不注意于把他所感受的照样表示出来；而倒是这种主义常为思想家所最易走的方向。自然主义，是严格的主张美术要酷肖实体的。伦理学上的乐天观，本来还是问题；抱乐天观的，把现实世界作为最美满的，就能把疏远自然的游艺，不必待确实的证据就排斥掉么？自然主义与乐天观的关系，是一方面，与宗教信仰的关系，又是一方面。若是信世界是上帝创造的，自然是最美的了；无怪乎艺术的美，没有过于模仿自然的了。

这种世界观的争论，是别一问题。我们在美学的立足点观察，有种种对于自然主义的非难：第一，把一部分的自然很忠实地写出来，令人有一种不关美学而且与观察原本时特殊的情感。例如逼真的蜡人，引起惊骇，这是非美学的，而且为晤见本人时所没有的。第二，凡是叫作美术，总比实体要减杀一点。例如风景画，不能有日光、喧声、活动与新鲜的空气。蜡人的面上、手上不能有脂肪。石膏型的眼是常开的；身体上各部分容量的变动与精神的经历是相伴的，决不能表示。又如我们看得到的骚扰不安的状态，也不是美术所能写照的。第三，我们说的类似，决不是实物的真相。例如滑稽画与速写画，一看是很类似对象的，然而决不是忠实的描写。滑稽画所写的是一小部分的特性；速写是删去许多应有的。我们看一幅肖像，就是美术家把他的耳、鼻以至眼睛，都省略了，而纯然用一种颜色的痕迹代他们，然而我们还觉得那人的面貌，活现在面前。各派的画家，常常看重省略法。第四，再最忠实的摹本，一定要把美术家的个性完全去掉，这就是把美术的生命除绝了。因为美术家享用，是于类似的娱乐以外，还有一种认识的愉快同时并存的。

然而自然主义的主张，也有理由。一方面是关乎理论的，一方面是关乎实际的。在理论方面，先因有自然忠实与实物模拟的更换。在滑稽画与速写画上已看得出自然印象与实物模拟的差别。这种不完全或破碎的美术品，引出对于"自然忠实"语意的加强。然自然主义家若说是自然即完全可以用描写的方法重现出来，是不可能的事。不过美术上若过于违异自然，引起一种"不类"的感想，来妨害赏鉴，这是要避免的。

　　自然主义所依据的，又有一端，就是无论什么样理想高尚的美术品，终不能不与生活状况有关联。美术上的材料，终不能不取资于自然。然而这也不是很强的论证。因为要制一种可以满足美感的艺术，一定要把所取的材料，改新一点，如选择、增加或减少等。说是不可与经验相背，固然有一种范围，例如从视觉方面讲，远的物象，若是与近的同样大小，这自然是在图画上所见不到的。却不能因主张适合经验而说一种美术品必要使看的、听的或读的可以照样去实行。在美术上，常有附翼的马与半人半马的怪物，固然是用实物上所有的材料集合起来的；然而美术的材料，决不必以选择与联结为制限；往往把实现的事物，参错改变，要有很精细的思路，才能寻着他的线索。如神话的、象征的美术，何尝不是取材于经验，但不是从迹象上看得的。

　　自然主义对于外界实物的关系，既然这样，还要补充一层，就是他对于精神的经历，一定也应当同等地描写出来。然而最乐于实写感情状况的，乃正是自然主义的敌手。抒情诗家，常常把他的情感极明显而毫无改变地写出来，他的与自然主义，应当比理想主义还要接近一点了。这么看来，自然主义，实在是一种普遍的信仰，不是一种美术家的方向。这个区别是很重要的。在美术史上，有一种现象，我们叫作自然主义的样式，单是免除理论的反省时，才可以用这个名义。核实的讲起来，自然主义，不过是一种时期上侵入的实际作用，就是因反对抽象的观念与形式而发生的。他不是要取现实世界的一段很忠实的描写，而在提出一种适合时代的技巧。因为这以前一时期的形式，显出保守性，是抽象的，失真的；于是乎取这个旧时代的美所占之地位，而代以新时代的美，就是用"真"来攻击"理想狂"。人类历史上常有的状况，随着事物秩序的变换而文化界革新，于是乎发见较新的价值观念与实在的意义，而一切美术，也跟着变动。每个美术家目睹现代的事物，要把适合于现代的形式表白出来，就叫作自然派。这种自然派的意义，不过是已死的理想派的敌手。凡是反对政府与反对教会的党派，喜欢用唯物论与无神论的名义来制造空气；美术上的反对派，也是喜欢用自然主义的名义，与他们一样。

从历史上看来，凡是自然派，很容易选择到丑怪与鄙野的材料。这上面第一个理由，是因为从前的美术品，已经把许多对象尽量地描写过了，而且或者已达到很美观的地步了。所以，在对待与独立的情感上，不能不选到特殊的作品。第二个理由，是新发明的技巧，使人驱而于因难见巧的方向，把不容易着手的材料，来显他的长技。这就看美术家的本领，能不能把自然界令人不快的内容，改成引起快感的艺术。自然是无穷的，所以能把一部分不谐适的内容调和起来。美术上所取的，不过自然的一小片段，若能含有全宇宙深广的意义，那就也有担负丑怪的能力了。

在这一点上，与自然派最相反对的，是理想派。在理想派哲学上，本来有一种假定，就是万物的后面，还有一种超官能的实在；就是这个世界不是全从现象构成，还有一种理性的实体。美学家用这个假定作为美学的立足点，就从美与舒适的差别上进行。在美感的经历上，一定有一种对象与一个感受这对象的"我"，在官觉上相接触而后起一种快感。但是这种经历，是一切快感所同具的。我们叫作美的，一定于这种从官能上传递而发生愉快的关系以外，还有一点特别的；而这个一定也是对象所映照的状况。所以美术的意义，并不是摹拟一个实物；而实在把很深的实在，贡献在官能上；而美的意义，是把"绝对"现成可以观照的形式，把"无穷"现在"有穷"上，把理想现在有界的影相上。普通经验上的物象，对于他所根据的理想，只能为不完全的表示；而美术是把实在完全呈露出来。这一派学说上所说的理想，实在不外乎一种客观的普通的概念，但是把这个概念返在观照上而后见得是美。他的概念，不是思想的抽象，而是理想所本有的。

照理想派的意见，要在美术品指出理想所寄托的点，往往很难。有一个理想家对于静物画的说明，说："譬如画中有一桌，桌上有书，有杯，有卷烟匣等等。若书是合的，杯是空的，匣是盖好的，那就是一幅死的画。若是画中的书是翻开的，就是仅露一个篇名，看画的人，也就读起来了。"这是一种很巧妙的说明。然而，美术家神妙的作品，往往连自己都说不出所以然。Philipp Otto Runge 遇着一个人，问他所以画日时循环表的意义，他对答道："设使我能说出来，就不用画了。"Mendelssohn 在一封信里面说："若是音乐用词句说明，他就不要再用乐谱的记号了。"

真正美术品，不能从抽象的思想产出。他的产出的机会，不是在思想的合于论理，而在对于激刺之情感的价值。理想固然是美术上所不可缺的，然而他既然凭着形式、颜色、声音表示出来，若是要理解他，只能靠着领会，而不能靠着思想。在实际的内容上，可以用概念的词句来解释。然而，美术品是还有一点在这个以外的，就是属于情感的。

注重于情感方面的是形式派。形式派的主张，美术家所借以表示的与赏鉴的、所以受感动的，都不外乎一种秩序，就是把复杂的材料，集合在统一的形式上。美学的了解，不是这是什么的问题，而是这是怎样的问题。在理想派，不过把形式当作一种内容的记号；而形式派，是把内容搁置了。不但是官能上的感觉，就是最高的世界观，也置之不顾。他们说，美是不能在材料上求得的，完全在乎形式与组合的均适，颜色与音调的谐和。凡有一个对象的各部分，分开来，是毫没有美学上价值的。等到连合起来了，彼此有一种关系了，然后发生美学上价值的评判。

要是问形式派，为什么有一种形式可以生快感，而有一种不能？普通的答案，就是以明了而易于理解的为发生快感的条件。例如，谐和的音节有颤动数的关系；空间部分要均齐地分配；有节奏变拍要觉得轻易地进行，这都是可以引起快感而与内容没有关系的。

但是，这种完全抽象的理论，是否可以信任，是一问题。例如复杂而统一，是形式上最主要的条件；但是，很有也复杂而也统一的对象，竟不能引起快感的，这是什么缘故？一种形式与内容的美术品，要抽取他一部分，而使感觉上毫不受全体的影响，是不可能的事；各部分必不免互相映照的。

形式论是对于实物的全体而专取形式一部分，是数量的减杀；又或就实物的全体而作程度的减杀，这是专取影相的幻想派。他以为现实世界的影相是美术上惟一的对象，因为影相是脱去艰难与压迫，为无穷的春而不与自然的苛律生关系。美的对象，应当对于生活的关系，毫没有一点顾虑，而专对于所值的效为享用。我们平常看一种实物，一定想到他于我有什么用处，而且他与其他实物有何等关联,而在美的生活上要脱去这两种关系。我们的看法,不是为我们有利益,也不是为与他物有影响。他把他的实际消灭了而只留一个影相。由影相上所发生之精神的激刺,是缺少意志作用的。所以在享用的精神上发生情感,有一点作用而比实际上是减杀了。这种影相,较之实际上似乎减杀,而在评判上,反为加增,因为我们认这影相的世界为超过实际而可爱的理想世界。

　　这种影相论,一转而为美的感觉论,就更为明了。因为影相论的代表,于美的独立性以外,更注重于感受的作用。他不但主张美的工作有自己的目的,而且主张从美的对象引起自己的快感以后,就能按照所感受的状况表示出来。凡人对于所感受的状况,常常觉得是无定的,而可以任意选择;一定要渡到概念上,才能固定。然而一渡到概念的固定,就是别一种的心境,把最初的观照放弃了。现在就有一问题,是不是最初的观照,也可以增充起来,到很清楚很安静的程度？感觉论者说是可以的,就凭寄在美术上。美术是把观照上易去的留住了,流动的固定了,一切与观照连带的都收容了,构成一种悠久的状况。凡是造形美术,都是随视觉的要求而能把实物上无定的形式与色彩之印象,构成有定的实在。例如造像家用大理石雕一个人的肖像,他从那个人所得来的,不过形式;而从材料上所得的,不过把所见的相可以到稳定表示的程度。

　　每一种造形美术,一定要有一个统一的空间;像人的视觉,虽远物,也在统一的空间上享受的。在画家,必须从他的视域上截取一部分,仿佛于四周加一边框的样子;而且觑定一个空间的中心点;并且他所用的色彩,也并不是各不相关的点块,而有互相映照的韵调。他们从远近物相的感受与记忆的表象，而得一空间的色彩的综合，以形为图画的。在概念的思想家，从现实的屡变之存在形式上，行抽象作用，得到思想形式；而美术家，从静静儿变换而既非感受所能把捉，也非记忆所能固定的影相上，取出观照的普遍的美术形式。他们一方面利用自然界所传递的效力而专取他的形式，用为有力的表示；一方面又利用材料的限制，如画板只有平面，文石只有静相等，而转写立体与动状，以显他那特殊的技巧。

在这种理论上，已不仅限于客观方面，而兼涉主观问题。因为我们所存想的事物，虽不能没有与表象相当的客体，而我们所感受的声音或色彩，却不但物理的而兼为心理的。所以从感受方面观察，不但不能舍却主观，而实融合主、客为一体。这种融合主、客的见解，在美学上实有重大意义。现在我们可以由客观论而转到主观论方面了。

主观派的各家，除感情移入论等一二家外，大多数是与客观派各派有密切关系的。客观派中的影相论，尤是容易引入主观派的。他的问题：意识上哪一种的状况是可以用影相来解决的？他的答案：是脱离一切意志激动的。这就是"没有利益关系的快感"与"不涉意志的观点"等理论所演出的。这一种理论，是把美的享用与平常官体的享用，分离开来。官能的享受，是必要先占有的，例如，适于味觉的饮食，适于肤觉的衣料，适于居住的宫室等。美的享用，完全与此等不同。是美的感动与别种感动不但在种类上、而且在程度上不同。因为美的感动，是从人类最深处震荡的，所以比较的薄弱一点。有人用感觉的与记忆的两种印象来证明。记忆的印象，就是感觉的再现，但是远不如感觉的强烈，是无可疑的。美的情感，是专属于高等官能的印象，而且是容易移动的样子。他的根基上的表象，是常常很速的经过而且很易于重现；他自己具有一种统一性，而却常常为生活的印象所篡夺，而易于消失。因为实际的情感，是从经验上发生，而与生活状况互相关联为一体；理想的情感，乃自成为一世界的。所以持久性的不同，并不是由于情感的本质，而实由于生活条件的压迫，就是相伴的环境。我们常常看到在戏院悲剧的末句方唱毕，或音乐场大合奏的尾声方颤毕，而听众已争趋寄衣处，或互相谐谑，或互相争论，就毫没有美的余感了。我们不能说这种原因就在影相感情上，而可以说是那种感情，本出于特别的诱导，所以因我们生活感想的连续性窜入而不能不放弃。

还有一种主观上经历的观察，与影相论相当的，是以影相的感情与实际的感情为无在不互相对待的。古代美学家本有分精神状况为两列，以第一列与第二列为同时平行的，如 Fichte 的科学论，就以这个为经验根本的。现代的 Witaseks 又继续这种见解。他说心理事实的经过，可分作两半；每一经过，在这半面的事实，必有一个照相在那半面。如感觉与想象，判断与假定，实际的感情与理想的感情，严正的愿望与想象的愿望都是。假定不能不伴着判断，但是一种想象的判断，而不是实际的。所以在假定上的感情，是一种影相的感情，他与别种感情的区别，还是强度的减杀。这一种理论上，所可为明显区别的，还是不外乎实际感情与影相感情，就是正式的感情与想象的感情。至于判断与假定的对待说，很不容易贯彻。因为想象的感情，也常常伴着判断，并不是专属于假定。当着多数想象的感情发生的机会，常把实物在意识上很轻松地再现，这并非由知识的分子而来。而且在假定方面，也很有参入实际感情的影响的。快与不快，就是在假定上，也可以使个人受很大的激刺，而不必常留在想象的、流转的状况。所以，我们很不容易把想象感情分作互相对待的两种。因为我们体验心理的经过，例如在判断上说，这个对象是绿的；在假定上说，这对象怕是绿的。按之认识论，固然不同，而在心理上，很不容易指出界限来。

  影相感情的说明，还以感觉论的影相说为较善，因为彼是以心理状况为根据的。我们都记得，美术品的大多数，只能用一种觉官去享受他，很少有可以应用于多种觉官的。若实物，就往往可以影响于吾人全体的感态。例如一朵蔷薇花，可以看，可以摸，可以嗅，可以味，可以普及于多数觉官，这就是实物的特征。然而一朵画的蔷薇花，就只属于视觉，这就是失掉实物的特性了。我们叫作影相的，就是影响于一种觉官，而不能从他种觉官上探他的痕迹。他同小说上现鬼一样，我们看到他而不能捉摸，我们看他进来了，而不能听到他的足音；我们看他在活动，而不能感到空气的振动。又如音乐，是只可以听到，或可以按着他的节拍而活动，而无关于别种觉官。这些美术的单觉性，就可以证明影相的特性。这种影相的单觉性与实物的多觉性相对待，正如镜中假象与镜前实体之对待，也就如想象与感觉的对待。感觉是充满的，而想象是抽绎的。譬如我想到一个人，心目上若他面貌的一部分，或有他一种特别的活动，决不能把他周围的状况都重现出来，也不能听到他的语音。在想象上，就是较为明晰的表相，也比较最不明晰的感觉很简单，很贫乏。

  在客观论上，影相论一转而为幻想论。幻想的效力，是当然摄入于精神状态的。而且，这种状态的发生，是在实物与影相间为有意识的自欺，与有意向的继续的更迭。这种美的享受，是一种自由的有意的动荡在实在与非实在的中间。也可以说是不绝的在原本与摹本间调和的试验。我们若是赏鉴一种描写很好的球，俄而看作真正的球，俄而觉得是平面上描写的。若是看一个肖像，或看一幅山水画，不作为纯粹的色彩观，也不作为真的人与山水观，而是动荡于两者的中间。又如在剧院观某名伶演某剧的某人，既不是执着于某伶，也不是真认为剧本中的某人，而是动荡于这两者的中间。在这种情状上，实际与影相的分界，几乎不可意识了。是与否、真与假、实与虚的区别，是属于判断上，而不在美的享用上的。

美的融和力，不但泯去实际与影相的界限，而且也能泯去外面自然与内面精神的界限，这就是感情美学的出发点。感情美学并不以感情为只是主观的状态，而更且融入客观，正与理想派哲学同一见解。照 Fichte 等哲学家的观察，凡是我们叫作客观的事物，都是由"我"派分出去的。我们回溯到根本上的"我"，就是万物皆我一体。无论何种对象，我都可以游神于其中，而重见我本来的面目，就可以引起一种美的感情，这是美学上"感情移入"的理论。这种理论，与古代拟人论（Anthropomorphismus）的世界观，也是相通的。因为我们要了解全世界，只要从我们自身上去体会就足了。而一种最有力的通译就是美与美术的创造。希腊神话中，有一神名 Narkissos，是青年男子，在水里面自照，爱得要死。正如冯小青"对影自临春水照，卿须怜我我怜卿"一样。在拟人论的思想，就是全自然界都是自照的影子。Narkissos可以算是美术家的榜样的象征。在外界的对象上，把自己的人格参进去，这就是踏入美的境界的初步。所以，美的境界，从内引出的，比从外引进的还多。我们要把握这个美，就凭着我们精神形式的生活与发展与经过。

最近三十年，感情移入说的美学，凭着记述心理学的助力，更发展了。根本上的见解，说美的享受在自己与外界的融和，是没有改变。但说明"美的享受"所以由此发生的理由，稍稍脱离理想哲学与拟人论的范围。例如 R.Vischer 说视觉的形式感情，说我们忽看到一种曲线，初觉很平易地进行，忽而像梦境的郁怒，忽而又急遽地继续发射。又如 Karl du Prel 说抒情诗的心理，说想象的象征力，并不要把对象的外形，作为人类的状态；只要有可以与我们的感想相应和的，就单是声音与色彩，也可以娱情。诗人的妙想，寄精神于对象上，也不过远远地在人类状况上想起来的。较为明晰的，是 H.Lotze 的说音乐。他说我们把精神上经过的状况移置在音乐上，就因声音的特性而愉快。我们身上各机关的生长与代谢，在无数阶级的音程上，从新再现出来。凡有从一种意识内容而移到别种的变化，从渐渐儿平滑过去的而转到跳越的融和，都在音乐上从新再现出来。精神上时间的特性，也附在声音上。两方的连合是最后的事实的特性。若是我的感态很容易地在音乐的感态上参入去，那就在这种同性与同感上很可以自娱了。我们的喜听音乐，就为他也是精神上动作的一种。

在各家感情移入说里面，以 Theodor Lipps 为最著名。他说感情移入，是先用类似联想律来解释音节的享受。每种音节的分子或组合，进行到各人的听觉上，精神上就有一种倾向，要照同样的节奏进行。精神动作的每种特别节奏，都向着意识经过的总体而要附丽进去。节奏的特性，有轻松，有严重，有自由，有连带，而精神的经过，常能随意照他们的内容为同样的振动。在这种情形上，就发生一种个人的总感态，与对象相应和。因为他是把所听的节奏誊录过来，而且直接的与他们结合。照 Lipps 的见解，这种经过，在心理学上的问题，就是从意识内容上推论无意识的心理经过与他的效力，而转为可以了解的意识内容。若再进一步，就到玄学的范围。Fichte 对于思想家的要求，是观察世界的时候，要把一切实物的种类都作人为观；而 Lipps 就移用在美的观赏上；一切静止的形式，都作行动观。感情移入，是把每种存在的都变为生活，就是不绝的变动。Lipps 所最乐于引证的，是简单的形式。例如对一线，就按照描写的手法来运动，或迅速地引进而抽出，或不绝地滑过去。但是，对于静止的线状，我们果皆作如是观么？设要作如是观，而把内界的经过都照着线状的运动，势必以弧曲的蜿蜒的错杂的形式，为胜于径直的正角的平行的线状了。而美的观赏上，实不必都变静止为活动，都把空间的改为时间的。例如一幅图画的布置，若照横面安排的，就应用静止律。又如一瞥而可以照及全范围的，也自然用不着运动的作用。

　　Lipps 分感情移入为二种：一积极的，一消极的。积极的亦名为交感的移入，说是一种自由状况的快感。当着主观与客观相接触的时候，把主观的行动融和在客观上。例如对于建筑的形式上，觉得在主观上有一种轻便的游戏，或一种对于强压的抵消，于是乎发生幸福的情感。这种幸福的情感，是一种精神动作的结局。至于美的对象，是不过使主观容易达到自由与高尚的精神生活就是了。依 Volkelt 的意见，这一种的主观化，是不能有的，因为感情移入，必要把情感与观点融和起来；而对象方面，也必有相当的状况，就是内容与形式的统一。且 Lipps

所举示的，常常把主观与客观作为对谈的形式，就是与外界全脱关系，而仅为个人与对象相互的关系；其实，在此等状况上，不能无外界的影响。

据 EmmaV.Ritook 的报告，实验的结果，有许多美感的情状，并不含有感情移入的关系。就是从普通经验上讲，简单的饰文，很有可以起快感的，但并不待有交感的作用。建筑上如峨特式寺院、罗科科式厅堂等，诚然富有感态，有代表一种精神生活的效力；然如严格的纪念建筑品，令我们无从感入的，也就不少。

至于 Lipps 所举的消极的感情移入，是指不快与不同感情的对象，此等是否待感情移入而后起反感，尤是一种疑问。

所以，感情移入的理论，在美的享受上，有一部分可以应用，但不能说明全部，存为说明法的一种就是了。

二　方法

十九世纪以前，美学是哲学的一部分，所以种种理论，多出于哲学家的悬想。就中稍近于科学的，是应用心理学的内省法。美术的批评与理论，虽间有从归纳法求出的，然而还没有一个著美学的，肯应用这种方法，来建设归纳法的美学。直到一八七一年，德国 Gustav Theodor Fechner 发表《实验美学》(*Zum experimentalen ästhetik*) 论文，及一八七六年发表《美学的预备》(*Vorschule der ästhetik*) 二册，始主张由下而上的方法（归纳法），以代往昔由上而下的方法（演绎法）。他是从 Adolf Zeising 的截金法着手试验。而来信仰此法的人，就以此为美学上普遍的基本规则。不但应用于一切美术品，就是建筑的比例，音乐的节奏，甚而至于人类及动、植、矿物的形式，都用这种比例为美的条件。他的方法，简单的叙述，就是把一条线分作长短两截，短截与长截的比例，和长截与全线的比例，有相等的关系；用数目说明，就是五与八、八与十三、十三与二十一等等。F氏曾量了多数美观的物品，觉得此种比例，是不能确定的。他认为，复杂的美术品，不必用此法去试验；只有在最简单的形式，如线的部分，直角、十字架、椭圆等等，可以推求；但也要把物品上为利便而设的副作用，尽数摆脱，用纯粹美学的根本关系来下判断。他为要求出这种简单的美的关系起见，请多数的人，把一线上各段的分截，与直角形各种纵横面的广狭关系上，求出最美观的判断来，然后列成统计。他所用的方法有三种：就是选择的，装置的，习用的。第一种选择法，是把各种分截的线，与各种有纵横比例的直角形，让被试验者选出最美的一式。第二种装置法，是让人用限定的材料，装置最感为美观的形式。例如装置十字架，就用两纸条，一为纵线，一为横线，置横线于纵线的那一部分，觉得最为美观，就这样装置起来。第三的习用法，是量比各种习用品上最简单的形式。F氏曾试验了多种，如十字架、书本、信笺、信封、石板、鼻烟壶、匣子、窗、门、美术馆图画、砖、科科糖等等，凡有纵横比例的，都列出统计。他的试验的结果，在直角形上，凡正方及近乎正方的，都不能起快感；而纵横面的比例，适合截金法，或近乎此法的，均被选。在直线上，均齐的，或按截金法比例分作两截的，也被选。在十字架上，横线上下之纵线，为一与二之比例的被选。其余试验，F氏未尝发表。

　　F氏此种方法，最先为Wimdt氏心理实验室所采用。此后研究的人，往往取F氏的成法，稍加改良。Lightner Witmer仍取

F氏所已经试验的截线与直角形再行试验，但不似F氏的随便堆积，让人选择；特按长短次序，排成行列。被试验的人，可以一对一对地比较；或一瞥全列，而指出最合意的与最不合意的。而且，他又注意于视官的错觉，因为我们的视觉，对于纵横相等的直角形，总觉得纵的方面长一点；对于纵线上下相等的十字架，总觉得上半截长一点。F氏没有注意到这种错觉，W氏新提出来的。W氏所求的结果：线的分截，是平均的，或按截金法比例的与近乎截金法比例的，均当选；独有近似平均的，最引起不快之感，因为人觉得是求平均而不得的样子。在直角形上，是近乎正方的，或按照截金法比例的，或近乎截金法比例的，均当选；而真的正方形，却起不快之感。

Jacob Segal 又把W氏的法，推广一点。他不但如F氏、W氏的要求得美的普通关系，并要求出审美者一切经过的意识。F氏、W氏对于被试验者的发问，是觉得线的那一种方面的关系，或分截的关系，是最有快感的。S氏的发问，是觉得那一种关系是最快的，那一种是不很快的，那一种是不快的，那一种是在快与不快的中间的。这样的判断，是复杂得多了。而且，在F氏、W氏的试验法，被试验人所判断的，以直接作用为限；在S氏试验法，更及联想作用，因为他兼及形式的表示。形式的表示，就与感情移入的理论有关系。所以，F氏、W氏的试验法，可说是偏重客观的；而S氏的试验法，可说是偏重主观的。

S氏又推用此法于色彩的排比，而考出色彩上的感情移入，与形式上的不同，因为色彩上的感入，没有非美学的联想参入的。

S氏又用F氏的旧法，来试验一种直线的观察。把一条直线演出种种的姿势，如直立、横放与各种斜倚等，请被试验者各作一种美学的判断。这种简单的直线，并没有形学上的关系了；而美学的判断，就不外乎感情移入的作用。如直立的线，可以有坚定或孤立之感；横放的线，可以有休息或坠落之感；一任观察的人发布他快与不快的感情。

J.Cohn 用 F 氏的方法，来试验两种饱和色度的排比，求得两种对待色的相毗是起快感的；两种类似色的相毗，是感不快的。而且用色度与明度相毗（明度即白、灰、黑三度），或明度与明度相毗，也是最强的对待，被选。Chown P.Barber 用饱和的色度与不饱和的色度与黑、白等明度相毗，试验的结果，强于感人的色度，如红、蓝等，用各种饱和度配各种灰度，都是起快感的。若弱于感人的色度，如黄、绿等，配着各种的灰度，是感不快的。

Meumann 又用别的试验法，把相毗而感不快的色度，转生快感；就是在两色中间加一别种相宜色度的细条；或把两色中的一色掩盖了几分，改成较狭的。

Meumann 又用 F 氏的装置法，在音节上试验，用两种不同的拍子，试验时间关系上的快感与不快感。

Munstenberg 与 Pierce 试验空间的关系，用均齐的与不均齐的线，在空间各种排列上，有快与不快的不同。Stratton 说是受眼睛运动的影响。Kulpe 与 Gordon 曾用极短时间，用美的印象试验视觉，要求出没有到"感情移入"程度的反应。Max Major 曾用在听觉上，求得最后一音，以递降的为最快。

以上种种试验法，可说是印象法，因为都是从选定的美的印象上进行的。又有一种表现法，是注重在被试验人所表示的状况的。如 Alfred Lehmann 提出试验感情的方法，是从呼吸与脉搏上证明感情的表现。Martin 曾用滑稽画示人而验他们的呼吸。Rudolf Shulze 曾用十二幅不同性质的图画，示多数学生，而用照相机摄出他们看画时的面貌与姿势；令别人也可以考求何种图画与何种表现的关系。

据 Meumann 的意见，这些最简单的美的印象的试验，是实验美学的基础，因为复杂的美术品，必参有美术家的个性；而简单印象，却没有这种参杂。要从简单印象上作完备的试验，就要在高等官能上，即视觉听觉上收罗各种印象（在节奏与造像上也涉及肤觉与运动）。在视觉上，先用各种简单的或组合的有色与无色的关系；次用各种简单的与组合的空间形式；终用各种空间形式与有色、无色的组合。在听觉上，就用音的连续与音的集合；次用节奏兼音的连续的影响。在这种简单印象上，已求得普遍的成绩，然后可以推用于复杂的美术品。

以上所举的试验法，都是在美的赏鉴上着想。若移在美的创造上，试验较难，然而 Meumann 氏也曾提出各种方法。

第一，是收集美术家关系自己作品的文辞，或说他的用意，或说他的方法，或说他所用的材料。在欧洲美术家、文学家的著作，可入此类的很多。就是中国文学家、书家、画家，也往往有此等文章，又可于诗题或题画诗里面摘出。

第二，是把美术品上有关创造的几点，都提出来，列成问题，征求多数美术家的答复。可以求出他们各人在自己作品上，对于这几点的趋向。

第三，是从美术家的传记上，求出他关于著作的材料。这在我们历史的文苑传、方技传与其他文艺家传志与年谱等，可以应用的。

第四，是从美术家著作上作心理的解剖，求出他个人的天才、特性、技巧与其他地理与时代等等关系。例如文学家的特性，有偏重观照的，就喜作具体的记述。有偏重悬想的，就喜作抽象的论说。有偏于视觉的，有偏于听觉的，有视觉、听觉平行的。偏于视觉的，就注重于景物的描写；偏于听觉的，就注重于音调的谐和。Karl Groos 曾与他的弟子研究英、德最著名的文学家的著作。所得的结果，Schiller 少年时偏于观照，远过于少年的 Goethe；Wagner 已有多数的观点，也远过于 Goethe。又如 Shakespeare 的著作，所用单字在一万五千以上，而 Milton 所用的，不过比他的半数稍多一点。这种研究方法，在我们的诗文集详注与诗话等，颇有近似的材料，但是没有精细的统计与比较。

第五，是病理学的参考。这是从美术家疾病上与他的特殊状态上，求出与天才的关系。意大利病理学家 Lombroso 曾于所著的《天才与狂疾》中，提出这个问题。近来继续研究的不少。德国撒克逊邦的神经病医生 P.Y.Mobius 曾对于文学家、哲学家加以研究：如 Goethe, Schopenhauer, Rousseau, Schiller, Nietzsche 等，均认为有病的征候，因而假定一切非常的天才，均因有病性紧张而驱于畸形的发展。这种假定，虽不免近于武断，然不能不认为有一种理由。其他如 Lombard 与 Lagriff 的研究 Maupassant，Segaloff 的研究 Dostojewsky，也是这一类。我们历史上，如祢衡的狂，顾恺之的痴，徐文长、李贽、金喟等异常的状态，也是有研究的价值的。

第六，是以心理学上个性实验法应用于美术家的心理。一方面用以试验美术家的天才，一方面用以试验美术家的技巧。如他们表象的模型，想象力的特性，记忆力的趋向，或偏于音乐，或偏于色相；观察力的种类，或无心的，或有意的；他们对于声音或色彩或形式的记忆力，是否超越普通人的平均度？其他仿此。

图画家、造像家技术上根本的区别，是有一种注意于各部分忠实的描写与个性的表现，又有一种注意于均度的模型。

有一试验法，用各种描写的对象，在不同的条件上，请美术家描写：有一次是让他们看过后，从记忆中写出来；有一次是置在很近的地位，让他们可以详细观察的；有一次是置在较远的地位，让他们只能看到大概。现在我们对于他们所描写的，可以分别考核了。他们或者无论在何种条件下，总是很忠实地把对象详细写出来，或者因条件不同而作各种不同的描写；就可以知道前者偏于美术上的习惯，而后者是偏于天赋了。

第七，是自然科学的方法，就是用进化史与生物学的方法，而加以人类学与民族心理学的参考。用各时代、各地方、各程度的美术来比较，可以求出美术创造上普遍的与特殊的关系。且按照 Hackel 生物发生原理，人类当幼稚时期，必重演已往的生物史，所以儿童的创造力，有一时直与初民相类。取儿童的美术，以备比较，也是这种方法里面的一端。

1921 年秋

美学的对象

蔡元培

一 对象的范围

一讲到美学的对象,似乎美高、悲剧、滑稽等等,美学上所用的静词,都是从外界送来,不是自然,就是艺术。但一加审核,就知道美学上所研究的情形,大部分是关乎内界生活的,我们若从美学的观点,来观察一个陈设的花瓶,或名胜的风景,普通的民谣,或著名的乐章,常常要从我们的感触、情感、想象上去求他关联的条件。所以,美学的对象,是不能专属客观,而全然脱离主观的。

美术品是美学上主要的对象,而美术品被选于美术家,所以,美术家心理的经过,即为研究的对象。美术家把他的想象寄托在美术品上,在他未完成以前,如何起意?如何进行?虽未必都有记述,然而,我们可以从美术品求出他痕迹的,也就不少。

美术家的著作与赏鉴者的领会,自然以想象为主。然而美的对象,却不专在想象中,而与官能的感觉相关联。官能感觉,虽普通分为五种,而味觉、肤觉、嗅觉,常为美学家所不取。味觉之文,于美学上虽间被借用,如以美学为味学(Gerhmackolehe),以美的评判为味的评判（Gerhmackurteil）等。吾国文学家也常有趣味、兴味、神味等语，属于美学的范围。但严格讲起来，这种都是假借形容，不能作为证据。嗅觉是古代宗教家与装饰家早知利用，寺院焚香与音乐相类，香料、香水与脂粉同功，赏鉴植物的也常常香色并称，然亦属于舒适的部分较多。至于肤觉上滑涩精粗的区别，筋力上轻重舒缩的等差，虽也与快与不快的感情有影响，但接近于美的分子，更为微薄。要之，味觉、肤觉均非以官能直接与物质相切，不生影响。嗅觉虽较为超脱，但亦借极微分子接触的作用，所以号为较低的官能。而美学家所研究的对象，大抵属于视觉、听觉两种。例如色彩及空间的形式，声音及时间的继续，以至于观剧、读文学书。美学上种种问题，殆全属于视、听两觉。

美术中，如图画、音乐，完全与实用无关，固然不成问题。建筑于美观以外，尚有使安、坚固的需要。又如工艺美术中，或为衣服材料，或为日常用具，均有一种实际上应用的目的；在美学的眼光上，就不能不把实用的关系，暂行搁置，而专从美观的一方面，加以评判。

美学家间有偏重美术，忽视自然美的一派，Hegel 就是这样，他曾经看了 Grindwald 冰河，说是不外乎一种奇观，却于精神上没有多大的作用。然而美术的材料，大半取诸自然。我们当赏鉴自然美的时候，常觉有无穷的美趣，不是美术家所能描写的。就是说，我们这一种赏鉴，还是从赏鉴美术上练习而得，然而自然界不失为有一种被赏鉴的资格，是无疑的。

反过来，也有一种高唱自然美、薄视艺术的一派，例如 Wilkelm Hernse 赏兰因瀑布的美，说无论 Tiziaen、Rubens、Vernonese 等，立在自然面前，只好算是最幼的儿童，或可笑的猿猴了。又如

Heinrich V. Salisch 作森林美学，曾说森林中所有的自然美，已经超过各种陈列所的价值不知若干倍，我们就是第一个美术院院长。当然，自然上诚有一种超过艺术的美；然而，艺术上除了声色形式，与自然相类以外，还有艺术家的精神，寄托在里面。我们还不能信这个自然界，是一个无形的艺术家所创造的；我们就觉得艺术上自有一种在自然美以外独立的价值。

人体的美，在静的方面，已占形式上重要地位。动的方面，动容出辞，都有雅、俗的区别。由外而内，品性的高尚与纯洁，便是美的一例。由个人的生活而推到社会的组织，或宁静而有秩序，或奋激而促进步，就是美与高的表现，这都不能展在美学以外的。

二　调和

声音与色彩，都有一种调和的配合。声音的调和，在自然界甚为罕遇；而色彩的调和，却常有的。声音的调和，当在别章推论，请先讲色彩的调和。

色彩的配置，有两种条件：一浓淡的程度，二是联合的关系。配置声音的，几乎完全自主；而配置色彩的，常不能不注意于自然的先例。有一种配合，或者在美的感态上，未必适宜；然而因在自然界常常见到的缘故，也就不觉得龃龉。而且因为色彩的感与实物印象的感，成为联想，就觉得按照实物并见的状况，是适当的。例如暗红与浓绿，似乎不适并置；然而暗红的蔷薇与它那周围的绿叶，我们不知道看过多少次了，而我们不适的感觉，就逐渐磨钝了。若在别种实物的图画上，按照这种色彩配置起来，也必能与常见实物的记忆成为联想，而觉为可观。但若加以注意，使审察的意识，过于复验，就将因物体差别的观念阻碍欣赏；或者使前述的联想，不过成为一种随着感态的颤动而已。所以习惯的势力，不过以美术上实想自然物色彩的范围为限。

但是实写自然物，也有不能与自然物同一的条件。在自然上，常有一种微微变换的光度，助各种色彩的调和；在美术上就不能不注意于各种色彩的本体。照心理学实验的结果，知道纯是饱和的色彩，与用中性的灰色伴着的色彩，很有不同的影响。又知道鲜明闪烁的色彩，若伴着黯淡的、浑浊的光料，反觉美观；而伴着别种精细的色彩，转无快感。驳杂的色彩，是不调和的。钻石、珐琅、孔雀尾、烟火等等，光彩炫眼，不能说是不美，而不能算是调和。凡色彩的明度愈大，就是激刺人目的方面，转换愈多，而近于调和的程度就愈小。儿童与初民，所激赏的，是一种活泼无限的印象。

要试验色彩的调和，不可用闪烁的色彩；而色彩掩覆的平面，不可过小，也不可过大。过小就各色相毗，近于驳杂；过大就过劳目力，而于范围以外的地位，现出相对的幻色。又在流转的光线里面，判断也不容易正确。试验光度的影响，有一种简单的方法，用白纸剪成小方形，先粘在同色同形而较大的纸上；第二次，粘在灰色纸上；第三次，粘在黑色纸上。因周围光度的差别，而对于中间方格的白色，就有不同的感觉；画家可因此而悟利用光度的方法。

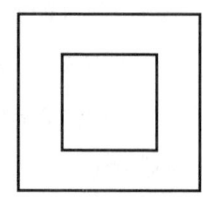

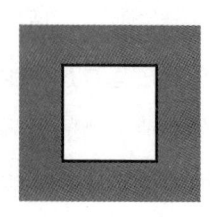

在自然界，于实物上有一种流动的光，也是美的性质。大画家就用各种色彩与光度相关的差次，来描写他，这就叫作色调。若画得不合法，就使看的人，准了光度，失了距离的差别；准了距离，而光相又复不存。欧洲最注意于这种状况的是近时的印象派。从前若比国的 Jan Van Eyck（1380—1440），荷兰的 Rembrandt（1606—1669），法国的 Watteau（1684—1721），英国的 Conotable（1776—1837）、Turner（1775—1851），德国的 Bcklin（1827—1901），都是著名善用色调的画家。因为有这种种的关系，所以随举两种色彩，如红与绿，黄与蓝，红与蓝，合用起来，是美观的还是不美观的？几乎不能简单的断定。又在自然美与艺术美上，常常用三种色调，所以两种色调的限制，也觉得太简单。在现代心理学的试验，稍稍得一点结论。相对色的合用，能起快感的很少。我们所欣赏的，还是在合用相距不远的色度。我们看着相对色的合用，很容易觉得无趣味，或太锐利，就是不调和。这因为每一色的余象（Nachbclde），被相伴的色所妨害了。而且相对色的并列，一方面是因为后象的复现，独立性不足；一方面又因为相距太远，不能一致，所以不易起快感。所以，色彩的调和，或取差别较大的，使有互相映照的功用，而却不是相对色；或取相近的色彩，而配色的度，恰似加以光力或衬有阴影的原色，就觉得浓淡相间，更为一致。就一色而言，红色与明红及暗红相配，均为快感的引导。寻常用红色与暗红相配，在心理上觉得适宜，不似并用相对色的疲目。虽然不是用阴影，而暗红色的作用，恰与衬阴影于普通红色相等。

三　比例

　　比例是在一种美的对象上，全体与部分，或部分与部分，有一种数学的关系。听觉上为时间的经过，视觉上为空间的形式。除听觉方面，当于别章讨论外，就视觉方面讲起来，又有关于排列与关于界限的两种。

　　关于排列的，以均齐律为最简单。最均齐的形式，是于中线两旁，有相对的部分，它们的数目、地位、大小，没有不相等的。在动物的肢体上，在植物的花叶上，常常见到这种形式。在建筑、雕刻、图画上，合于这种形式的，也就不少。然而，我们若是把一个圆圈，直剖为二，虽然均齐，而内容空洞，就不能发起快感。又如一切均齐的形式，可以说是避免丑感的方面多，而积极发起美感的方面较少。在复杂的形式上，要完成它的组织与意义，若拘泥均齐律，常恐不能达到美的价值。

　　我们若用西文写姓名，而把所写的地位上的空白纸折转来，印成所写的字，这是两方完全相等的，然而看的人，或觉得不过如此，或觉得有一点好看，虽因联想的关系，程度不必相同，而总不能引起美学的愉快。这种状况，就引出两个问题：（1）为什么均齐的快感，常属于一纵线的左右，而不属于一横线的上下？（2）为什么重复的形式，不能发生美的价值？

　　解答第一个问题，是有习惯的关系与心理的关系。我们习惯上所见的动物、植物的均齐状况，固然多属于左右的。就是简单的建筑与器具，在工作上与应用上便利，都以左右相等为宜。我们因有这种习惯，所以于审美上也有这种倾向。心理上有视官错觉的公例，若要看得上下均等，为一与一的比例，我们必须把上半做成较短一点才好。例如，S与8，我们看起来，是上下相等了；然而倒过来一看，实在是ς与8，下半比上半大得多了。我们若是把四方形或十字形来试验，上下齐等的关系，更可以明了这种错觉。因这个缘故，所以确实的上下均齐，是不能有美感的。

解答第二个问题，是我们的均齐律，不能太拘于数学的关系，与形式的雷同，而只要求左右两方的均势。在图画上，或左边二人而右边只有一人；或左边的人紧靠着中心点，而右边的人却远一点儿。这都可以布成均势。人体的姿势，无论在实际上，在美术上，并不是专取左右均齐，作为美的价值；常常有选取两边的姿势，并不一致；而筋肉的张弛，适合于用力状况的。

均势的形式，又有两种关系：（1）人体的姿势，受各种运动的牵制，或要伸而先屈，要进而先退；或如柔软体操及舞蹈时，用互相对待的姿势，随时变换。（2）是主观和客观间为相对的动感，如我们对着一个屈伏的造像，就不知不觉地作起立的感想。这种同情的感态，不是有意模仿，而是出于一种不知不觉间调剂的作用。

别一种的比例，就是截金法，$a:b = b:(a+b)$。从 Giotto 提出以后，不但在图画、雕刻、建筑上得了一个标准，而且对于自然界，如人类、动植物的形式，也有用这个作为评判标准的。经 Fechner 的试验，觉得我们所能起快感的形式，并不限于截金术的比例。

1921 年秋

美学的研究法

蔡元培

摩曼氏主张由四方面研究美学，我前次已经讲到了。但什么样研究呢，再详细点讲一讲。

实验美学，是从实验心理学产生的，所以近来实验的结果，为偏于赏鉴家的心理。又因美术的理论，古代早已萌芽，所以近来专门研究美术，要组织美术科学的也颇多。一是偏于主观的，一是偏于客观的，我们要从主客共通的方面作出发点，就是美术家。他所造的美术是客观的；他要造那一种的美术的动机是主观的。我们现在先从美术家的方面来研究，约有六种方法：

第一，搜集美术家对于自己著作的说明。《庄子·天下篇》《太史公自序》，都是说明著书的大旨。书画家与人的尺牍，画家自己的题词，多有自己说明作意的。欧洲从文艺中兴时代到今日，文学家、美术家，此类著作很多。

第二，询问法。是从美术品中，指出几个重要点，问原著的美术家。摩曼曾与李曼（Hugo Riemann）等用此法询问各音乐家。当然可以应用于他种美术。

第三，搜集美术家传记。如《史记》的《屈原传》《司马相如传》、各史的《文苑传》、元史的《工艺传》《书史会要》《画史会要》《画征录》《印人传》等书，文集中文学家、书画家传志，后人所作文学家年谱，都是这一类的材料。

第四，美术家心境录。是从美术家的作品上，推求他心理上偏重处。或偏于观照，或偏于思索，或偏于意境，或偏于技巧。文学的研究，有比较用词多寡的，如莎士比亚集中，用词至一万五千，弥尔敦集中所用的，止超过他的半数。中国名人的诗集，多有详注，很可以求出统计的材料。

第五，美术家病理录。这是意大利一个病理学家龙伯罗梭（Lombroso）提出来的，很可以作心境录的参证。欧洲文学家如卢梭、尼采等，平时都有病的状态。法国的蒙派松（Maupassant）死的前一年，竟至病狂。近来都有人研究他们的病理。中国如徐渭、金喟等，也是这一类。

第六，实验法。这是用同一对象，请多数美术家制作，可以看出各人的偏重点。譬如几个文人同作一个人的传状，几个诗人同赋一处古迹，几个画家同画一时景物，必定各各不同。

美术家既需天才，又需学力。天才不高的人，或虽有天才，没有练习美术的机会，都不能成为美术家。但美感是人人同具的。平常人虽然不是美术家，却没有不知道赏鉴美术的。不过赏鉴的程度，高低深浅，种种不同。我们要研究赏鉴家的心理，就比美术家方面的范围广得多了。大约用六种方法：

第一，选择法。这是费希耐用过的，但费氏止用在简单的量美上，我们不必以长方形纵横方面长广的比为限。可以用各种形式，如三角形、多边形、圆形、椭圆形等，可用几种形式毗连的配置，可用色彩的映带、声音的连续，可用不同派的图画与雕刻，可用文学家的著作。

第二，装置法。这也是费氏用过的。但我们亦不必以十字架为限。可用各种形式不同、色彩不同的片段，凑成最合意的形象，如孩童玩具中，用木块或砖块叠成宫室的样子，也可用多少字集成句子，如文人斗诗牌或集碑字成楹联的样子。

第三，用具观察法。这也是费氏用过的，但我们不必以长方形及量美为限。可用于各种用具的形状、颜色及姿势，可用于装饰品，可用于地摊上的花纸，可用于最流行的小说或曲本，可用于最流行的戏剧。

第四，表示法。这是用一种对象给人刺激，用极快的□影，看他面貌有何表现，姿态有无改变；或用一种传动与速记的机械，看他的呼吸与脉搏有何等变动；这都是从感情的表示上，用作统计的材料的。如马汀（Martin）女士曾用滑稽画试验，苏尔此（Schalze）教授曾用二十种不同的图画试验学生，都用此法。

第五，瞬间试验法。因有一派美学家说美感全由"感情移入"而起；枯尔伯（Kulpe）与戈尔东（Gordon）特用一种美的印象，用极短的时间，刺激受验的人，令他判断，看感情不及移入时，有无快感。

第六，间断试验法。因人类对于美术，随时间短长，所感受的状况不同；所以德若埃（Desoie）用此法来试验。如给他看一幅图画，或十秒钟时，或二十秒、三十秒时，即遮住了，问他："所见的是什么？觉得怎么样？有什么想象？"继续的这样试验下去，就可以看出美感的内容与时间很有关系。或念一首诗，念而忽停，停而忽念，问他觉得怎么样。这种试验的结果，知道形象的美术，起初只看到颜色与形式；音乐，止听到节奏与强度。其次，始接触到内容。又其次，始见到表示内容的种类。又其次，始参入个人的联想。

人的美感，常因自然景物而起，如山水，如云月，如花草，如虫鸟的鸣声，不但文学家描写得很多，就是普通人，也都有赏玩的习惯。但多数美学家，总是用美术作主要的对象。观念论的黑智尔，与自然论的郎萃（Langl），虽然主义相反，但对于偏重美术的意见完全相同。黑氏的意思：美是观念的显示，这种观念，不是在偶发的、不纯的实物上轻易可以得到的。郎氏的意思：美术都是摹拟自然的，美术的赏玩，是从摹拟上得到一种幻想；在所摹拟的实物上，就没有这种幻想了。维泰绥克（Witasek）说："我们在自然界接触大与强的印象，如大海的无涯，雷雨的横暴，都杂有非美学的分子。就是纯粹的美景，也有两种美术上的关系：（1）片段的，如霞彩，如山势，如树状等，与美术上单纯的印象、色彩、形式一样。（2）统一的，如风景可摄影、可入画的，我们也已经用美术的条件印证一过，已经看作美术品了。"为这个缘故，所以美学上专从美术作品研究，可以包括自然的美。研究美术，有十种方法：

第一，材料的区别。美术家著作，不能不受材料的限制。建筑雕刻上，木材与石材不同。幼稚的石柱、石像，有留存木柱、木像痕迹的，就觉得不美。中国的图画，在纸上、绢上，只能用水彩；外国的油画，在麻布上，只能用油彩。不能用一种眼光去评定他。其他种种不同材料的美术，可以类推。

第二，技能的鉴别。同一对象，画的有工有拙，同一曲谱，奏的也有工有拙，这都是技能上的关系。又如全体都工，或有一二点不相称的，是技能不圆到。不是知道这一种美术应具的技能，往往看不出来。

第三，意境的鉴别。同是很工的美术，还有高下、雅俗的区别，这是因为意境不同。美术上往往有"因难见巧"的一派。如纤细的刻镂，一象牙球，内分几层，都是刻得剔透玲珑的。或一斜塔，故意把重心置在一边，看是将倒，而永不会倒的。又如文学上的回文诗、和词、步韵、集字、集句等类，虽然极工，不能算很高的美术，就是因为他意境不高。又如高等的美术，不为俗眼所赏，大半是意境不易了悟的缘故。

第四，分门的研究。如诗话是研究诗的，书谱、论画等是专门研究书法或图画的。外国研究美术的，或专研建筑，或专研音乐，也是这样。

第五，断代的研究。如两汉金石记、南宋院画录等，以一时代为限。外国研究美术的，或专研希腊时代，或专研文学复古时代，或专研现代，也是这样。

第六，分族的研究。欧洲有专研中国与日本美术的，有专研究印度美术的，有专研墨西哥或秘鲁美术的。

第七，溯原。如德人格罗绥（Grosse）与瑞典人希恒（Hirn）都著有《美术的原始》。

第八，进化的观察。西人所著美术史，都用此法。

第九，比较。用异民族的美术互相比较，可以求得美术上公例。如谟德（Muth）比较中国古代与日耳曼古代图案，知道动物图案的进步，有一定的程序。

第十，综合的研究。如格罗绥著《美术科学的研究》、司马荅（Sihmarsow）著《美术科学的原理》等是。

美术进步，虽偏重个性，但个性不能绝对的自由，终不能不受环境的影响。所以不能不研究美的文化。研究的方法，约有五种：

第一，民族的关系。照人类学与古物学看起来，各种未开化的民族，虽然环境不同，他们那文化总是相类，所以美术也很相近。到一种程度，人类征服自然的能力特别发展，所处的地方不同，就努力不同，因而演成各民族的特性，发生各种不同的文化，就有各种不同的美术。不但中国的文化与欧洲不同，所以两方的美术不同，就是欧洲人里面，拉丁族与偷通族、偷通族与斯拉夫族，文化也不尽同，所以美术也不相同。

第二，时代的关系。一时代有特别的文化，就有一时代的美术。六朝的文辞与两汉的不同，宋人的图画与唐人的不同，就是这个缘故。欧洲也是这样：文艺中兴时代的美术与中古时代的不同；现代的又与中古时代的不同。而且一时代又常常有一种特占势力的美术：如周朝的彝器，六朝的碑版，唐以后的文学。欧洲也是这样：希腊人是雕刻，文艺中兴时代是图画，现代是文学。

第三，宗教的关系。初民的美术常与魔术宗教有关；即文化的民族，也还不免。如周朝尚祖先教，所以彝器特美。六朝及唐崇尚佛教、道教，所以造像、画像多是佛的名义；建筑中最崇闳的，是佛寺、道观。欧洲中古时代最美的建筑，都是礼拜堂，到文艺中兴时代，还是借宗教故事来画当时的人物。

第四，教育的关系。中国古代教育，礼、乐并重。后来不重乐了，所以音乐不进步。又如图画及瓷器、刺绣等，虽有一时代曾著特色，但没有专门教育的机关，所以停滞了。欧洲近代各种美术都有教育机关，所以进步很快。且他们科学的教育比我们进步，普通的人对于光线、空气、远景的分别，都很注意，所以美术上也成为公则。我们的教育重模仿古人，重通式，美术也是这样。他们教育上重创造，重发展个性，所以美术上也时创新派，也注重表示个性。

第五，都市美化的关系。每一国中，往往有一二都市，作一国美术的中心点。然希腊的雅典，意大利的威尼士、弗罗郎斯、罗马，法国的巴黎，德国的明兴等，固然有自然的美，与宗教上、政治上特别提倡等等因缘，但是这些都市上特别的布置，一定也大有影响。现在欧洲各国，对于各都市，都谋美化。如道路与广场的修饰，建筑的变化，美术馆、音乐场的纵人观听，都有促进美术的大作用。我们还没有很注意的。

照上列各种研究法，分门用功，等到材料略告完备了，有人综合起来，就可以建设科学的美学了。

1921 年 2 月 21 日

美术的进化

蔡元培

前次讲文化的内容,方面虽多,归宿到教育。教育的方面,虽也很多,他的内容,不外乎科学与美术。科学的重要,差不多人人都注意了。美术一方面,注意的还少。我现在要讲讲美术的进化。

美术有静与动两类:静的美术,如建筑、雕刻、图画等,占空间的位置,是用目视的。动的美术,如歌词、音乐等,有时间的连续,是用耳听的。介乎两者之间是跳舞,他占空间的位置,与图画相类;又有时间的连续,与音乐相类。

跳舞的起原很简单,动物中,如鸽、雀,如猫、狗,高兴时候,都有跳舞的状态。澳洲有一种鸟,且特别用树枝造成一个跳舞厅。到跳舞之进化的时候,我们所知道的非、澳、亚、美等洲的未开化人,都有各种跳舞,他那舞人,必是身上画了花纹,或加上各种装饰,那就是图案与装饰品的起原。跳舞的地方,有在广场的,但也有在草舍或雪屋中间,这就是建筑的起原。又如跳舞会中,必要唱歌,是诗歌与他种文学的起原。跳舞时,常用简单的乐器,指示节拍,这就是音乐的起原。似乎各种美术,都随着跳舞而发生的样子。所以有人说最早的美术就是跳舞,也不为无因。

未开化人的跳舞，本有两种：一种是体操式，排成行列，注重节奏。中国古代的舞，有一部分属于此类，如现在文庙中所演的。欧洲人的跳舞会，也是此类。不过未开化人的跳舞，男女分班。男子跳舞时，女子组成歌队。女子的跳舞会，男子不参加。欧人现在的跳舞会，却是男女同舞的。欧人歌剧中，例有一段跳舞，全由女子组成，也是体操式的发展。

　　未开化人的跳舞，又有一种，是演剧式，或摹拟动物状态，或装演故事，这就是演剧的起原。我们周朝的武舞，一段一段演武王伐殷的样子，这已经近于演剧。后来优孟扮演孙叔敖，就是正式的演剧了。我们正式的演剧，元以后始有文学家的曲本。直到今日，还没有著名的进步。最流行的二黄、梆子等，意浅词鄙，反更不如昆曲了。欧洲现行的戏剧，约有三种：一是歌剧（Opera），全用歌词，以悲剧为多。二是白话剧（Drama），全用白话，亦不参用音乐，兼有悲剧、喜剧。现在中国人叫作新剧的就是这一类。三是小歌剧（Operetta），歌词与白话相间，与我们的曲本相类，多是喜剧。以上三种，都出自文学家手笔。时时有新的著作，有种种的派别，如理想派、写实派、神秘派等。他们的剧场，有专演一种的，也有兼演两种或三种的，但是一日内所演的剧，总是首尾完具，耐人寻味的。别有一种杂耍馆，各幕不相连续，忽而唱歌，忽而谐谈，忽而舞蹈，忽而器乐，忽而禽言，忽而兽戏，忽而幻术，忽而赛拳，纯为娱耳目起见，不含有何种理想。闻英国的戏场，多是此类，不过有少数的专演名家剧本，此亦英人美术观念，与意、法等国不同的缘故。我们的剧场，虽然并不参入幻术、兽戏等等，但是，第一，注意于唱工戏、武戏、小戏等如何排列；第二，注意于唱工戏中，生、旦、净、末的专戏应如何排列,纯从技术上分配平均起见,并无文学上的关系,尚是杂耍馆一类。

最早的装饰,是画在身上。热带的未开化人用不着衣服,就把各种花纹画在身上作装饰。现在妇女的擦脂粉、戏子的打脸谱,是这一类。

进步一点,觉得画的容易脱去,在皮肤上刻了花纹,再用颜色填上去。大约暗色的民族,用浅的瘢痕;黄色或古铜色的民族,用深的雕纹。我们古人叫作"纹身",或叫作"雕题"。至于不用瘢痕,或雕纹的民族,也有在唇上或耳端凿一孔,镶上木片,叫他慢慢儿扩大的。总之,都是矫揉造作的装饰,在文明人的眼光里,只好算是丑状了。但是近时的缠足、束腰、穿耳,也是这一类。

进一步,不在皮肤上用工了,用别种装饰品,加在身上。头上的冠巾,头上的挂件,腰上的带,在未开化人,已经有种种式样。文化渐进,冠服等类,多为卫生起见,已经渐趋简单。但尚有叫作"时式"的,如男子时式衣服,以伦敦人为标准;女子时式衣服,以巴黎人为标准。往往几个月变一个样子,这也是未开化时代的遗俗罢了。

再进一步,不限于身上的装饰,移在身外的器具了。武器如刀、盾等,用器如舟、橹、锅、瓶等,均有画的或刻的花纹,这就是纯粹的图案画。起初是点线等,后来采用动物的形式,后来又采用植物的形式。

更进一步,不但装饰在个人所用的器具上,更要装饰在大家公共的住所上了。穴居时代,已经有壁画,与摩崖的浮雕。到此时期,渐渐地脱卸装饰的性质,产生独立的美术。

器具不但求花纹同色彩的美，更求形式的美。如瓷器及金类玉类等器，均有种种美观的形式。

雕刻的物像，不但附属在建筑上，而且还演为独立的造像。中国墓前有石人、石马，寺观内有泥塑、木雕、玉刻、铜铸的像。虽然有几个著名的雕塑家，如晋的戴颙、元的刘玄，但是无意识的模仿品居多数。西洋自希腊时代，已有著名造像家，流传下来的石像、铜像，都优美得很。自文艺中兴时代，直至今日，常有著名的作家。

图画也不但附在壁上，还演为独立的画幅，所画的也不但是单纯的物体，还演为复杂的历史画、风俗画、山水画等。中国的图画，算是美术中最发达的，但是创造的少，模仿的多。西洋的图画家，时时创立新派，而且画空气，画光影，画远近的距离，画人物的特性，都比我们进步得多。

建筑的美观，起初限于家庭。后来推行到公共建筑，如宗教的寺观，帝王的宫殿。近来偏重在学校、博物院、图书馆、公园等。最广的，就是将一所都市，全用美观的计划，布置起来。

以上都是说静的美术，今要说动的美术，就是诗歌与音乐。

在跳舞会上的歌词，是很简单的。演而为独立的小调，又演而为三派的文学。一是抒情诗，如中国的诗与词，起初专为歌唱，后来渐渐发展，专用发表感想，不过尚有长短音的分配，韵的呼应。到近来的新体诗，并长短音与韵也可不拘了。一是戏曲，起初全是歌词，后来参加科白，后来又有一体，完全离音乐而独立，通体用白话了。一是小说，起初是神话与动物谈，后来渐渐切近人事。起初描写的不过通性，后来渐渐的能表示特性。起初全凭讲演，语言与姿态同时发表，后来传抄印刷，完全是记述与描写的文学了。

跳舞会的音乐，是专为拍子而设，或用木棍相击，或用兽皮绷在木头上。由此进步，演为各种的鼓。澳洲土人有一种竹管，用鼻孔吹的。中国古书说音乐起于伶伦取竹制筒，大约吹的乐器，都由竹管演成的。非洲土人，有一种弓形的乐器，后来演成各种弦器。初民的音乐重在节奏，对于音阶的高下，不很注意。近来有种种的曲谱，有各种关于音乐的科学，有教授音乐的专门学校，有超出跳舞会与戏剧而独立的音乐会，真非常地进步了。

观各种美术的进化，总是由简单到复杂，由附属到独立，由个人的进为公共的。我们中国人自己的衣服、宫室、园亭，知道要美观，却不注意于都市的美化。知道收藏古物与书画，却不肯合力设博物院，这是不合于美术进化公例的。

1921 年 2 月 15 日

美学的进化

蔡元培

我已经讲过美术的进化了，但我们不是稍稍懂得一点美学，决不能知道美术的底蕴，我所以想讲讲美学。今日先讲美学的进化。

我们知道，不论哪种学问，都是先有术后有学，先有零星片段的学理，后有条理整齐的科学。例如上古既有烹饪，便是化学的起点。后来有药方，有炼丹法，化学的事实与理论，也陆续地发布了。直到十八世纪，始成立科学。美学的萌芽，也是很早。中国的《乐记》《考工记·梓人篇》等，已经有极精的理论。后来如《文心雕龙》，各种诗话，各种评论书画古董的书，都是与美学有关。但没有人能综合各方面的理论，有统系地组织起来，所以至今还没有建设美学。

在欧洲古代，也是这样。希腊的大哲学家，如柏拉图、亚里士多德等，都有关于美学的名言。柏氏所言，多关于美的性质；亚氏更进而详论各种美术的性质。柏氏于美术上提出"模仿自然"的一条例，后来赞成他的很多。到近来觉得最高的美术，尚须修正自然，不能专说模仿了。亚氏对于美术，提出"复杂而统一"一条例，至今尚颠扑不破。譬如我在这个黑板上画一个圆圈，是统一的，但不觉得美，因为太简单。又譬如我左边画几个人，右边画个动物，中间画些山水、房屋、花木等类，是复杂的；但也不觉得美，因为彼此不相连贯，没有统系，就是不统一。所以既要复杂，又要统一，确是美术的公例。

罗马时代的文学家、雄辩家、建筑家，关于他的专门技术，间有著作。到文艺中兴时代，文喜（Leonardo da Vinee）、埃尔倍西（Leone Battiota Alberti）、佘尼尼（Cemimo Cennine）等美术家，尤注意于建筑与图画的理论。那时候科学还不很发达，不能大有成就。十七世纪，法国的诗人，有点新的见解。其中如波埃罗（Borlean Despeaux）于所著《诗法》中提出"美不外乎真"的主义，很震动一时。用学理来分析美的原素，为美学先驱的，要推十七、十八世纪的英国经验派心理学家。他们知道美的赏鉴，是属于感情与想象力的。美的判断，不专是认识的。而且美的感情，也与别种感情有不同的点。如呵末（Hume）说美的快感是超脱的，与道德的实用的感情不同。又如褒尔克（Burke）研究美感的种类，说美，是一见就生快感的，这是与人类合群的冲动有关。高，初见便觉不快，仿佛是危险的，这是与人类自存的冲动有关。但后来仍有快感，因知道这是我们观察中的假象。都是美学家最注意的问题。

以上所举的哲学家，虽然有美学的理论，但都附属在哲学的或美术的著作中。不但没有专门美学的书，还没有美学的专名，与中国一样。直到一七五○年，德国鲍格登（Alexander Baumgarten）著《爱斯推替克》（Aesthetica）一书，专论美感。"爱斯推替克"一字，在希腊文本是感觉的意义，经鲍氏著书后，就成美学专名；各国的学者都沿用了。这是美学上第一新纪元。

鲍氏以后，于美学上有重要关系的，是康德（Kant）的著作。康德的哲学，是批评论。他著《纯粹理性批评》，评定人类和知识的性质。又著《实践理性批评》，评定人类意志的性质。前的说现象界的必然性，后的说本体界的自由性。这两种性质怎么能调和呢？依康德见解，人类的感情是有普遍的自由性，有结合纯粹理性与实践理性的作用。由快不快的感情起美不美的判断，所以他又著《判断力批评》一书。书中分究竟论、美论二部。美论上说明美的快感是超脱的，与呵末同。他说官能上适与不适，实用上良与不良，道德上善与不善，都是用一个目的作标准。美感是没有目的，不过主观上认为有合目的性，所以超脱。因为超脱，与个人的利害没有关系，所以普遍。他分析美与高的性质，也比褒尔克进一步。他说高有大与强二种，起初感为不快，因自感小弱的缘故。后来渐渐消去小弱的见，自觉与至大至强为一体，自然转为快感了。他的重要的主张，就是无论美与高，完全属于主观，完全由主观上想象力与认识力的调和，与经验上的客观无涉。所以必然而且普遍，与数学一样。自康德此书出后，美学遂于哲学中占重要地位；哲学的美学由此成立。

绍述康德的理论，又加以发展的，是文学家希洛（Schiller）。他所主张的有三点：一、美是假象，不是实物，与游戏的冲动一致。二、美是全在形式的。三、美是复杂而又统一的，就是没有目的而有合目的性的形式。

以后盛行的，是理想派哲学家的美学。其中最著名的，如隋林（Schelling）的哲学，谓自然与精神，同出于绝对的本体。本体是平等的，无限的；但我们所生活的现象世界是差别的，有限的。要在现象世界中体认绝对世界，惟有观照。知的观照，属于哲学；美的观照，属于艺术。哲学用真理导人，但被导的终居少数；艺术可以使人人都观照绝对。隋氏的哲学，是抽象一元论。所以他独尊抽象，说具象美不过是抽象美的映象。

后来黑格尔（Hegel）不满意于隋林的抽象观念论，所以设具象观念论。他说美是在感觉上表现的理想。理想从知性方面抽象的认识，是真；若从感觉方面具象的表现，是美。表现的作用愈自由，美的程度愈高。最幼稚的是符号主义，如古代埃及、叙利亚、印度等艺术，是精神受自然压制，心能用一种符号表示不明了的理想。进一步是古典主义，如希腊人对于自然，能维持精神的独立；他们的艺术，是自然与精神的调和。又进一步，是浪漫主义，如中世纪基督教的美术，是完全用精神支配自然。

与黑氏同时有叔本华（Schopenhauer），他是说世界的本体，是盲目的意志。人类在现象世界，因有欲求，所以常感苦痛。要去此苦痛，惟有回向盲目的本体。回向的作用，就是赏鉴艺术。叔氏分艺术为四等：第一是高的，第二是美的，第三是美而有刺激性的，第四是丑的。

理想派的美学，多注重内容；于是有绍述康德偏重形式的一派。创于海伯脱（Herbart），大成于齐末曼（Kimmermann）。齐氏所定的三例：一、简单的对象，不能起美学的快感与不快感。二、复合的对象，有美学的快感与不快感。但从形式上起来。三、形式以外的部分（如材料等）全无关系。

由形式论转为感情论的是克尔门（Kirchmann），他说美是一种想体，就是实体的形象；但这实体必要有感兴的，且取他形象时，必要经理想化，可以起人纯粹的感兴。

把哲学的美学集大成的，是哈脱门（Hartmann）的美的哲学。哈氏说理想的自身，并不就是美；理想的内容表现为感觉上的假象，才是美。这个假象，是完全具象的。若理想的内容，不能完全表现为假象，就减少了美的程度。愈是具象的，就愈美。所以哈氏分美为七等，由抽象进于具象：第一是官能快感，第二是量美，第三是力美，第四是工艺品，第五是生物，第六是族性，第七是个性。

从鲍格登到哈脱门，都是哲学的美学，都是用演绎法的。哈氏的《美的哲学》，在一八八七年出版。前十七年即一八七一年，费希耐（Gustav Theodor Fechner）发布一本小书，叫作《实验美学》（Zur experimentalen Aesthetik），及一八七六年又发布一书，叫作《美学的预科》（Vorschule der Aesthetik），他是主张用归纳法治美学，建设科学的美学，这是美学上第二新纪元。费氏的归纳法，用三种方法，考验量美：

一、选择法：用各种不同的长方形，令人选取最美观的。

二、装置法：用硬纸两条，令人排成十字架，看他横条置在纵条那一点。

三、用具观察法：把普通人日常应用品物，如信笺、信封、糖匣、烟盒、画幅等，并如建筑上门、窗等，都量度他纵横两面长度的比例，求得最大多数的比例是什么样。

前两法的结果，是大多数人所选择或装置的，都与崔新（Adolf Zeising）所发见的截金法相合，就是三与五、五与八、八与十三等比例。但是第三种的结果费氏却没有报告。

费氏以后，从事实验的，如惠铁梅（Witmer）、射加尔（Segal）等用量美；伯开（Baker）、马育（Major）等用色彩；摩曼（Meumann）、爱铁林该（Ettlinger）等用声音；孟登堡（Munstenberg）、沛斯（Piorce）等用各种简单线的排列法，都有良好的结果，但都是偏于一方面的。又最新的美学家，如康德派的科恩（Cohn），黑格尔派的维绥（Vischer），注重感情移入主义的栗丕斯（Th. Lipps）、富开尔（Volkeh），英国证明游戏冲动说的斯宾塞尔（Spencer），法国反对超脱主义的纪约（Guyau）等，所著美学，也多采用科学方法，但是立足点仍在哲学。所以科学的美学，至今还没完全成立。摩曼于一九〇八年发布《现代美学绪论》，又于一九一四年发布《美学的系统》，虽然都是小册，但对于美学上很有重要的贡献。他说建设科学的美学，要分四方面研究：一、艺术家的动机，二、赏鉴家的心理，三、美术的科学，四、美的文化。若照此计划进行，科学的美学当然可以成立了。

1921年2月19日

康德美学述

蔡元培

康德既作纯粹理性评判，以明认识力之有界；又作实践理性评判，以明道德心之自由。而感于两者之不可以不一致，及认识力之不可以不受范于道德心，乃于两者之间，求得所谓断定力者，以为两者之津梁。盖认识力者，丽于自然者也，道德心者，悬为鹄的者也，而自然界有一种归依鹄的之作用，是为断定力之所丽，故适介二者之间，而为之津梁也。惟是自然界归依鹄的之作用，又有客观、主观之别。客观者，由自然现象之关系言之也，属于鹄的论之断定。主观者，由吾人赏鉴之状态而言之也，属于美学之断定。故康德断定力评判，分为美学与鹄的论二部。今节译其美学一部之说如下。

一　美学之基本问题

康德以前之哲学，无论其为思索派，或经验派，恒以美为物体之一种性质，或以为物与物相互之一种关系。康德反之，以为物之本体，初无所谓美也。当其未及吾人赏鉴之范围，美学之性质无自而发现，犹之世界无不关意志之善恶，无不关知识之真伪也。故康德之基本问题，非曰何者为美学之物，乃曰美学之断定何以能成立也。美学之断定，发端于主观快与不快之感。苟吾人见一表象，而无所谓快与不快，则无所谓美学之断定。美学之断定，为一种表象与感情之结合，故为综合断定。且此等断定，不属于客观认识界之价值，而特为普遍及必然之条件。吾人惟能自先天性指证之，而不能自感觉界求得之，故当为先天之综合断定。顾此等先天性综合断定何以能成立乎？吾人欲解答此问题，不可不先明此断定之为何者。故美学之基本问题，其一曰何者为美学之断定乎？其二曰美学之断定何以能成立乎？其一，所以研究其内容，以美学断定之解剖解答之。其二，所以研究其原本，以纯粹美学之演绎解答之。

美学之断语有二，曰优美，曰壮美。故美学断定之解剖，区为二部，一曰优美之解剖，二曰壮美之解剖。

二　优美之解剖

甲　超逸

凡吾人所以下优美之断定者，对于一种表象而感为愉快也。虽然，吾人愉快之感，不必专系乎愉美，有系于满意者，有系于利用者，有系于善良者。何以别之？曰，满意之愉快全属于感觉，利用及善良之愉快又属于实际，此皆与美学断定相违之性质也。满意者亦主观现象之一，例如曰山高林茂，此客观之状态也；曰山高林茂，触目怡情，则主观之关系也。满意者，吾人之感官，受一种之刺触而感为满足，故亦不本于概念。利用及善良则否，利用者，可借以达于一种之善良者也。善良者，各人意志之所趋向也。利用为作用，而善良为鹄的，二者皆丽于客观，皆毗于实际，皆吾人意志之所管摄者也。所以生愉快者，由于有鹄的之概念，而或间接以达之，或直接以达之。

满意也，利用也，善良也，各有相为同异之点。满意之事，不必有利而无害。幸福之生涯，恒足以使人满意，而不必同时即为善良，此其差别之显然者也。其相同之点，则三者皆有欲求之关系是也。饥者得其食，百工利其器，君子成其德，其所以愉快者，皆由于有所求而得之。差别之点，惟其一属于感觉，其二属于实用，其三属于道德而已。夫吾人之有所求，由于吾人之有所需。所需者，不特吾人所见之表象，而直接于表象所自出之体质。其体质有可享受，或可应用，或可实现，非人生最后之鹄的，即吾侪日用之利益。是皆主观与客观间有体质之关系，而主观之愉快，乃发端于客观之体质焉。

始有所需，继有所得，而愉快之感以起，是皆有关实利之愉快也。有一种愉快焉，既非官体之所触，又非业务之所资，且亦非道德之所托，是非关于实利也，是谓优美之感。吾人欲认识优美之感之特性，莫便于举一切快感而舍其有关实利者。夫有关实利之快感，不外夫满意、利用、善良三者，然则快感之贯于此三种者，惟优美之感而已。

夫吾人优美之感既全无实利之关系，则吾人之于其对象，非所嗜也，非所资也，非有所激刺于意志也。既非所趋之鹄的，又非所凭之作用，则纯粹之赏鉴而已矣。纯粹之赏鉴足以镇定嗜欲，奠定意志。盖意志之与赏鉴，常为互相消息之态度。意志者，常受一种对象之冲动，而赏鉴则反之。意志之状态，动作也，皇急也，阢陧也，而纯粹之赏鉴则永永宁静。吾人对于一种之对象，而求其全无嗜欲之关系，势不能有利于纯粹之赏鉴，而纯粹赏鉴之对象，势不能有外乎形式。种种物体，各凭其性质而有以满足吾人之需要，若仅即形式而言之，于吾人种种之需要，均无自而满足也。而赏鉴之者，乃别有一种满足之感，是谓美感。而其所赏鉴者，谓之优美。

凡吾人之所需要及嗜欲，常因依于一种之体质，而借此体质以餍其欲望，为愉快之所由来。此等愉快不能不有所羁绊，而且一得一失，动为死生祸福之所关，故其情又至为矜严。纯粹之美感则不受一切欲望之羁绊，故纯任自由。且亦无与于人生之运命，故恒不出之以矜严，而出之以游戏焉。康德之述美学也，尝谓为兴味之学。兴味之义，在官体者常非其所需要，而在习俗者，又常不关于道德。饥者易为食，渴者易为饮，需要故也。而所谓美味，则初不以充饥而解渴。道德之律，守之则安，违之则悔，为责任心故也。若乃揖让之仪，馈赠之品，颂祷之词，初不必出于敬爱之本心，而自有所谓行习之兴味。以此例推，则于自由之美感思过半矣。满意者，官能之事也，善良者，理性之事也，美感者，官能与理性之吻合也。人类者，既非如动物之有官能而无理性，又非如理想之神有理性而无官体，故美感者，人类专有之作用也。

乙　普遍

凡实利之关系，常因人而殊，一人之中，又因时位而殊。一人之所需要，在他人有视为无用者，亦有视为有害者。且同一人也，今日之所求，难保其不及他日而弃厌之。故自善良以外，有关实利之愉快，皆专己主义者也。循环而言之，以小己为本位而认为专有之快感者，常有实利之关系，而关系实利之快感，常有种种之不同，如人与人之互相差别也。夫差别之快感，其关系实利也如此，而美感之愉快，乃独无实利之关系。然则美感者，非差别而普遍，非专己主义而世界主义也，故人举一对象以表示其优美之感者，不曰是于我为优美，而曰是为优美，是即含有普及人人之意义焉。

有因优美之普遍性而疑其基本于客观之现象者。果尔，则为概念之断定，入论理之范围，而不属于美学。美学之断定，以快与不快之感为基本，而初不本于知识。丽于主观之状态，而初不原于客观。吾人于论理断定与美学断定之间，求过渡之状态而不可得。然则两者非程度之差别，而种类之差别也。

美学之断定，既不属于概念，故其所断定者，为单一之对象，而不必推及于其同类，是为单一断定。例如对一蔷薇花而曰，此花甚美，此美学之断定也。如由是而推之曰，凡蔷薇花皆甚美，则构成概念，而为论理之断定矣。又如曰，此花甚适意，则虽亦单一之断定，然为专己性而非普遍性，为满意而不为美感矣。对于单一对象之断定，而又可以通之于人人，是则美感之特性也。

满意者，感觉界之愉快也。吾人必先觉其为满意而后以是断定之，故快感常先于断定。夫断定之先，已有快感，是其快感不出于赏鉴，而发于物体之激刺，是为感觉界之经验所羁绊，而不能印证于人人。快感之可以印证于人人者，其表示也，不在对象断定之先，而常随其后，以其根本于纯粹之赏鉴也。

凡赏鉴一种对象，不能不及影响于表象力。表象力者，形容作用及把持作用之结合也。形容作用演而为想象，于是有直观之写照。把持作用演而为理解，于是有合法之统一。两者合同而后有断定。断定者，常有普遍性者也，惟属于论理者常受规定于概念，而属于美学者则否。故美学之赏鉴不关于知识。知识者，形容力与想象力之结合也。而在赏鉴，则二者为不相结合之符同，故谓之想象力与理解力之游戏，抑或谓之无宗旨之调和。盖徒有想象力与理解力之调和，而初不以认识为宗旨也。

丙 有则

凡对象之可以起人快感者，不能无一种规则，即所谓依的作用之状态是也。以常情论之，既有依的作用，则必有其所归依之鹄的。鹄的者，作用之原因也。由此作用而得达其鹄的，则鹄的者又为作用之效果。故吾人对于一种对象而谓之依的作用者，以求得其所依之以为准，是即一种之概念也。使吾人欲游一地，则不可不为适宜之旅行。使吾人欲成一书，则不可不为适宜之记述。惟其适宜也，而有可游可成之希望，于是乎愉快，是关于实际之愉快也。使吾人对于一种天然或人造之品物，而欲求其所以为此构造之故，则必有种种之观察若研究。一旦求而得之，则亦不胜其愉快，是关于智力之愉快也。是皆附丽于概念者也。

今也，对于优美之快感无所谓概念，则无所谓鹄的也。使吾人因欲赏鉴一种优美之对象，而预期其愉快，如是，则非纯粹之赏鉴，而参之以欲望，非徒赏鉴其形式，而直接关系于其体质，于是不复为美感，而为引惹，为激刺。引惹也，激刺也，皆物质之效力，而非复形式之功用，故为感觉界之愉快，而不复为纯粹之美感焉。

纯粹之美感专对于形式，而无关于体质。一切接触于感觉神经之原素皆不得而参入,轶出于经验之范围,而不准以概念,故不能有鹄的,且亦不能有所谓依的作用之表象。然而既有形式,则自有一种依的作用之状态。有依的作用之状态而无有鹄的,此美感之特性也。

美感起于形式,则其依的作用之状态,属于主观,而不属于客观。客观之依的作用,有内外之别。在外者以属于他物之概念为的者也。在内者以属于本体之概念为的者也。以他物之概念为的,则其依的作用为利用。以本体之概念为的,则其依的作用为自成。凡即一种对象而以利用若自成评判之者,卒皆以鹄的之概念为标准。其鹄的之概念愈完全,则其依的作用之表象愈明晰。以此等表象之观察而起其快感,皆属于智力,而不属于美感者也。

康德以前之哲学,多以自成之概念说美学。彼以为自成之概念,在感觉界与智力界,有程度之差别,即前者隐约而后者明晰是也。于是以自成概念之不明晰,而表现于感觉界者谓之美。包吾介登之美学,即本此主义而建设者。至康德,始立区别于玄学、美学之间,而以不关概念为美感之说。于是依的作用不失为美感之一特性,而要必以无鹄的之概念为界焉。

丁　必然

美感者,有普遍性者也。凡有普遍性者,常为必然性。满意之快感,人各不同,且在一人而亦与时为转移,是偶然而非必然也。优美之快感则不然。谓之优美,非曰于我为美,而于人则否。亦非曰此时为美,而异时则否。其断定也,含有至溥博而至悠久之意义,此其所以为必然性也。

有论理之必然性，是属于理论概念者。有道德之必然性，是属于实践之概念者。两者皆丽于客观也。美感者，既非有认识真理之要求，亦非循实践理性之命令，而特为纯粹之赏鉴，且超然于客观概念之外，是主观之必然性也。

于是合四者而言之，美者，循超逸之快感，为普遍之断定，无鹄的而有则，无概念而必然者也。（未完）

1916 年

美术的起原

蔡元培

美术有狭义的、广义的。狭义的，是专指建筑、造像（雕刻）、图画与工艺美术（包装饰品等）等。广义的，是于上列各种美术外，又包含文学、音乐、舞蹈等。西洋人著的美术史，用狭义；美学或美术学，用广义。现在所讲的也用广义。

美术的分类，各家不同。今用 Fechner 与 Grosse 等说，分作动静两类：静的是空间的关系，动的是时间的关系。静的美术，普通也用图像美术的名词作范围。他的托始，是一种装饰品。最早的在身体上；其次在用具上，就是图案；又其次乃有独立的图像，就是造像与绘画。由静的美术，过渡到动的美术，是舞蹈，可算是活的图像。在低级民族，舞蹈时候，都有唱歌与器乐；我们就不免联想到诗歌与音乐。舞蹈、诗歌、音乐，都是动的美术。

我们要考求这些美术的起原，从那里下手呢？照进化学的结论，人类是从他种动物进化的。我们一定要考究动物是否有创造美术的能力？我们知道，植物有美丽的花，可以引诱虫类，助他播种。我们知道，动物界有雌雄淘汰的公例：雄的动物，往往有特别美丽的毛羽，可以诱导雌的，才能传种。动物已有美感，是无可疑的。但是这些动物，果有自己制造美术的能力？有些美学家，说美术的冲动，起于游戏的冲动。动物有游戏冲动，可以公认。但是说到美术上的创造力，却与游戏不同。动物果有创造力么？有多数能歌的鸟，如黄莺等，很可以比我们的音乐。中国古书，如《吕氏春秋》等，还说"伶伦取竹制十二筒，听凤凰之鸣，以别十二律"云云，似乎音乐与歌鸟，很有关系。但他们是否是有意识的歌？无从证明。图像美术里面，造像绘画，是动物界绝对没有的。惟有造巢的能力，很可以与我们的建筑术竞胜。近来如 I. Rennie 著的 *Die Baukunst der Tiere*，如 T. Harting 著的 *Die Baukunst der Tiere*，如 I. G. Wood 著的 *Homeswithout Hands*，如 L. Büchner 著的 *Ausdem Geistesle bender Tiere*，如 G. Romanes 著的 *Animal Intelligence*，都对于动物造巢的技术，很多记述。就中最特别的，如蜜蜂的窠，造多数六角形小舍，合成圆穹形。蚁的垤，造成三十层到四十层的楼房，每层用十寸多长的支柱支起来，大厅的顶，于中央构成螺旋式，用十字式木材撑住。非洲的白蚁，有垤上构塔，高至五六迈当的；垤内分作堂、室、甬道等。美洲有一种海狸，在水滨造巢，两方入口都深入严冬不冻的水际；要巢旁的水，保持常度，掘一小池泄过量的水；并设有水门与沟渠。印度与南非都有一种织鸟，他们的巢是用木茎织成的。有一种缝鸟，用植物的纤维，或偶然拾得人类所弃的线，缝大叶作巢；线的首尾都打一个结。在东印度与意大利，都有一种缝鸟，所用的线，是采了棉花，用喙纺成的。澳洲的叶鸟（造巢如叶）在住所以外，别设一个舞蹈厅，地基与各面，都用树枝交互织成，为免内面的不平坦，把那两端相交的叉形都向着外面。又搜集了许多陈列品，都是选那色彩鲜明的，如别的鸟类的毛羽，人用布帛的零片，闪光的小石与螺壳，或用树枝分架起来，或散布在入口的地面。这些都不能不认为一种的技术。但严格地考核起来，造巢的本能，恐还是生存上需要的条件。就是平齐、圆穹等等，虽很合美的形式，未必不是为便于出入回旋起见。要是动物果有创造美术的能力，必能一代一代地进步，今既绝对不然，所以说到美术，不能不说是人类独占的了。

考求人类最早的美术，从两方面着手：一是古代未开化民族所造的，是古物学的材料。二是现代未开化民族所造的，是人类学的材料。人类学所得的材料，包括动、静两类。古物学是偏于静的，且往往有脱节处，不是借助人类学，不容易了解。所以考求美术的原始，要用现代未开化民族的作品作主要材料。

现代未开化的民族，除欧洲外，各洲都还有。在亚洲，有Andamanen群岛的Mincopie人，锡兰东部的Veddha人，与西伯利亚北部的Tchuktschen人。在非洲，有Kalahari的Buschmänder人。在美洲，北有Arkisch的Eskimo人、Aleüten的土人；南有Feuerländer群岛的土人、Brasilien民国的Botokuden人。在澳洲，有各地的土人。都是供给材料给我们的。

现在讲初民的美术，从静的美术起，先讲装饰。

从前达尔文遇着一个Feuerländer人，送他一方红布，看他作什么用。他并不制衣服，把这布撕成细条儿，送给同族，作身上的装饰。后来遇着澳洲土人，试试他，也是这个样子。除了Eskimo人非衣服不能御寒外，其余初民，大抵看装饰比衣服要紧得多。

装饰可分固着的、活动的两种：固着的，是身上刻文及穿耳、镶唇等。活动的，是巾、带、环、镯等。活动的装饰里面，最简单的，是画身。这又与几种固着的装饰有关系，恐是最早的装饰。

除了 Eskimo 人非全身盖护不能御寒外，其余未开化民族，没有不画身的。澳洲土人旅行时，携一个袋鼠皮的行囊，里面必有红、黄、白三种颜料。每日必要在面部、肩部、胸部点几点。最特别的，是 Botokuden 人：有时除面部、臂部、胫部外，全身涂成黑色，用红色画一条界线在边上。或自顶至踵，平分左右：一半画黑色，一半不画。其余各民族画身的习惯，大略如下。

画上去的颜色：是红、黄、白、黑四种，红、黄最多。

所画的花样：是点、直线、曲线、十字、交叉纹等，眼边多用白色画圆圈。

所画的部位：是在额、面、项、肩、背、胸、四肢等，或全身。

画的时期：除前述澳洲土人每日略画外，童子成丁祝典、舞蹈会、丧期，均特别注意，如文明人着礼服的样子。也有在死人身上画的。

现在妇女用脂粉，外国马戏的小丑抹脸，中国唱戏的讲究脸谱，怕都是野蛮人画身的习惯遗传下来的。

他们为画的容易脱去，所以又有瘢痕与雕纹两种。暗色的澳洲土人与 Mincopie 人，是专用瘢痕的。黄色的 Buschmänner，古铜色的 Eskimo，是专用雕纹的。

瘢痕是用火石、蚌壳或最古的刀类，在皮肤上或肉际割破。等他收口了，用一种灰白色颜料涂上去，有几处土人，要他瘢痕大一点，就从新创时起，时时把颜料填上去；或用一种植物的质渗进去。

瘢痕的式样：是点、直线、曲线、马蹄形、半月形等。

所在的地位：是面、胸、背、臂、股等。

时期：澳人自童子成丁的节日割起，随年岁加增。Mincopie人，自八岁起，十六岁或十八岁就完了。

雕纹是在雕过的部位，用一种研碎的颜料渗上去，也有用烟煤或火药的。经一次发炎，等全愈了，就现出永不褪的深蓝色。

雕纹的花样，在 Buschmänner 还简单，不过刻几条短的直线。Eskimo 人的就复杂了。有曲线，有交叉纹，或用多数平行线作扇面式，或作平行线与平列点，并在其间，作屈曲线，或多数正方形。

所雕的部位：是在面、肩、胸、腰、臂、胫等。

雕纹的流行，比瘢痕广而且久。《礼记·王制》篇："东方曰夷，被发文身。……南方曰蛮，雕题交趾。"《疏》说："题，额也。谓以丹青雕题其额。"是当时东南两方的蛮人，都有雕纹的习惯。又《史记·吴太伯世家》："太伯、仲雍二人，乃奔荆蛮，纹身断发。"应劭说："常在水中，断其发，纹其身，以象龙子，故不见伤害。"墨子说："勾践剪发纹身以治其国。"庄子说："宋人资章甫以适越，越人断发纹身，无所用之。"似乎自商季至周季，越人总是有雕纹的。《水浒传》里的史进，身上绣成九条龙。是宋元时代还有用雕纹的。听说日本人至今还有。欧洲充水手的人，也有臂上雕纹的。我于一九〇八年，在德国 Leipzig 的年市场，见两个德国女子，用身上雕纹，售票纵观，我还藏着他们两人的摄影片。可见这种装饰，文明民族里面，也还不免呢。

Botokuden 人没有瘢痕，也没有雕纹，却有一种性质相近的固着装饰，就是唇、耳上的木塞子。这就叫作 Botopue，怕就是他们族名的缘起。他们小孩子七八岁，就在下唇与耳端穿一个扣状的孔，镶了软木的圆片。过多少时，渐渐儿扩大，直到直径四寸为止。就是有瘢痕或雕纹的民族，也有这一类的装饰：如 Buschmänner 的唇下镶木片，或象牙，或蛤壳，或石块；澳人鼻端穿小棍或环子；Eskimo 人耳端挂环子。

耳环的装饰，一直到文明社会，也还不免。

从固定的装饰过渡到活动的，是发饰。各民族有剪去一部分的，有编成辫子，用象牙环、古铜环束起来的，有编成发束，用兔尾、鸟羽或金属扣作饰的，有用赭石和了油或用蜡涂上，堆成饼状的。现在满洲人的垂辫，全世界女子的梳髻，都是初民发饰的遗传。

头上活动的装饰，是头巾。凡是游猎民族，除 Eskimo 外，没有不裹头巾的。最简单的用 Pandance 的叶卷成。别种或用皮条；或用袋鼠毛、植物纤维编成，或用鸵鸟羽、鹰羽、七弦琴尾鸟羽、熊耳毛束成；或用新鲜的木料，刻作鸟羽形戴起来；或用绳子穿黑的浆果与白的猴牙相间；或用草带缀一个鸵鸟蛋的壳又插上鸟羽；或用袋鼠牙两小串，分挂两额；或用麻缕编成网式的头巾，又从左耳至右耳，插上黄色或白色鹦鹉羽编成的扇。且有头上戴一只鹭鸟，或一只乌鸦的。各种民族的冠巾，与现今欧美妇女冠上的鸟羽或鸟的外廓，都是从初民的头巾演成的。

其次头饰：有木叶卷成的或海狗皮切成的带子；有用植物纤维织成的或兽毛织成的绳子。绳子上串的，是 Mangrove 树的子、红珊瑚、螺壳、玳瑁、鸟羽、兽骨、兽牙等；也有用人指骨的。满洲人所用的朝珠，与欧美妇女所用的头饰，都是这一类。

其次腰饰：也有带子，用树叶、兽皮制成的。或是绳子，用植物纤维或人发编成的。绳子上往往系有腰裙，有用树叶编成的；有用鸵鸟羽，或蝙蝠毛，或松鼠毛束成的；有用短丝一排的；有用羚羊皮碎条一排，并缀上珠子或卵壳。吾国周时有大带、素带等，唐以后，且有金带、银带、玉带等，现今军服也用革带，都起于初民的带子。又古人解说市字（韍字），说人类先知蔽前，后知蔽后，似是起于羞耻的意识。但观未开化民族所用的硬裤，多用碎条，并没有遮蔽的作用。且澳洲男女合组的舞蹈会，未婚的女子有腰裤，已婚的不用。遇着一种不纯洁的会，妇人也系鸟羽编成的腰裤。有许多旅行家说此等饰物，实因平日裸体，恬不为怪，正借饰物为刺激，与羞耻的意识的说明恰相反。

至于四肢的装饰，是在臂上、胫上，系着与颈饰同样的带子或绳子。后来稍稍进化一点的民族，才戴镯子。

上头所说的颈饰、腰饰等等，Eskimo 都是没有的。他们的装饰品，是衣服：有裘，有衣缝上缀着的皮条、兽牙、骨类、金类制成的珠子，古铜的小钟。男子有一种上衣，在后面特别加长，很像兽尾。

综观初民身上的装饰，他们最认为有价值的，就是光彩。所以 Feuerländer 人见了玻片，就拿去作颈饰。Buschmänner 得了铜铁的环，算是幸福。他们没有工艺，得不到文明民族最光彩的装饰品。但是自然界有许多供给，如海滩上的螺壳，林木上的果实与枝茎，动物的毛羽与齿牙，他们也很满足了。

他们所用的颜色：第一是红。Goethe 曾说，红色为最能激动感情，所以初民很喜欢他。就是中国人古代尚绯衣，清朝尊红顶，也是这个缘故。其次是黄，又其次是白、是黑，大约冷色是很少选用。只有 Eskimo 的唇钮，用绿色宝石，是很难得的。他们的选用颜色，与肤色很有关系。肤色黑暗的，喜用鲜明的色：

所以澳人与 Mincopie 人用白色画身，澳人又用袋鼠白牙作颈饰。肤色鲜明的，喜用黑暗之色，所以 Feuerländer 人用黑色画身，Buschmänder 人用暗色珠子作饰品。

用鸟羽作饰品，不但取他的光彩与颜色，又取他的形式。因为他在静止的时候，仍有流动的感态。自原人时代，直到现在的文明社会，永远占着饰品的资格。其次螺壳，因为他的自然形式，很像用精细人工制成的，所以初民很喜欢他。但在文明社会，只作陈列品的加饰了。

初民的饰品，都是自然界供给，因为他们还没有制造美术品的能力。但是他们已不是纯任自然，他们也根据着美的观念，加过一番工夫。他们把毛皮切成条子，把兽牙、木果等排成串子，把鸟羽编成束子或扇形，结在头上，都含有美术的条件：就是均齐与节奏。第一条件，是从官肢的性质上来的。第二条件，是从饰品的性质上得来的。因为人的官肢，是左右均齐，所以遇着饰品，也爱均齐。要是例外的不均齐，就觉得可笑或可惊了。身上的瘢痕与雕纹，偶有不均齐的，这不是他们不爱均齐，是他们美术思想最幼稚的时代，还没有见到均齐的美处。节奏也不是开始就见到的，是他们把兽牙或螺壳等在一条绳子上串起来，渐渐儿看出节奏的关系了。Botokuden 人用黑的浆果与白的兽牙相间的串上，就是表示节奏的美丽。不过这还是两种原质的更换；别种兽牙与螺壳的排列法，或利用质料的差别，或利用颜色与大小的差别，也有很复杂的。

身上刻画的花纹，与颈饰、腰饰上兽牙、螺壳的排列法，都是图案一类，但都是附属在身上的。到他们的心量渐广，美的观念寄托在身外的物品，才有器具上的图案。

他们有图案的器具，是盾、棍、刀、枪、弓、投射器、舟、橹、陶器、桶柄、箭袋、针袋等。

图案有用红、黄、白、黑、棕、蓝等颜料画的，有刻出的。

图案的花样，是点、直线、曲屈线、波纹线、十字、交叉线、三角形、方形、斜方形、卍字纹、圆形或圆形中加点等，也有写蝙蝠、蜥蜴、蛇、鱼、鹿、海豹等全形的。写动物全形，自是摹拟自然。就是形学式的图案，也是用自然物或工艺品作模范：譬如十字是一种蜥蜴的花纹；梳形是一种蜂窠的凸纹；曲屈线相联，中狭旁广的，是一种蝙蝠的花纹；双层曲屈线，中有直线的，是蝮蛇的花纹；双钩卍字，是 Cassinauhe 蛇的花纹；浪纹参黑点的，是 Anaconda 蛇的花纹；菱形参填黑的四角形的，是 Lagunen 鱼的花纹。其余可以类推。因为他们所摹拟的，是动物的一部分，所以不容易推求。至于所摹拟的工艺品，是编物：最简单的陶器，勒出平行线、斜方线，都像编纹；有时在长枪上摹拟草篮的花纹，在盾上棍上摹拟带纹结纹。也有人说，陶器上的花纹，是怕他过于光滑，不易把持，所以刻上的。又有联想的关系，因陶器的发明，在编物以后，所以瓶釜一类，用筐篮作模范。军器的锋刃，最早是用绳或带系缚在柄上，后来有胶法嵌法了，但是绳带的联想仍在，所以画起来或刻起来了。Freiburg 的博物院中，有两条澳人的枪。他们的锋，一是用绳缚住的；一是用树胶粘住的。但是粘住的一条，也画上绳的样子，与那一条很相像。这就是联想作用的证据。但不论为把持的便利，或为联想的关系，他们既然刻画得很精致，那就是美术的作用。

初民的图案，又很容易与几种实用的记号相混，如文字，如所有权标志，如家族徽章，如宗教上或魔术上的符号，都是。

但是排列得很匀称的，就不见得是文字与标志。描画得详细，不是单有轮廓的，就不见得是符号。不是一家族的在一种器具上同有的，就不见得是徽章。又参考他们土人的说明，自然容易辨别了。

图案上美的条件，第一是节奏。单简的，是用一种花样，重复了若干次。复杂的，是用两种以上的花样，重复了若干次。就是文明民族的图案，也是这样。第二是均齐。初民的图案，均齐的固然很多，不均齐的也很不少。例如澳人的三个狭盾，一个是在双弧线中间填曲屈线，左右同数，是均齐的。他一个，是两方均用双钩的曲屈线，但一端三数，一端四数。又一个，是两方均用r纹，但一方二数，一方三数。为什么两方不同数？因为有一种动物的体纹是这样。他们纯粹是摹拟主义，所以不求均齐了。

图案的取材，全是人与动物，没有兼及植物。因为游猎民族，用猎得的动物作经济上的主要品。他们妇女虽亦捃拾植物，但作为副品，并不十分注意。所以刻画的时候，竟没有想到。

图案里面，有描出动物全体的，这就是图画的发端。Eskimo人骨制的箭袋，竟雕成鹿形。又有两个针袋，一个是鱼形，又一个是海豹形。这就是造像的发端。

造像术是寒带的民族擅长一点儿。如 Hyperborä 人有骨制的人形、鱼形、海狗形等；Alëuten 人有鱼形、狐形等；Eskimo 人有海狗形等，都雕得颇精工，不是别种游猎民族所有的。

图画是各民族都很发达。但寒带的人，是刻在海象牙上，或用油调了红的黏土、黑的煤，画在海象皮上。所画的除动物形外，多是人生的状况，如雪舍、皮幕、行皮船、乘狗橇、用权猎熊与海象等。据 Hildebrand 氏说，Tuhuetschen 人曾画月球里的人，因为他画了一个戴厚帽的人，在一个圆圈的中心点。

别种游猎民族，如澳人、Buschmänner人都有摩崖的大幅。在鲜明的岩石上，就用各种颜色画上。在黑暗的岩壁上，先用坚石划纹，再填上鲜明的颜色。也有先用一种颜色填了底，再用别种颜色画上去的。澳人有在木制屋顶上，涂上烟煤，再用指甲作画的。又有在木制墓碑上，刻出图像的。

澳人用的颜色，以红、黄、白三种为主。黑的用木炭。蓝的不知出何等材料。调色用油。画好了，又用树胶涂上，叫他不褪。Buschmänner人多用红、黄、棕、黑等色，间用绿色。调色用油或血。

图画的内容，动物形象最多，如袋鼠、象、犀、麒麟、水牛、各种羚羊、鬣狗、马、猿猴、鸵鸟、吐绶鸡、蛇、鱼、蟹、蜴蜥、甲虫等。也画人生状况，如猎兽、刺鱼、逐鸵鸟及舞蹈会等。间亦画树，并画屋、船等。

澳人的图画，最特别的是西北方上Glenelg山洞里面的人物画。第一洞中，在斜面黑壁上，用白色画一个人的上半截。头上有帽，带着红色的短线。面上画的眼鼻很清楚，其余都缺了。口是澳人从来不画的。面白。眼圈黑。又用红线黄线，描他的外廓。两只垂下的手，画出指形。身上有许多细纹，或者是瘢痕，或是皮衣。在他的右边，又画了四个女子，都注视这个人。头上都戴着深蓝色的首饰，有两个戴发束。第二洞中，有一个侧面人头的画，长二尺，宽十六寸。第三洞中，有一个人的像，长十尺六寸。自颔以下，全用红色外套裹着，仅露手足。头向外面，用圈形的巾子围着。这个像是用红、黄、白三色画的。面上只画两眼，头巾外围，界作许多红线，又仿佛写上几个字似的。

Buschmänner 的图画，最特别的是 Hemon 相近的山洞中的盗牛图。图中一个 Buschmänner 的村落，藏着盗来的牛。被盗的 Kaffern 人追来了。一部分的 Buschmänner 人，驱着牛逃往他处，多数的拿了弓箭来对抗敌人。最可注意的，是 Buschmänner 人躯干虽小，画得筋力很强；Kaffern 人虽然长大，但筋力是弱的。画中对于实物的形状与动作，很能表现出来。

这些游猎民族，虽然不知道现在的直线配景，与空气映景等法，但他们已注意于远近不同的排列法，大约用上下相次来表明前后相次，与埃及人一样。他们的写象实物，很有可惊的技能：一、因为他们有锐利的观察与确实的印象。二、因为他们的主动机关与感觉机关适当的应用。这两种，都是游猎时代生存竞争上所必需的。

在图画与雕像两种以外，又有一种类似雕像的美术，是假面。是西北海滨红印度人的制品，是出于不羁的想象力，与上面所述写实派的雕像与图画很有点不同。动物样子最多，作人面的，也很不自然，故作妖魔的形状。与西藏黄教的假面差不多。

初民的美术，最有大影响的是舞蹈。可分为两种：一种是操练式（体操式），一种是游戏式（演剧式）。操练式舞蹈，最普及的是澳人的 Corroborris。Mincopie 人与 Eskimo 人，也都有类此的舞蹈。他们的举行，最重要的，是在两族间战后讲和的时候。其他如果蔬成熟、牡蛎收获、猎收丰多、儿童成丁、新年、病愈、丧毕、军队出发、与别族开始联欢等，也随时举行。举行的地方，或丛林中空地，或在村舍。Eskimo 人有时在雪舍中间。他们的时间，总在月夜，又点上火炬，与月光相映。舞蹈的总是男子，女子别组歌队。别有看客。有一个指挥人，或用双棍相击，或足蹴发音盘，作舞蹈的节拍。他们的舞蹈，总是由缓到急。即便到了最急烈的时候，也没有不按着节拍的。

别有女子的舞蹈，大约排成行列，用上身摇曳，或两胫展缩作姿势。比男子的舞蹈，静细得多了。

游戏式舞蹈，多有摹拟动物的，如袋鼠式、野犬式、鸵鸟式、蝶式、蛙式等。也有摹拟人生的，以爱情与战斗为最普通。澳人并有摇船式、死人复活式等。

舞蹈的快乐，是用一种运动发表他感情的冲刺。要是内部冲刺得非常，外部还要拘束，就觉得不快。所以不能不为适应感情的运动。但是这种运动，过度放任，很容易疲乏，由快感变为不快感了。所以不能不有一种规则。初民的舞蹈，无论活动到何等激烈，总是按着节奏，这是很合于美感上条件的。

舞蹈的快乐，一方面是舞人，又一方面是看客。舞人的快乐，从筋骨活动上发生。看客的快乐，从感情移入上发生。因看客有一种快乐，推想到儗人的鬼神也有这种感情，于是有宗教式舞蹈。宗教式舞蹈，大约各民族都是有的。但见诸记载的，现在还只有澳人。他们供奉的魔鬼，叫作 Mindi，常有人在供奉他的地方，举行舞蹈。又有一种，在舞蹈的中间，擎出一个魔像的。总之，舞蹈的起原，是专为娱乐，后来才组入宗教仪式，是可以推想出来的。

初民的舞蹈，多兼歌唱。歌唱的词句，就是诗。但他们独立的诗歌，也不少。诗歌是一种语言，把个人内界或外界的感触，向着美的目标，用美的形式表示出来。所以诗歌可分作两大类：一是主观的，表示内界的感情与观念，就是表情诗（Lyrik）。一是客观的，表示外界的状况与事变，就是史诗与剧本。这两类都是用感情作要素，是从感情出来，仍影响到感情上去。

人类发表感情，最近的材料，与最自然的形式，是表情诗。他与语言最相近，用一种表情的语言，按着节奏慢慢儿念起来，就变为歌词了。《尚书》说："歌永言。"《礼记》说："言之不足，故长言之。长言之不足，故咏叹之。"就是这个意思。Ehrenreich 氏曾说，Botokuden 人在晚上把昼间的感想咏叹起来，很有诗歌的意味。或说今日猎得很好，或说我们的首领是无畏的。他们每个人把这些话按着节奏的念起来，且再三地念起来。澳洲战士的歌，不是说刺他哪里，就说我有什么武器。竟把这种同式的语，迭到若干句。均与普通语言，相去不远。

他们的歌词，多局于下等官能的范围，如大食、大饮等。关于男女间的歌，也很少说到爱情的。很可以看出利己的特性。他总是为自己的命运发感想，若是与他人表同情的，除了惜别与挽词，就没有了。他们的同情，也限于亲属，一涉外人，便带有注意或仇视的意思。他们最喜欢嘲谑，有幸灾乐祸的习惯。对于残废的人，也要有诗词嘲谑他。偶然有出于好奇心的：如澳人初见汽车的喷烟，与商船的鹢首，都随口编作歌词。他们对于自然界的伟大与美丽，很少感触，这是他们过受自然压制的缘故。惟 Eskimo 人，有一首诗，描写山顶层云的状况，是很难得的。他的大意如下：

这很大的 Koonak 山在南方／我看见他；／这很大的 Koonak 山在南方／我眺望他；／这很亮的闪光，从南方起来，／我很惊讶。／在 Koonak 山的那面，／他扩充开来，／仍是 Koonak 山／但用海包护起来了。／看啊！他

（云）在南方什么样？／滚动而且变化；／看呵！／他在南方什么样？／交互的演成美观。／他（山顶）所受包护的海，／是变化的云；／包护的海，／交互的演成美观。

有些人，说诗歌是从史诗起的。这不过因为欧洲的文学史，从 Homer 的两首史诗起。不知道 Homer 以前，已经有许多非史的诗，不过不传罢了。大约史诗的发起，总在表情诗以后。澳洲人与 Mincopie 人的史诗，不过参杂节奏的散文；惟有 Eskimo 的童话，是完全按着节奏编的。

普通游猎民族的史诗，多说动物生活与神话；Eskimo 多说人生。他们的著作，都是单量的（Ein Dimension），是线的样子。他们描写动物的性质，往往说到副品为止，很少能表示他特别性质与奇异行为的。说人生也是这样，总是说好的坏的这些普通话，没有说到特性的。说年长未婚的人，总是可笑的。说妇女，总是能持家的。说寡妇，总是慈善的。说几个兄弟的社会，总是骄矜的、粗暴的、猜忌的。

Eskimo 有一篇小 Kagsagsuk 的史诗，算是程度较高的。他的大意如下：

Kagsagsuk 是一个孤儿，寄养在一个穷的老妪家里。这老妪是住在别家门口的一个小窖，不能容 K.。K. 就在门口偎着狗睡，时时受大人与男女孩童的欺侮。他有一日独自出游，越过一重山，忽然有求强的志愿，想起老妪所授魔术的咒语，就照式念着。有一神兽来了，用尾拂他。由他的身上排出许多海狗骨来，说这些就是阻碍他身体发展的。排了几次，愈排愈少，后来就没有了。回去的时候，觉得很有力了。但是遇着别的孩童欺侮他，他还是忍耐着。又日日去访神兽，觉得一日一日地强起来。有一回，神兽说道："现在够了！但是要忍耐着。等到冬季，海冻了，有大熊来，你去捕他。"他回去，有欺侮他的，他仍旧忍耐着。冬季到了，有人来报告："有三个大熊，在冰山上，没有人敢近他。"K.听到了，告他的养母要去看看。养母嘲笑他道："好，你给我带两张熊皮来，可作褥子同盖被。"他出去的时候，大家都笑看他。他跑到冰山上，把一只熊打死了，掷给众人，让他们分配去。又把那两只都打死了，剥了皮，带回家去，送给养母，说是褥子与盖被来了。那时候邻近的人，平日轻蔑他的，都备了酒肉，请他饮食，待他很恳切。他有点醉了，向一个替他取水的女孩子道谢的时候，忽然把这个女孩子将死了。女孩子的父母不敢露出恨他的意思。忽然一群男孩子来了，他刚同他们说应该去猎海狗的话，忽然逼进队里，把一群孩子都打死了。他们这些父母，都不敢露出恨他的意思。他忽然复仇心大发了，把从前欺侮他的人，不管男女壮少，统统打死了。剩了一部分苦人，向来不欺侮他的，他同他们很要好，同消受那冬期的储蓄品。他挑了一只最好的船，很勤地练习航海术，常常作远游，有时往南，有时往北。他心里觉得很自矜了，他那武勇的名誉也传遍全地方了。

多数美术史家与美学家,都当剧本是诗歌最后的;这却不然。演剧的要素,就是语言与姿态同时发表。要是用这个定义,那初民的讲演,就是演剧了。初民讲演一段故事,从没有单纯口讲的,一定随着语言,做出种种相当的姿势,如 Buschmänner 遇着代何种动物说语,就把口做成那一个动物的口式。Eskimo 的讲演,述那一种人的话,就学那一种人的音调,学得很像。我们只要看儿童们讲故事,没有不连着神情与姿态的,就知道演剧的形式是很自然、很原始的了。所以纯粹的史诗,倒是诗歌三式中最后的一式。

普通人对于演剧的观念,或不在兼有姿态的讲演,反重在不止一人的演作。就这个狭义上观察,也觉得在低级民族,早已开始了。第一层,在 Grönland 有两人对唱的诗,并不单是口唱,各做出许多姿态,就是演剧的样子。而且这种对唱,在澳洲也是常见的。第二层,游戏式舞蹈,也是演剧的初步。由对唱到演剧,是添上地位的转动。由舞蹈到演剧,是添上适合姿态的语言。讲到内部的关系,就不容易区别了。

Alëuten 人有一出哑戏。他的内容,是一个人带着弓,作猎人的样子。别一个人扮了一只鸟。猎人见了鸟,做出很爱他,不愿害他的样子。但是鸟要逃了,猎人很着急;自己计较了许久,到底张起弓来,把鸟射死了。猎人高兴地跳舞起来。忽然,他不安了,悔了,于是乎哭起来了。那只死鸟又活了,化了一个美女,与猎人挽着臂走了。

澳洲人也有一出哑戏,但有一个全剧指挥人,于每幕中助以很高的歌声。第一幕,是群牛从林中出来,在草地上游戏。这些牛,都是土人扮演的,画出相当的花纹。每一牛的姿态,都很合自然。第二幕，是一群人向这牧群中来，用枪刺两牛，剥皮切肉，都做得很详细。第三幕，是听着林中有马蹄声起来了，不多时，现出白人的马队，放了枪把黑人打退了。不多时，黑人又集合起来，冲过白人一面来，把白人打退了，逐出去了。

这些哑戏，虽然没有相当的诗词，但他们编制很有诗的意境。

在文明社会，诗歌势力的伸张，半是印刷术发明以后传播便利的缘故。初民既没有印刷，又没有文字，专靠口耳相传，已经不能很广了。他们语音相同的范围又是很狭。他们的诗歌，除了本族以外，传到邻近，就同音乐谱一样了。

文明社会，受诗歌的影响，有很大的，如希腊人与 Homer，意大利人与 Dante，德意志人与 Goethe，是最著的例。初民对于诗歌，自然没有这么大影响；但是他们的需要，也觉得同生活的器具一样。Stokes 氏曾说，他的同伴土人 Miago 遇着何等对象，都很容易很敏捷地构成歌词。而且说，不是他一人有特别的天才，凡澳人普通如此。Eskimo 人也是各有各的诗。所以他们并不怎么样地崇拜诗人。但是对于诗歌的价值，是普通承认的。

与舞蹈、诗歌相连的，是音乐。初民的舞蹈，几乎没有不兼音乐的。仿佛还偏重音乐一点儿。Eskimo 舞蹈的地方，叫作歌场（Quaggi）；Mincopie 人的舞蹈节，叫作音乐节。

初民的唱歌，偏重节奏，不用和声。他们的音程也很简单，有用三声的，有用四声的，有用六声的。对于音程，常不免随意出入。Buschmänner 的音乐天才，算是最高。欧人把欧洲的歌教他们，他们很能仿效。Liehtenstein 氏还说，很愿意听他们的单音歌。

他们所以偏重节奏的缘故：一是因他本用在舞蹈会上；二是

乐器的关系。

初民的乐器，大部分是为拍子设的。最重要的是鼓。惟 Botokuden 人没有这个，其余都是有一种，或有好几种。最早的形式，怕就是澳洲女子在舞蹈会上所用的，是一种绷紧鼓的袋鼠皮，平日还可以披在肩上作外套的，有时候把土卷在里面。至于用兽皮绷在木头上面的做法，是在 Melanesier 见到的。澳北 Queenländer 有一种最早的形式，是一根坚木制成的粗棍，打起来声音很强，这种声杖，恰可以过渡到 Mincopie 人的声盘。声盘是舞蹈会中指挥人用的，是一种盾状的片子，用坚木制成的；长五尺，宽二尺；一面凸起，一面凹下；凹下的一面，用白垩画成花纹。用的时候，凹面向下；把窄的一端嵌入地平，指挥人把一足踏住了；为加增嘈音起见，在宽的一端，垫上一块石头。Eskimo 人用一种有柄的扁鼓，他的箍与柄，都是木制，或用狼的腿骨制；他的皮，是用海狗的，或驯鹿的；直径三尺；用长十寸粗一寸的棍子打的。Buschmänner 的鼓，荷兰人叫作 Rommelpott，是用一张皮绷在开口的土瓶或木桶上面，用指头打的。

Eskimo 人、Mincopie 人与一部分的澳洲人，除了鼓，差不多没有别的乐器了。独有澳北 PortEssington 土人有一种箫，用竹管制的，长二三尺，用鼻孔吹他。Botokuden 人没有鼓，有两种吹的乐器：一是箫，用 Taquara 管制的，管底穿几个孔，是妇女吹的。二是角，用大带兽的尾皮制的。

Buschmänner 有用弦的乐器。有几种不是他们自己创造的：一种叫 Guitare，是从非洲黑人得来。一种壶卢琴，从 Hottentotten 得来。壶卢琴是木制的底子，缀上一个壶卢，可以加添反响；有一条弦，又加上一个环，可以伸缩他颤声的部分。止有 Gora，可信是 Buschmänner 固有的、最早的弦器，他是弓的变形。他有一弦，在弦端与木槽的中间，有一根切成薄片的羽茎插入。这个羽茎，由奏乐的用唇扣着，凭着呼吸去生出颤动来，如吹洞箫的样子。这种由口气发生的谐声，一定很弱；他那拿这乐器的右手，特将第二指插在耳孔，给自己的声觉强一点儿。他们奏起来，竟可到一点钟的长久。

总之初民的音乐，唱歌比器乐发达一点。两种都不过小调子，又是偏重节奏，那谐声是不注意的。他那音程，一是比较的简单；二是高度不能确定。

至于音乐的起原，依达尔文说，是我们祖先在动物时代，借这个刺激的作用，去引诱异性的。凡是雄的动物，当生殖欲发动的时候，鸣声常特别发展，不但用以自娱，且用以求媚于异性。所以音乐上的主动与受动，全是雌雄淘汰的结果。但诱导异性的作用，并非专尚柔媚，也有表示勇敢的。譬如雄鸟的美翅，固是柔媚的；牡狮的长鬣，却是勇敢的。所以音乐上遗传的，也有激昂一派，可以催起战争的兴会。现在行军的没有不奏军乐。据 Buckler 与 Thomas 所记，澳洲土人将要战斗的时候，也是把唱歌与舞蹈激起他们的勇气来。

又如叔本华说各种美术，都有模仿自然的痕迹，独有音乐不是这样，所以音乐是最高尚的美术。但据 Abbé Dubos 的研究，音乐也与他种美术一样，有模仿自然的。照历史上及我们经验上的证明，却不能说音乐是绝对没有模仿性的。

要之音乐的发端，不外乎感情的表出。有快乐的感情，就演出快乐的声调；有悲惨的感情，就演出悲惨的声调。这种快乐或悲惨的声调，又能引起听众同样的感情。还有他种郁愤、恬淡等等感情,都是这样。可以说是人类交通感情的工具。斯宾塞尔说"最初的音乐,是感情激动时候加重的语调",是最近理的。如初民的音乐,声音的高度,还没有确定,也是与语调相近的一端。

现在综合起来,觉得文明人所有的美术,初民都有一点儿。就是诗歌三体,也已经不是混合的初型,早已分道进行了。止有建筑术,游猎民族的天幕、小舍,完全为避风雨起见,还没有美术的形式。

我们一看他们的美术品,自然觉得同文明人的著作比较,不但范围窄得多,而且程度也浅得多了。但是细细一考较,觉得他们所包含美术的条件,如节奏、均齐、对比、增高、调和等等,与文明人的美术一样。所以把他们的美术与现代美术比较,是数量的差别比种类的差别大一点儿;他们的感情是窄一点儿,粗一点儿;材料是贫乏一点儿;形式是简单一点儿,粗野一点儿;理想的寄托,是幼稚一点儿。但是美术的动机、作用与目的,是完全与别的时代一样。

凡是美术的作为,最初是美术的冲动(这种冲动,是各别的,如音乐的冲动,图画的冲动,往往各不相干。不过文辞上可以用"美术的冲动"的共名罢了)。这种冲动,与游戏的冲动相伴,因为都没有外加的目的。又有几分与摹拟自然的冲动相伴,因而美术上都有点摹拟的痕迹。这种冲动,不必到什么样的文化程度,才能发生;但是那几种美术的冲动,发展到一种什么程度,却与文化程度有关。因为考察各种游猎民族,他们的美术,竟相类似,例如装饰、图像、舞蹈、诗歌、音乐等,无论最不相关的民族,如澳洲土人与 Eskimo 竟也看不出差别的性质来。所以 Taine 的"民族特性"理论,在初民还没有显著的痕迹。

这种彼此类似的原因，与他们的生活，很有关系。除了音乐以外，各种美术的材料与形式，都受他们游猎生活的影响。看他们的图案，止摹拟动物与人形，还没有采及植物，就可以证明了。

Herder 与 Taine 二氏，断定文明人的美术，与气候很有关系。初民美术，未必不受气候的影响，但是从物产上间接来的。在文明人，交通便利，物产上已经不受气候的限制，所以他们美术上所受气候的影响，是精神上直接的。精神上直接的影响，在初民美术上，还没有显著的痕迹。

初民美术的开始，差不多都含有一种实际上目的，例如图案是应用的便利；装饰与舞蹈，是两性的媒介；诗歌、舞蹈与音乐，是激起奋斗精神的作用；尤如家族的徽志，平和会的歌舞，与社会结合，有重要的关系。但各种美术的关系，却不是同等。大约那时候，舞蹈是很重要的。看西洋美术史，希腊的人生观，寄在造像；中古时代的宗教观念，寄在寺院建筑；文艺中兴时代的新思潮，寄在图画；现在人的文化，寄在文学；都有一种偏重的倾向。总之，美术与社会的关系，是无论何等时代，都是显著的了。从柏拉图提出美育主义后，多少教育家都认美术是改造社会的工具。但文明时代分工的结果，不是美术专家，几乎没有兼营美术的余地。那些工匠，日日营机械的工作，一点没有美术的作用参在里面，就觉枯燥得了不得，远不及初民工作的有趣。近如 Morris 痛恨于美术与工艺的隔离，提倡艺术化的劳动，倒是与初民美术的境象，有点相近。这是很可以研究的问题。

1920 年 5 月

美术批评的相对性

蔡元培

我们对于一种被公认的美术品,辄以"有目共赏"等词形容之。然考其实际,决不能有如此的普遍性。孔子对于善恶的批评,尝谓乡人皆好、乡人皆恶均未可,不如乡人之善者好之,其不善者恶之。美丑也是这样,与其要人人说好,还不如内行的说好,外行的说丑,靠得住一点。这是最普通的一点。至于同是内行,还有种种关于个性与环境的牵制,也决不能为绝对性,而限于相对性。请举几条例。

一 习惯与新奇

我们对于素来不经见的事物,初次接触,觉得格格不相入。在味觉上,甲地人尝到乙地食物时,不能下咽;在听觉上,东方人初听西方音乐时,觉得不入耳。若能勉强几次,渐渐儿不觉讨厌,而且引起兴味。所以一切美术品,若批评者尚未到相习的程度,就容易抹杀他的佳处。反之,我们还有一种习久生厌的心理。常住繁华城市中的人,一到乡村,觉得格外清幽;而过惯单调生活的人,又以偶享繁复的物质文明为快乐。美术批评,或惯于派别不同的,而严于派别相同的,就起于这种心理。

二　失望与失惊

对于平日间素所闻名的作家，以为必有过人的特色；到目见以后，觉得不过尔尔，有所见不逮所闻的感想，就不免抑之太甚。对于素不相识的，初以为不足注意，而忽然感受点意外的刺激，就不免逾格地倾倒。

三　阿好与避嫌

同一瑕不掩瑜的作品，作者与自己有交情的，就取善之从者的态度；若是与自己有意见的，就持吹毛求疵的态度，这是普通的偏见。但也有因这种偏见的普通而有意避免的，他的态度，就完全与上述相反。

四　雷同与立异

对于享受盛名的人，批评家不知不觉地从崇拜方面说话；就是有不满意处，也因慑于权威而轻轻放过。但也有与此相反的心理，例如王渔洋诗派盛行的时候，赵秋谷等偏攻击他。文西在弗罗绫斯大受欢迎的时候，弥楷朗赛罗偏轻视他。这也是批评家偶有的事实。

五　陈列品的位置与叙次

美术品的光色，非值适当的光线，不容易看出；观赏者非在适当的距离与方向，也不能捉住全部的优点。巴黎卢佛儿对于文西的《摩那丽赛》，荷兰国之美术馆对于兰勃郎的《夜巡图》，都有特殊的装置。就是这个缘故，在罗列众品的展览会，每一种美术，决不能均占适宜的地位。观察的感想，就不能望绝对的适应。又因位置的不同，而观赏时有先后，或初见以为可取，而屡见则倾于厌倦；当厌倦时而忽发见有一二特殊点，则激刺较易。这也是批评者偶发的情感，不容易避免的。

  右列诸点，均足以证明一时的批评，是相对的，而非绝对的。批评者固当注意，而读批评的人，也是不能不注意的。

1929 年 4 月 28 日

论哲学家与美术家之天职

王国维

天下有最神圣、最尊贵而无与于当世之用者,哲学与美术是已。天下之人嚣然谓之曰无用,无损于哲学、美术之价值也。至为此学者自忘其神圣之位置,而求以合当世之用,于是二者之价值失。夫哲学与美术之所志者,真理也。真理者,天下万世之真理,而非一时之真理也。其有发明此真理(哲学家)或以记号表之(美术)者,天下万世之功绩,而非一时之功绩也。唯其为天下万世之真理,故不能尽与一时一国之利益合,且有时不能相容,此即其神圣之所存也。且夫世之所谓有用者,孰有过于政治家及实业家者乎?世人喜言功用,吾姑以其功用言之。夫人之所以异于禽兽者,岂不以其有纯粹之知识与微妙之感情哉?至于生活之欲,人与禽兽无以或异。后者政治家及实业家之所供给;前者之慰藉满足,非求诸哲学及美术不可。就其所贡献于人之事业言之,其性质之贵贱,固以殊矣。至就其功效之所及言之,则哲学家与美术家之事业,虽千载以下,四海以外,苟其所发明之真理与其所表之之记号之尚存,则人类之知识感情由此而得其满足慰藉者,曾无以异于昔;而政治家及实业家之事业,其及于五世十世者希矣。此又久暂之别也。然则人而无所贡献于哲学、美术,斯亦已耳;苟为真正之哲学家、美术家,又何慊乎政治家哉!

披我中国之哲学史,凡哲学家无不欲兼为政治家者,斯可异已!孔子大政治家也,墨子大政治家也,孟、荀二子皆抱政治上之大志者也。汉之贾、董,宋之张、程、朱、陆,明之罗、王无不然。岂独哲学家而已,诗人亦然。"自谓颇腾达,立登要路津。致君尧舜上,再使风俗淳",非杜子美之抱负乎?"胡不上书自荐达,坐令四海如虞唐",非韩退之之忠告乎?"寂寞已甘千古笑,驰驱犹望两河平",非陆务观之悲愤乎?如此者,世谓之大诗人矣。至诗人之无此抱负者,与夫小说、戏曲、图画、音乐诸家,皆以俳优、倡优自处,世亦以俳优、倡优畜之。所谓"诗外尚有事在""一命为文人便无足观",我国人之金科玉律也。呜呼,美术之无独立之价值也久矣!此无怪历代诗人,多托于忠君爱国、劝善惩恶之意,以自解免,而纯粹美术上之著述,往往受世之迫害而无人为之昭雪者也。此亦我国哲学、美术不发达之一原因也。

夫然,故我国无纯粹之哲学,其最完备者,唯道德哲学与政治哲学耳。至于周、秦、两宋间之形而上学,不过欲固道德哲学之根柢,其对形而上学非有固有之兴味也。其于形而上学且然,况乎美学、名学、知识论等冷淡不急之问题哉!更转而观诗歌之方面,则咏史、怀古、感事、赠人之题目弥满充塞于诗界,而抒情叙事之作什佰不能得一,其有美术上之价值者,仅其写自然之美之一方面耳。甚至戏曲、小说之纯文学,亦往往以惩劝为旨,其有纯粹美术上之目的者,世非惟不知贵,且加贬焉。于哲学则如彼,于美术则如此,岂独世人不具眼之罪哉,抑亦哲学家、美术家自忘其神圣之位置与独立之价值,而蒽然以听命于众故也。

至我国哲学家及诗人所以多政治上之抱负者，抑又有说。夫势力之欲，人之所生而即具者，圣贤豪杰之所不能免也。而知力愈优者，其势力之欲也愈盛。人之对哲学及美术而有兴味者，必其知力之优者也，故其势力之欲亦准之。今纯粹之哲学与纯粹之美术，既不能得势力于我国之思想界矣，则彼等势力之欲，不于政治，将于何求其满足之地乎？且政治上之势力，有形的也，及身的也；而哲学、美术上之势力，无形的也，身后的也。故非旷世之豪杰，鲜有不为一时之势力所诱惑者矣。虽然，无亦其对哲学、美术之趣味有未深，而于其价值有未自觉者乎？今夫人积年月之研究，而一旦豁然悟宇宙人生之真理，或以胸中惝恍不可捉摸之意境，一旦表诸文字、绘画、雕刻之上，此固彼天赋之能力之发展，而此时之快乐，决非南面王之所能易者也。且此宇宙人生而尚如故，则其所发明所表示之宇宙人生之真理之势力与价值，必仍如故。之二者，所以酬哲学家、美术家者固已多矣。若夫忘哲学、美术之神圣，而以为道德政治之手段者，正使其著作无价值者也。愿今后之哲学、美术家，毋忘其天职，而失其独立之位置，则幸矣！

载1905年《教育世界》

古雅之在美学上之位置

王国维

"美术者天才之制作也",此自汗德以来百余年间学者之定论也。然天下之物,有决非真正之美术品,而又决非利用品者。又其制作之人,决非必为天才,而吾人之视之也,若与天才所制作之美术无异者,无以名之,名之曰"古雅"。

欲知古雅之性质,不可不知美之普遍之性质。美之性质,一言以蔽之,曰:可爱玩而不可利用者是已。虽物之美者,有时亦足供吾人之利用,但人之视为美时,决不计及其可利用之点。其性质如是,故其价值亦存于美之自身,而不存乎其外。而美学上之区别美也,大率分为二种:曰优美,曰宏壮。自巴克及汗德之书出,学者殆视此为精密之分类矣。至古今学者对优美及宏壮之解释,各由其哲学系统之差别而各不同。要而言之,则前者由一对象之形式,不关于吾人之利害,遂使吾人忘利害之念,而以精神之全力沉浸于此对象之形式中,自然及艺术中普通之美,皆此类也;后者则由一对象之形式,越乎吾人知力所能驭之范围,或其形式大不利于吾人,而又觉其非人力所能抗,于是吾人保存自己之本能,遂超越乎利害之观念外,而达观其对象之形式,如自然中之高山大川、烈风雷雨,艺术中伟大之宫室、悲惨之雕刻像,历史画、戏曲、小说等皆是也。此二者,其可爱玩而不可利用也同，若夫所谓古雅者则何如？

一切之美皆形式之美也。就美之自身言之，则一切优美，皆存于形式之对称变化及调和。至宏壮之对象，汗德虽谓之无形式，然以此种无形式之形式，能唤起宏壮之情，故谓之形式之一种，无不可也。就美术之种类言之，则建筑、雕刻、音乐之美之存于形式固不俟论，即图画、诗歌之美之兼存于材质之意义者，亦以此等材质适于唤起美情故，故亦得视为一种之形式焉。释迦与马利亚庄严圆满之相，吾人亦得离其材质之意义，而感无限之快乐，生无限之钦仰。戏曲、小说之主人翁及其境遇，对文章之方面言之，则为材质；然对吾人之感情言之，则此等材质又为唤起美情之最适之形式。故除吾人之感情外，凡属于美之对象者，皆形式而非材质也。而一切形式之美，又不可无他形式以表之。惟经过此第二之形式，斯美者愈增其美，而吾人之所谓古雅，即此第二种之形式。即形式之无优美与宏壮之属性者，亦因此第二形式故，而得一种独立之价值。故古雅者，可谓之形式之美也。

夫然，故古雅之致存于艺术而不存于自然。以自然但经过第一形式，而艺术则必就自然中固有之某形式，或所自创造之新形式，而以第二形式表出之。即同一形式也，其表之也各不同。同一曲也，而奏之者各异；同一雕刻、绘画也，而真本与摹本大殊。诗歌亦然。"夜阑更炳烛，相对如梦寐"（杜甫《羌村》诗）之于"今宵剩把银釭照，犹恐相逢是梦中"（晏几道《鹧鸪天》词），"愿言思伯，甘心首疾"（《诗·卫风·伯兮》）之于"衣带渐宽终不悔，为伊消得人憔悴"（欧阳修《蝶恋花》词），其第一形式同，而前者温厚，后者刻露者，其第二形式异也。一切艺术无不皆然，于是有所谓雅俗之区别起。优美及宏壮必与古雅合，然后得显其固有之价值。不过优美及宏壮之原质愈显，则古雅之原质愈蔽。然吾人所以感如此之美且壮者，实以表出之之雅故，即以其美之第一形式，更以雅之第二形式表出之故也。

虽第一形式之本不美者，得由其第二形式之美（雅），而得一种独立之价值。茅茨土阶，与夫自然中寻常琐屑之景物，以吾人之肉眼观之，举无足与于优美若宏壮之数，然一经艺术家（若绘画、若诗歌）之手，而遂觉有不可言之趣味。此等趣味，不自第一形式得之，而自第二形式得之无疑也。绘画中之布置，属于第一形式，而使笔使墨，则属于第二形式。凡以笔墨见赏于吾人者，实赏其第二形式也。此以低度之美术（如法书等）为尤甚。三代之钟鼎，秦汉之摹印，汉魏六朝唐宋之碑帖，宋元之书籍等，其美之大部，实存于第二形式。吾人爱石刻不如爱真迹，又其于石刻中爱翻刻不如爱原刻，亦以此也。凡吾人所加于雕刻书画之品评，曰"神"、曰"韵"、曰"气"、曰"味"，皆就第二形式言之者多，而就第一形式言之者少。文学亦然，古雅之价值大抵存于第二形式。西汉之匡、刘，东京之崔、蔡，其文之优美宏壮，远在贾、马、班、张之下，而吾人之嗜之也亦无逊于彼者，以雅故也。南丰之于文，不必工于苏、王；姜夔之于词，且远逊于欧、秦，而后人亦嗜之者，以雅故也。由是观之，则古雅之原质，为优美及宏壮中不可缺之原质，且得离优美宏壮而有独立之价值，则固一不可诬之事实也。

然古雅之性质，有与优美及宏壮异者。古雅之但存于艺术而不存于自然，即如上文所论矣。至判断古雅之力，亦与判断优美及宏壮之力不同。后者先天的，前者后天的、经验的也。优美及宏壮之判断之为先天的判断，自汗德之《判断力批评》后，殆无反对之者。此等判断既为先天的，故亦普遍的、必然的也。易言以明之，即一艺术家所视为美者，一切艺术家亦必视为美。此汗德所以于其美学中，预想一公共之感官者也。若古雅之判断则不然，由时之不同而人之判断之也各异。吾人所断为古雅者，实由吾人今日之位置断之。古代之遗物无不雅于近世之制作，古代之文学虽至拙劣，自吾人读之无不古雅者，若自古人之眼观之，殆不然矣。故古雅之判断，后天的也，经验的也，故亦特别的也，偶然的也。此由古代表出第一形式之道与近世大异，故吾人睹其遗迹，不觉有遗世之感随之，然在当日，则不能若优美及宏壮，则固无此时间上之限制也。古雅之性质既不存于自然，而其判断亦但由于经验，于是艺术中古雅之部分，不必尽俟天才，而亦得以人力致之。苟其人格诚高，学问诚博，则虽无艺术上之天才者，其制作亦不失为古雅。而其观艺术也，虽不能喻其优美及宏壮之部分，犹能喻其古雅之部分。若夫优美及宏壮，则非天才，殆不能捕攫之而表出之。今古第三流以下之艺术家，大抵能雅而不能美且壮者，职是故也。以绘画论，则有若国朝之王翚，彼固无艺术上之天才，但以用力甚深之故，故摹古则优，而自运则劣，则岂不以其舍其所长之古雅，而欲以优美宏壮与人争胜也哉？以文学论，则除前所述匡、刘诸人外，若宋之山谷，明之青邱、历下，国朝之新城等，其去文学上之天才盖远，徒以有文学上之修养故，其所作遂带一种典雅之性质。而后之无艺术上之天才者，亦以其典雅故，遂与第一流之文学家等类而观之，然其制作之负于天分者十之二三，而负于人力者十之七八，则固不难分析而得之也。又虽真正之天才，其制作非必皆神来兴到之作也。以文学论，则虽最优美最宏壮之文学中，往往书有陪衬之篇，篇有陪衬之章，章有陪衬之句，句有陪衬之字。一切艺术，莫不如是。此等神兴枯涸之处，非以古雅弥缝之不可。而此等古雅之部分，又非藉修养之力不可。若优美与宏壮，则固非修养之所能为力也。

然则古雅之价值，遂远出优美及宏壮下乎？曰：不然。可爱玩而不可利用者，一切美术品之公性也。优美与宏壮然，古雅亦然。而以吾人之玩其物也，无关于利用故，遂使吾人超出乎利害之范围外，而惝恍于缥缈宁静之域。优美之形式使人心和平，古雅之形式使人心休息，故亦可谓之低度之优美。宏壮之形式常以不可抵抗之势力，唤起人钦仰之情；古雅之形式则以不习于世俗之耳目故，而唤起一种之惊讶。惊讶者，钦仰之情之初步，故虽谓古雅为低度之宏壮，亦无不可也。故古雅之位置，可谓在优美与宏壮之间，而兼有此二者之性质也。至论其实践之方面，则以古雅之能力能由修养得之，故可为美育普及之津梁。虽中智以下之人，不能创造优美及宏壮之物者，亦得由修养而有古雅之创造力。又虽不能喻优美及宏壮之价值者，亦得于优美宏壮中之古雅之原质，或于古雅之制作物中，得其直接之慰藉。故古雅之价值，自美学上观之，诚不能及优美及宏壮；然自其教育众庶之效言之，则虽谓其范围较大、成效较著可也。因美学上尚未有专论古雅者，故略述其性质及位置如右。篇首之疑问，庶得由是而说明之欤。

载 1907 年《教育世界》

孔子之美育主义

王国维

诗云:"世短意常多,斯人乐久生。"岂不悲哉!人之所以朝夕营营者,安归乎?归于一己之利害而已。人有生矣,则不能无欲;有欲矣,则不能无求;有求矣,不能无生得失,得则淫,失则戚:此人人之所同也。世之所谓道德者,有不为此嗜欲乏羽翼者乎?所谓聪明者,有不为嗜欲之耳目者乎?避苦而就乐,喜得而恶丧,怯让而勇争。此又人人之所同也。于是,内之发于人心也,则为苦痛;外之见于社会也,则为罪恶。然世终无可以除此利害之念,而泯人己之别者欤?将社会之罪恶固不可以稍减,而人心之苦痛遂长此终古欤?曰:有,所谓"美"者是已。

美之为物,不关于吾人之利害者也。吾人观美时,亦不知有一己之利害。德意志之大哲人汗德,以美之快乐为不关利害之快乐(Disinteresed Pleasure)。至叔本华而分析观美之状态为二原质:(一)被观之对象,非特别之物,而此物之种类之形式;(二)观者之意识,非特别之我,而纯粹无欲之我也(《意志及观念之世界》第一册二百五十三页)。何则?由叔氏之说,人之根本在生活之欲,而欲常起于空乏。既偿此欲,则此欲以终;然欲之被偿者一,而不偿者十百;一欲既终,他欲随之:故究竟之慰藉终不可得。苟吾人之意识而充以嗜欲乎?吾人而为嗜欲之我乎？则亦长此辗转于空乏、希望与恐怖之中而已，欲求福祉与宁静，岂可得哉！然吾人一旦因他故而脱此嗜欲之网，则吾人之知识已不为嗜欲之奴隶，于是得所谓无欲之我。无欲故无空乏，无希望，无恐怖；其视外物也，不以为与我有利害之关系，而但视为纯粹之外物。此境界唯观美时有之。苏子瞻所谓"寓意于物"（《宝绘堂记》）；邵子曰："圣人所以能一万物之情者，谓其能反观也。所以谓之反观者，不以我观物也。不以我观物者，以物观物之谓也。既能以物观物，又安有我于其间哉？"（《皇极经世·观物内篇》七）此之谓也。其咏之于诗者，则如陶渊明云："采菊东篱下，悠然见南山。山气日夕佳，飞鸟相与还。此中有真意，欲辨已忘言。"谢灵运云："昏旦变气候，山水含清晖。清晖能娱人，游子澹忘归。"或如白伊龙云："I live not in myself, but I become portion of that around me; and to me high mountains are a feeling."皆善咏此者也。

夫岂独天然之美而已，人工之美亦有之。宫观之瑰杰，雕刻之优美雄丽，图画之简淡冲远，诗歌音乐之直诉人之肺腑，皆使人达于无欲之境界。故泰西自雅里大德勒以后，皆以美育为德育之助。至近世，谑夫志培利、赫启孙等皆从之。及德意志之大诗人希尔列尔出，而大成其说，谓人日与美相接，则其感情日益高，而暴慢鄙倍之心自益远。故美术者科学与道德之生产地也。又谓审美之境界乃不关利害之境界，故气质之欲灭，而道德之欲得由之以生。故审美之境界乃物质之境界与道德之境界之津梁也。于物质之境界中，人受制于天然之势力；于审美之境界则远离之；于道德之境界则统御之。（希氏《论人类美育之书简》）由上所说，则审美之位置犹居于道德之次。然希氏后日更进而说美之无上之价值，曰："如人必以道德之欲克制气质之欲，则人性之两部犹未能调和也，于物质之境界及道德之境界中人性之一部，必克制之以扩充其他部。然人之所以为人，在息此内界之争斗，而使卑劣之感跻于高尚之感觉。如汗德之严肃论中气质与义务对立，犹非道德上最高之理想也。最高之理想存于美丽之心（Beautiful Soul），其为性质也，高尚纯洁，不知有内界之争斗，而唯乐于守道德之法则，此性质唯可由美育得之。"（芬特尔朋《哲学史》第六百页）此希氏最后之说也。顾无论美之与善，其位置孰为高下，而美育与德育之不可离，昭昭然矣。

今转而观我孔子之学说。其审美学上之理论虽不可得而知，然其教人也，则始于美育，终于美育。《论语》曰："小子何莫学夫诗。诗可以兴，可以观，可以群，可以怨。迩之事父，远之事君。多识于鸟兽草木之名。"又曰："兴于诗，立于礼，成于乐。"其在古昔，则胄子之教，典于后夔；大学之事，董于乐正（《周礼·大司乐》《礼记·王制》）。然则以音乐为教育之一科，不自孔子始矣。荀子说其效曰："乐者，圣人之所乐也，而可以善民心。其感人深，其移风易俗。……故乐行而志清，礼修而行成，耳目聪明，血气和平，移风易俗，天下皆宁。"（《乐论》）此之谓也。故"子在齐闻《韶》"，则"三月不知肉味"。而《韶》乐之作，虽絜壶之童子，其视精，其行端。音乐之感人，其效有如此者。

且孔子之教人，于诗乐外，尤使人玩天然之美。故习礼于树下，言志于农山，游于舞雩，叹于川上，使门弟子言志，独与曾点。点之言曰："莫春者，春服既成，冠者五六人，童子六七人，浴乎沂，风乎舞雩，咏而归。"由此观之，则平日所以涵养其审美之情者可知矣。之人也，之境也，固将磅礴万物以为一，我即宇宙，宇宙即我也。光风霁月不足以喻其明，泰山华岳不足以语其高，南溟渤澥不足以比其大。邵子所谓"反观"者非欤？叔本华所谓"无欲之我"、希尔列尔所谓"美丽之心"者非欤？此时之境界：无希望，无恐怖，无内界之争斗，无利无害，无人无我，不随绳墨而自合于道德之法则。一人如此，则优入圣域；社会如此，则成华胥之国。孔子所谓"安而行之"，与希尔列尔所谓"乐于守道德之法则"者，舍美育无由矣。

呜呼！我中国非美术之国也！一切学业，以利用之大宗旨贯注之。治一学，必质其有用与否；为一事，必问其有益与否。美之为物，为世人所不顾久矣！故我国建筑、雕刻之术，无可言者。至图画一技，宋元以后，生面特开，其淡远幽雅实有非西人所能梦见者。诗词亦代有作者。而世之贱儒辄援"玩物丧志"之说相诋。故一切美术皆不能达完全之域。美之为物，为世人所不顾久矣！庸讵知无用之用，有胜于有用之用者乎？以我国人审美之趣味之缺乏如此，则其朝夕营营，逐一己之利害而不知返者，安足怪哉！安足怪哉！庸讵知吾国所尊为"大圣"者，其教育固异于彼贱儒之所为乎？故备举孔子美育之说，且诠其所以然之理。世之言教育者，可以观焉。

载1904年《教育世界》

霍恩氏之美育说

王国维

霍恩于所著《教育之哲学》中论之曰:"罗惹克兰支及斯宾塞等之研究教育理论也,于美育一事,弃而不顾,此不得不谓为缺憾。今于教育之新哲学中,其思所以弥之者矣。"由是观之,霍氏之于教育原理中,明明以美育为重,可知也。然霍氏于此书,却未详说美育之事,读者引为遗憾。或谓霍氏此书,别无独得之见,惟其取前说而排比之,能秩序整然,故足多尔。

厥后霍氏复著一书题曰:《教育之心理学的原理》。其第三篇为"情育论",中有"审美教育"一章。此章之说极新,霍氏殆自以为独得之见乎?今先述其说之内容,而试加以品评焉。

审美教育之性质

感情生活之发展之最高者,美之理想也。审美教育者何?培养其趣味而发展其美之感觉也。趣味者何?美术价值之知识的辨别,与对美术制作物之情操的感受也。审美教育之最初目的,关于壮大之自然及人间,在能教育儿童,使知以美术物供其娱乐之用而已。其次,则贵能评量美术的价值。霍氏引拉斯铿之言以明之曰:"凡对少年之士及非专门家之学子,不在使之自得其技术,知品评他人之技术而得其正鹄，斯为要尔。"是故为教员者，但能养成儿童俾知以智识的赏玩美术，则既足矣，其余之事非所关也。

审美教育所以为人忽视之故

以审美教育与体育、智育、德育等比较观之，则美育之为世人所忽视，亦固其宜。此其理由有三焉：（一）以其属情育之一部，故美育之于近世教育中，不能占独立之地步。如海尔巴德，即于智力及意志外，不予感情以独立之价值。此外，叔本华然也，巴尔善亦然也。要之皆以审美的感觉赅括于情操之下，而于意志论中述之矣。（二）以学科课目中所含审美的教材，以较智识的教材、道德的教材，所占范围绝小。（三）巧妙而有势力之议论，能使人于技术之重要，转至淡焉若忘。如罗惹克兰支之《教育之哲学》，于健康真理宗教道德之理想，谆谆论之；而于美之理想，则不置一辞。又如斯宾塞之《教育论》，其被影响于教育界也，殆五十年之久，而彼于审美的兴味，等闲视之，一若以文学技术为无益之举。其言曰："文学技术占生涯之余暇之部分，故当属教育以外之事耳。"方功利主义风靡一时之秋，则美育之为其人所忽视，又奚足怪哉！

卢骚之审美教育说

卢骚之著《爱弥耳》也，其教育之一般目的，未可谓为高远。彼非欲得笃实坚固委身徇道之人物，欲学者得平和闲雅之境遇耳；非欲其进取的之计划，欲其以受动的享娱乐之生涯耳。卢氏教育之目的如此，诚未可言高远。虽然，彼于审美教育之价值，则能认见之矣。卢骚曰："使爱弥耳就一切事物感其为美而爱之，是所以固定其爱情，保持其趣味也；所以遏其自然之欲望，而使之不至堕落也；所以防其卑劣之心情，而不至以财帛为幸福也。"移卢氏此言以观今日社会之况，则诚有所见矣。

柏拉图之审美教育说

上而溯柏拉图之审美教育说，可见其较斯氏之说为更高远矣。斯氏言使吾人遂完全之生活者乃教育之所任。斯说也与柏拉图同。然所谓完全之生活，意义迥异。何则？前者仅指物质的现象，后者则于灵魂之无穷之运命亦赅而言之也。实则希腊思想所远觇于近时世界者，即所谓"美"是已。柏拉图于《理想的国家》中，有言曰："使吾人之守护者，于缺损道德的调和之幻梦中，成长为人，吾人之所不好也。愿使我技术家有天禀之能力而能辨别'美'与'雅'之真性质，则彼辈青年庶得托足于健全之境遇耳。"以言高尚之训练，殆未有逾此者也。

"健全之精神宿于健全之身体"，罗马人之理想也；而"美之精神宿于美之身体"，则希腊人之理想。吾人既欲实现前者之理想，亦愿实现后者之理想。

审美教育之重要

由上之说，则开拓儿童之美的感觉，果如何重要乎？今欲就四项详说之：（一）审美之休养的价值。（二）社会的价值。（三）

心理的价值。(四)伦理的价值。

美育之休养的价值

凡人于日日为事时,不可无休养。审美的教育即为此之故,而于人间之智的生活中,诱导游戏之分子,而保持之者也。审美的感动即对美之观念之快感。而常能诱起其感情者,不外美术的建筑物、雕刻、绘画、诗歌、音乐或自然景色之类。吾人之心意,常由此等而进于幸福之冥想。而其所为冥想也,决非为吾人之利用厚生,惟归于吾人生活之完全耳。故此等诸端,实为吾人自身供娱乐之用者。一切技术决无期满足于未来之性质,惟于现在之时、现在之处,供给吾人以满足而已。是故为自身而与以快感者,即审美的快感。以此义言,则吾人即于日常之业务,亦得发见审美的要素于其中。同一事也,以审美的企图之,则感为快,不然则感为苦。吾人之灵魂,得由审美的技术而脱离苦痛。斯义也,叔本华之哲学中既言之,学者所共稔也。吾人于纷纭万状之生涯中,而得技术以维持其游戏之分子,此所以增人间之悦乐,而因之占人类生存之胜利耳。故虽谓人类之绝对的利益,全出审美教育之赐,亦何不可之有?

美育之社会学的价值

以社会学见地观之,则审美教育者,所以于完全之人类的境遇,调和人间者也。人类以科学、历史、技术为世世相遗之产业。故教育之责,即在以是等遗产传诸新时代,而期其合宜焉尔。教育者苟忽视美育，非既与教育之本义大相剌谬耶？吾人之灵魂，未达于审美的醒觉，则不能感受之灵性。故其灵魂惟往来于科学的事实、历史的事实之范围中，欲以达人类之理想之境遇，奚其可？

美育之心理学的价值

以心理学的见地观之，则个人意识之完全发达，亦以美育为必要。意识者，不但有知的意的性质，又一面有情的性质。而美之感觉，实吾人感情生活中最高尚之部分也。偏于智识则冷静，偏于实际则褊狭，知所谓美而爱之，则冷者温，狭者广矣。人之灵魂，对偏于智识者而告之曰："汝亦知智识而外，尚有不能以知识记载者乎？"又对偏于实际者而告之曰："汝知人世所谓有益者之外，尚有有价值者乎？"真理之智识使人能辨别事物，而不能使之爱好事物。善良之意志足以匡正人心，而不足以感动人心。欲使人间生活进于完全，则尚有一义焉，曰：真知其为美而爱之者是已。

美育之伦理的价值

吾人于审美教育中，又见其有伦理的价值。欲彰斯义，诚难求详。然知其为恶德，则觉有丑劣不堪之象横于目前；知其为美德，则恍有美艳夺人之色，炫于胸中。是说也，其诸人人所皆首肯者乎？固知所谓恶德，亦有时以虚饰而惑人；所谓美德，亦有时以严酷而逆物。然见恶德而觉其丑恶时，吾之审美的灵性必斥之；见美德而觉其美丽时，吾之审美的灵性必与之：斯固无容疑议者也。不论何时何地。人间之行为常与道德的基本一致，故其内容可谓之为正。然至实现其行为之动机，则与云道德的，宁谓为审美的。要之，人间之行为，于其内容则道德的也，于其计画则审美的也。是故不为美而仅为正义之行为，终不能有伦理的价值也。

审美教育之实际问题

由前之说而知审美教育之重要矣。于是遂生一实际问题焉，曰：学校于美育一事，宜如何而后可？从吾人之要求，则亦无他，修养美的感觉，获得美的意识是已。美之感觉何以修养？曰：惟吾之耳目与灵魂，对人间及自然之事业，而觉悟其为完全之时，可以得之。譬如睹精巧之雕刻物，观神妙之绘画，闻抑扬宛转之音乐，读深邃高远之文学，山川日月，草木万物，贶我以和平之心情，畀我以昂藏之意气。于斯时也，吾人对耳目所接触者，感其物之完全，而悦乐生焉，则美之感觉克受修养之益矣。如此审美的经验，即以吾人感情的感触其所爱好之事物，而人类经验中最高尚之形式也。若于此外更求高尚之经验，其惟宗教的感情乎？然而宗教的感情，亦不外完全之美的要素，既人格化，而人间以意识的而结合之者耳。

宜利用境遇之感化

然则于学校中，开拓美之感觉，当何如乎？窃以为其最要者，在利用境遇之感化，使家庭学校之一切要素，悉为审美的，则儿童日处其中，所受感化必大矣。

宜推广技能之学科课程

今世虽以文学为美术之一，于学科课程中颇占相宜之地位，然其余技术似不应下于文学，窃谓自今以往，亦宜注重。如唱歌，如玩奏乐器，皆宜加意肄习。如木工、金工、抟工等，宜于实用的外，更加以审美的。如于图画及其他学科，宜教以形色之要素是也。

宜改良技能科之教法

自然研究之教授法，不可仅如今日之为科学的。于读书教授法则，此后宜留意于趣味一面。初等国文科之教材，亦宜多采单简之叙事诗或神话的要素，不可过列近时之作。如是，庶可避今世言语学的文法的之弊，而于文学的形式及其理想，乃能玩味之矣。又如劝诱儿童，频往来于教育博物馆或美术陈列所，是亦其一端也。

宜创造审美的之校风

以此义言，必有自由安适及德行优秀诸点，而后可谓之为美。

宜培养审美的之教师

教师为儿童之表率，故欲举美育之功，则教者自身不可不先为审美的。故教室中之行为及日常之举动，其风采容仪不可不慎。捐时力财力之几分,肄习诗歌音乐书画之类,以为自己修养之资,斯固为教师者所不可少之要义也。

霍恩之美育说大略如右。其说平淡无精义,名高如霍氏,而其立说仅如此,似不足副吾辈之宿望。且彼自谓近人之忽视美育,一以置美育于情育之中故,而彼反自蹈其弊。又谓美育之不振,由学科课程中含美的要素者少,然美育之于学科课程中,其位置宜若何,其分量宜若何?亦未切实言之,未可谓为得也。虽然,以趣味枯索如今日之教育界,而得霍氏之热心鼓吹,一促时人之反省,其为功也固亦伟矣!今是以介绍其学说,亦窃愿今世学者知美育之重要,而相与从事研究云尔。

载 1907 年 6 月《教育世界》151 号

趣味教育与教育趣味

梁启超

一

假如有人问我："你信仰的什么主义？"我便答道："我信仰的是趣味主义。"有人问我："你的人生观拿什么作根柢？"我便答道："拿趣味做根柢。"我生平对于自己所做的事，总是做得津津有味，而且兴会淋漓；什么悲观咧厌世咧这种字面，我所用的字典里头，可以说完全没有。我所做的事，常常失败——严格的可以说没有一件不失败——然而我总是一面失败一面做。因为我不但在成功里头感觉趣味，就在失败里头也感觉趣味。我每天除了睡觉外，没有一分钟一秒钟不是积极的活动。然而我决不觉得疲倦，而且很少生病。因为我每天的活动有趣得很，精神上的快乐，补得过物质上的消耗而有余。

趣味的反面，是干瘪，是萧索。晋朝有位殷仲文，晚年常郁郁不乐，指着院子里头的大槐树叹气，说道："此树婆娑，生意尽矣。"一棵新栽的树，欣欣向荣，何等可爱！到老了之后，表面上虽然很婆娑，骨子里生意已尽，算是这一期的生活完结了。殷仲文这两句话，是用很好的文学技能，表出那种颓唐落寞的情绪。我以为这种情绪,是再坏没有的了。无论一个人或一个社会,倘若被这种情绪侵入弥漫,这个人或这个社会算是完了,再不会有长进。何止没长进?什么坏事,都要从此产育出来。总而言之,趣味是活动的源泉。趣味干竭,活动便跟着停止。好像机器房里没有燃料,发不出蒸汽来,任凭你多大的机器,总要停摆。停摆过后,机器还要生锈,产生许多毒害的物质哩。人类若到把趣味丧失掉的时候,老实说,便是生活得不耐烦,那人虽然勉强留在世间,也不过行尸走肉。倘若全个社会如此,那社会便是瘠病的社会,早已被医生宣告死刑。

二

"趣味教育"这个名词,并不是我所创造,近代欧美教育界早已通行了。但他们还是拿趣味当手段,我想进一步,拿趣味当目的。请简单说一说我的意见。

第一,趣味是生活的原动力,趣味丧掉,生活便成了无意义。这是不错。但趣味的性质,不见得都是好的。譬如好嫖好赌,何尝不是趣味?但从教育的眼光看来,这种趣味的性质,当然是不好。所谓好不好,并不必拿严酷的道德论做标准。既已主张趣味,便要求趣味的贯彻。倘若以有趣始以没趣终,那么趣味主义的精神,算完全崩落了。《世说新语》记一段故事:"祖约性好钱,阮孚性好屐,世未判其得失。有诣约,见正料量财物,客至屏当不尽,余两小簏,以著背后,倾身障之,意未能平。诣孚,正见自蜡屐,因叹曰:'未知一生当着几量屐。'意甚闲畅,于是优劣始分。"这段话,很可以作为选择趣味的标准。凡一种趣味事项，倘或是要瞒人的，或是拿别人的苦痛换自己的快乐，或是快乐和烦恼相间相续的，这等统名为下等趣味。严格说起来，它就根本不能做趣味的主体。因为认这类事当趣味的人，常常遇着败兴，而且结果必至于俗语说的"没兴一齐来"而后已，所以我们讲趣味主义的人，绝不承认此等为趣味。人生在幼年青年期，趣味是最浓的，成天价乱碰乱迸；若不引他到高等趣味的路上，他们便非流入下等趣味不可。没有受过教育的人，固然容易如此。教育教得不如法，学生在学校里头找不出趣味，然而他们的趣味是压不住的，自然会从校课以外乃至校课反对的方向去找他的下等趣味，结果，他们的趣味是不能贯彻的，整个变成没趣的人生完事。我们主张趣味教育的人，是要趁儿童或青年趣味正浓而方向未决定的时候，给他们一种可以终生受用的趣味。这种教育办得圆满，能够令全社会整个永久是有趣的。第二，既然如此，那么教育的方法，自然也跟着解决了。教育家无论多大能力，总不能把某种学问教通了学生，只能令受教的学生当着某种学问的趣味，或者学生对于某种学问原有趣味，教育家把它加深加厚。所以教育事业，从积极方面说，全在唤起趣味，从消极方面说，要十分注意不可以摧残趣味。摧残趣味有几条路。头一件是注射式的教育。教师把课本里头东西叫学生强记。好像嚼饭给小孩子吃，那饭已经是一点儿滋味没有了，还要叫他照样地嚼几口，仍旧吐出来看。那么，假令我是个小孩子，当然会认吃饭是一件苦不可言的事了。这种教育法，从前教八股完全是如此，现在学校里形式虽变，精神却还是大同小异，这样教下去，只怕永远教不出人才来。第二件是课目太多。为培养常识起见，学堂课目固然不能太少。为恢复疲劳起见，每日的课目固然不能不参错掉换。但这种理论，只能为程度的适用，若用得过分，毛病便会发生。趣味的性质，是越引越深。想引得深，总要时间和精力比较的集中才可。若在一个时期内，同时做十来种的功课，走马看花，应接不暇，初时或者惹起多方面的趣味，结果任何方面的趣味都不能养成。那么，教育效率，可以等于零。为什么呢？因为受教育受了好些时，件件都是在大门口一望便了，完全和自己的生活不发生关系，这教育不是白费吗？第三件是拿教育的事项当手段。从前我们学八股，大家有句通行话说他是敲门砖，门敲开了自然把砖也抛却，再不会有人和那块砖头发生起恋爱来。我们若是拿学问当作敲门砖看待，断乎不能有深入而且持久的趣味。我们为什么学数学，因为数学有趣所以学数学；为什么学历史，因为历史有趣所以学历史；为什么学画画、学打球，因为画画有趣、打球有趣所以学画画、学打球。人生的状态，本来是如此，教育的最大效能，也只是如此。各人选择他趣味最浓的事项做职业，自然一切劳作，都是目的，不是手段，越劳作越发有趣。反过来，若是学法政用来作做官的手段，官做不成怎么样呢？学经济用来做发财的手段，财发不成怎么样呢？结果必至于把趣味完全送掉。所以教育家最要紧教学生知道是为学问而学问，为活动而活动。所有学问、所有活动，都是目的，不是手段。学生能领会得这个见解，他的趣味，自然终生不衰了。

三

以上所说，是我主张趣味教育的要旨。既然如此，那么在教育界立身的人，应该以教育为惟一的趣味，更不消说了。一个人若是在教育上不感觉有趣味,我劝他立刻改行,何必在此受苦?既已打算拿教育做职业,便要认真享乐,不辜负了这里头的妙味。

孟子说:"君子有三乐,而王天下不与存焉。"第三种就是:"得天下英才而教育之。"他的意思是说教育家比皇帝还要快乐。他这话绝不是替教育家吹空气,实际情形,确是如此。我常想,我们对于自然界的趣味,莫过于种花。自然界的美,像山水风月等等,虽然能移我情,但我和他没有特殊密切的关系,他的美妙处,我有时便领略不出。我自己手种的花,他的生命和我的生命简直并合为一,所以我对着他,有说不出来的无上妙味。凡人工所做的事,那失败和成功的程度都不能预料,独有种花,你只要用一分心力,自然有一分效果还你,而且效果是日日不同,一日比一日进步。教育事业正和种花一样。教育者与被教育者的生命是并合为一的。教育者所用的心力,真是俗语说的"一分钱一分货",丝毫不会枉费。所以我们要选择趣味最真而最长的职业,再没有别样比得上教育。

现在的中国,政治方面、经济方面,没有那件说起来不令人头痛。但回到我们教育的本行,便有一条光明大路,摆在我们前面。从前国家托命,靠一个皇帝,皇帝不行,就望太子,所以许多政论家——像贾长沙一流都最注重太子的教育。如今国家托命是在人民,现在的人民不行,就望将来的人民。现在学校里的儿童青年,个个都是"太子",教育家便是"太子太傅"。据我看,我们这一代的太子,真是"富于春秋,典学光明",这些当太傅的,只要"鞠躬尽瘁",好生把他培养出来,不愁不眼见中兴大业。所以别方面的趣味,或者难得保持,因为到处挂着"此路不通"的牌子，容易把人的兴头打断；教育家却全然不受这种限制。

教育家还有一种特别便宜的事，因为"教学相长"的关系，教人和自己研究学问是分离不开的，自己对于自己所好的学问，能有机会终生研究，是人生最快乐的事，这种快乐，也是绝对自由，一点不受恶社会的限制。做别的职业的人，虽然未尝不可以研究学问，但学问总成了副业了。从事教育职业的人，一面教育，一面学问，两件事完全打成一片。所以别的职业是一重趣味，教育家是两重趣味。

孔子屡屡说："学而不厌，诲人不倦。"他的门生赞美他说："正惟弟子不能及也。"一个人谁也不学，谁也不诲人，所难者确在不厌不倦。问他为什么能不厌不倦呢？只是领略得个中趣味，当然不能自已。你想：一面学，一面诲人，人也教得进步了，自己所好的学问也进步了，天下还有比他再快活的事吗？人生在世数十年，终不能一刻不活动，别的活动，都不免常常陷在烦恼里头，独有好学和好诲人，真是可以无入而不自得，若真能在这里得了趣味，还会厌吗？还会倦吗？孔子又说："知之者不如好之者，好之者不如乐之者。"诸君都是在教育界立身的人，我希望更从教育的可好可乐之点，切实体验，那么，不惟诸君本身得无限受用，我们全教育界也增加许多活气了。

1922 年 4 月 10 日直隶教育联合研究会讲演稿

美术与科学

梁启超

稍为读过西洋史的人,都知道现代西洋文化,是从文艺复兴时代演进而来。现代文化根柢在哪里?不用我说,大家当然都知道是科学。然而文艺复兴主要的任务和最大的贡献,却是在美术。从表面看来,美术是情感的产物,科学是理性的产物。两件事很像不相容,为什么这位暖和和的阿特先生,会养出一位冷冰冰的赛因士儿子?其间因果关系,研究起来很有兴味。

美术所以能产生科学,全从"真美合一"的观念发生出来,他们觉得真即是美,又觉得真才是美,所以求美先从求真入手。文艺复兴的太祖高皇帝雷安那德·达温奇——就是画最有名的《耶稣晚餐图》那个人,谅来诸君都知道了,达温奇有几件故事,很有趣而且有价值。当时意大利某乡村,新发见的希腊人雕刻的一尊温尼士女神裸体像,举国若狂的心醉其美,不久被基督教徒说是魔鬼,把他涂了脸,凿了眼睛,断了手脚,丢在海里去了。达温奇和他几位同志,悄悄的到处发掘,又掘着第二尊。有一晚,他们关起大门,在那里赏玩他们的新发现品,被基督教徒侦探着,一大群人声势汹汹地破门而入。人进去看见达温奇干什么呢?他拿一根软条的尺子在那里量那石像的尺寸部位,一双眼对着那石像出神,简直像没有看见众人一般,把众人倒愣了。当时在场的人，有一位古典派美术家老辈梅尔拉，不以达温奇的举动为然，告诉他道："美不是从计算产生出来的呀。"达温奇要理不理的，许久才答道："不错，但我非知道我所要知的事情不肯干休。"有一回傍晚时候，天气十分惨淡，有一位年高望重的天主教神父，当众讲演，说："世界末日快到了，基督立刻来审判我们了，赶紧忏悔啊，赶紧归依啊。"说得肉飞神动，满场听众受了刺激，哭咧，叫咧，打噤咧，磕头咧，闹得一团糟。达温奇有位高足弟子也在场，也被群众情感的浪卷去，觉得自己跟着这位魔鬼先生学，真是罪人，也叫起"耶稣救命"来，猛回头看见他先生却也在那边。在那边干什么呢？左手拿块画板，右手拿管笔，一双眼盯在那位老而且丑的神父脸上，正在画他呢。这两件故事，诸君听着好玩么？诸君啊，不要单作好玩看待，须知这便是美术和科学交通的一条秘密隧道。诸君以为达温奇光是一位美术家吗？不不！他还是一位大科学家。近代的生物学，是他"筚路蓝缕"的开辟出来。倘若生物学家有道统图，要推他当先圣周公，达尔文不过先师孔子罢了。他又会造飞机，又会造铁甲车船，现有他自己给米兰公爵的书信为证。诸君啊，你想当美术家吗？你想知道惊天动地的美术品怎样出来吗？请看达温奇。

我说了半天，还没有说到美术科学相沟通的本题，现在请亮开来说吧。密斯忒阿特、密斯忒赛因士，他们哥儿俩有一位共同的娘，娘什么名字？叫作密斯士奈渣，翻成中国话，叫作"自然夫人"。问美术的关键在那里？限我只准拿一句话回答，我便毫不踌躇地答道："观察自然。"问科学的关键在那里？限我只准拿一句话回答，我也毫不踌躇地答道："观察自然。"向来我们人类，虽然和"自然"耳鬓厮磨，但总是"鱼相忘于江湖"的样子，一直到文艺复兴以后，才算把这位积年老伙计认识了。认识过后，便一口咬住，不肯放松，硬要在他身上还出我们下半世的荣华快乐。哈哈！果然他老人家葫芦里法宝，被我们搜出来了，一件是美术，一件是科学。

　　认识自然，不是容易的事，第一件要你肯观察，第二件还要你会观察。粗心固然观察不出，不能说仔细便观察得出。笨伯固然观察不出，弄聪明有时越发观察不出。观察的条件，头一桩，是要对于所观察的对象有十二分兴味，用全副精神注在它上头，像庄子讲的承蜩丈人"虽天地之大，万物之多，而惟吾蜩翼之知"。第二桩要取纯客观的态度，不许有丝毫主观的僻见掺在里头，若有一点，所观察的便会走了样子了。达温奇还有一幅名画叫作《莫那利沙》。莫那利沙，就是达温奇爱恋的美人。相传画那一点微笑，画了四年。他自己说，虽然恋爱极热，始终却是拿极冷酷的客观态度去画她。要而言之，热心和冷脑相结合是创造第一流艺术品的主要条件。换个方面看来，岂不又是科学成立的主要条件吗？

　　真正的艺术作品，最要紧的是描写出事物的特性，然而特性各各不同，非经一番分析的观察工夫不可。莫泊三的先生教他作文，叫他看十个车夫，作十篇文来写他，每篇限一百字。《晚餐图》里头的基督，何以确是基督，不是基督的门徒？十二门徒中，何以彼得确是彼得，不是约翰？约翰确是约翰，不是犹大？犹大确是犹大，不是非卖主的余人？这种本领，全在同中观异，从寻常人不会注意的地方，找出各人情感的特色。这种分析精神，不又是科学成立的主要成分吗？

美术家的观察，不但以周遍精密的能事，最重要的是深刻。苏东坡述文与可论画竹的方法，说道："画竹必先得成竹于胸中。执笔熟视，乃见其所欲画者。急起从之，振笔直遂，以追其所见，如兔起鹘落，少纵则逝矣。"这几句话，实能说出美术的密钥，美术家雕画一种事物，总要在未动工以前，先把那件事物的整个实在完全摄取，一攫攫住他的生命，霎时间和我的生命并合为一。这种境界，很含有神秘性。虽然可以说是在理性范围以外，然而非用锐入的观察法一直透入深处，也断断不能得这种境界。这种锐入观察法，也是促进科学的一种助力。

美术的任务，自然是在表情，但表情技能的应用，须有规律的组织，令各部分互相照应，相传五代时蜀主孟昶，藏一幅吴道子画钟馗，左手捉一个鬼，用右手第二指挖那鬼的眼睛。孟昶拿来给当时大画家黄筌看，说道：若用拇指，似更有力，请黄筌改正他。黄筌把画带回家去，废寝忘餐地看了几日，到底另画一本进呈。孟昶问他为什么不改，黄筌答道："道子所画，一身气力色貌，都在第二指，不在拇指，若把他改，便不成一件东西了。我这别本，一身气力，却都在拇指。"吴黄两幅画，可惜现在都失传，不能拿来比勘。但黄筌这番话，真是精到之极。我们看欧洲的名画名雕，也常常领略得一二。试想，画一个人，何以能全身气力，都赶到一个指头上，何以内行的人，一看便看得出来，那别部分的配置照应，当然有很严正的理法藏在里头，非有极明晰极致密的科学头脑恐怕画也画不成，看也看不到，这又是美术和科学不能分离的证据。

现在国内有志学问的人，都知道科学之重要，不能不说是学界极好的新气象，但还有一种误解，应该匡正，一般人总以为研究科学，必要先有一个极大的化验室，各种仪器具备，才能着手。化验室仪器，为研究科学最利便的工具，自无待言，但以为这种设备没有完成以前，就绝对的不能研究科学，那可大错了。须知仪器是科学的产物，科学不是仪器的产物。若说没有仪器便没有科学，试想欧洲没有仪器以前，科学怎么会跳出来？即如达温奇的时代，可有什么仪器呀，何以他能成为科学家不祧之祖？须知科学最大能事，不外善用你的五官和脑筋。五官脑筋，便是最复杂最灵妙的仪器。老实说一句，科学根本精神，全在养成观察力。养成观察力的法门，虽然很多，我想，没有比美术再直接了，因为美术家所以成功，全在观察"自然之美"。怎样才能看得出自然之美？最要紧是观察"自然之真"。能观察自然之真，不惟美术出来，连科学也出来了。所以美术可以算得科学的金钥匙。

我对于美术、科学都是门外汉，论理很不该饶舌，但我从历史上看来，觉得这两桩事确有"相得益彰"的作用，贵校是唯一的国立美术学校，他的任务，不但在养成校内一时的美术人才，还要把美育的基础，筑造得巩固，把美育的效率，发挥得加大。校中职教员学生诸君，既负此绝大责任，那么，目前的修养和将来的传述，都要从远者大者着想。我希望诸君，常常提起精神，把自己的观察力养得十分致密、十分猛利、十分深刻，并把自己体验得来的观察方法，传与其人，令一般人都能领会都能应用。孟子说："能与人规矩，不能使人巧。"遵用好的方法，能否便成一位大艺术家，这是属于"巧"的方面，要看各人的天才，就美术教育的任务说，最要紧是给被教育的人一个"规矩"，像中国旧话说的"可以意会，不可以言传"。那么，任凭各人乱碰上去也罢了，何必立这学校？若是拿几幅标本画临摹临摹，便算毕业，那么一个画匠犹为之，又何必借国家之力呢？我想国立美术学校的精神旨趣，当然不是如此，是要替美术界开辟出一条可以人人共由之路，而且令美术和别的学问可以相沟通相浚发，我希望中国将来有"科学化的美术"，有"美术化的科学"。我这种希望的实现，就靠贵校诸君。

1922年4月15日北京美术学校讲演稿

美术与生活

梁启超

诸君！我是不懂美术的人，本来不配在此讲演。但我虽然不懂美术，却十分感觉美术之必要。好在今日在座诸君，和我同一样的门外汉谅也不少。我并不是和懂美术的人讲美术，我是专要和不懂美术的人讲美术。因为人类固然不能个个都做供给美术的"美术家"，然而不可不个个都做享用美术的"美术人"。

"美术人"这三个字是我杜撰的，谅来诸君听着很不顺耳。但我确信"美"是人类生活一要素——或者还是各种要素中之最要者，倘若在生活全内容中把"美"的成分抽出，恐怕便活得不自在甚至活不成！中国向来非不讲美术——且还有很好的美术，但据多数人见解，总以为美术是一种奢侈品，从不肯和布帛菽粟一样看待，认为生活必需品之一。我觉得中国人生活之不能向上，大半由此。所以今日要标"美术与生活"这题，特和诸君商榷一回。

问人类生活于什么？我便一点不迟疑答道："生活于趣味。"这句话虽然不敢说把生活全内容包举无遗，最少也算把生活根芽道出。人若活得无趣，恐怕不活着还好些，而且勉强活也活不下去。人怎样会活得无趣呢？第一种，我叫他作石缝的生活。挤得紧紧的没有丝毫开拓余地；又好像披枷戴锁，永远走不出监牢一步。第二种，我叫他作沙漠的生活。干透了没有一毫润泽，板死了没有一毫变化；又好像蜡人一般，没有一点血色，又好像一株枯树，庾子山说的"此树婆娑，生意尽矣"。这种生活是否还能叫作生活，实属一个问题。所以我虽不敢说趣味便是生活，然而敢说没趣便不成生活。

趣味之必要既已如此，然则趣味之源泉在哪里呢？依我看有三种。

第一，对境之赏会与复现。人类任操何种卑下职业，任处何种烦劳境界，要之总有机会和自然之美相接触——所谓水流花放，云卷月明，美景良辰，赏心乐事。只要你在一刹那间领略出来，可以把一天的疲劳忽然恢复，把多少时的烦恼丢在九霄云外。倘若能把这些影像印在脑里头，令他不时复现，每复现一回，亦可以发生与初次领略时同等或仅较差的效用。人类想在这种尘劳世界中得有趣味，这便是一条路。

第二，心态之抽出与印契。人类心理，凡遇着快乐的事，把快乐状态归拢一想，越想便越有味；或别人替我指点出来，我的快乐程度也增加。凡遇着苦痛的事，把苦痛倾筐倒箧吐露出来，或别人能够看出我苦痛替我说出，我的苦痛程度反会减少。不惟如此，看出说出别人的快乐，也增加我的快乐；替别人看出说出苦痛，也减少我的苦痛。这种道理，因为各人的心都有个微妙的所在，只要搔着痒处，便把微妙之门打开了。那种愉快，真是得未曾有，所以俗话叫作"开心"。我们要求趣味，这又是一条路。

第三，他界之冥构与蓦进。对于现在环境不满，是人类普通心理，其所以能进化者亦在此。就令没有什么不满，然而在同一环境之下生活久了，自然也会生厌。不满尽管不满，生厌尽管生厌，然而脱离不掉他，这便是苦恼根源。然则怎样救济法呢？肉体上的生活，虽然被现实的环境捆死了，精神上的生活，却常常对于环境宣告独立。或想到将来希望如何如何，或想到别个世界例如文学家的桃源、哲学家的乌托邦、宗教家的天堂净土如何如何，忽然间超越现实界闯入理想界去，便是那人的自由天地。我们欲求趣味，这又是一条路。

这三种趣味，无论何人都会发动的。但因各人感觉机关用得熟与不熟，以及外界帮助引起的机会有无多少，于是趣味享用之程度，生出无量差别。感觉器官敏则趣味增，感觉器官钝则趣味减；诱发机缘多则趣味强，诱发机缘少则趣味弱。专从事诱发以刺戟各人器官，不使钝的，有三种利器：一是文学，二是音乐，三是美术。

今专从美术讲：美术中最主要的一派，是描写自然之美，常常把我们所曾经赏会或像是曾经赏会的都复现出来。我们过去赏会的影子印在脑中，因时间之经过渐渐淡下去，终必有不能复现之一日，趣味也跟着消灭了。一幅名画在此，看一回便复现一回，这画存在，我的趣味便永远存在。不惟如此，还有许多我们从前不注意赏会不出的，他都写出来指导我们赏会的路，我们多看几次，便懂得赏会方法，往后碰着种种美境，我们也增加许多赏会资料了，这是美术给我们趣味的第一件。

美术中有刻画心态的一派，把人的心理看穿了，喜怒哀乐，都活跳在纸上。本来是日常习见的事，但因他写得惟妙惟肖，便不知不觉间把我们的心弦拨动，我快乐时看他便增加快乐，我苦痛时看他便减少苦痛，这是美术给我们趣味的第二件。

美术中有不写实境实态而纯凭理想构造成的。有时我们想构一境，自觉模糊断续不能构成，被他都替我表现了。而且他所构的境界种种色色有许多为我们所万想不到；而且他所构的境界优美高尚，能把我们卑下平凡的境界压下去。他有魔力，能引我们跟着他走，闯进他所到之地。我们看他的作品时，便和他同住一个超越的自由天地，这是美术给我们趣味的第三件。

要而论之，审美本能，是我们人人都有的。但感觉器官不常用或不会用，久而久之，麻木了。一个人麻木，那人便成了没趣的人。一民族麻木，那民族便成了没趣的民族。美术的功用，在把这种麻木状态恢复过来，令没趣变为有趣。换句话说，是把那渐渐坏掉了的爱美胃口，替他复原，令他常常吸收趣味的营养，以维持增进自己的生活康健。明白这种道理，便知美术这样东西在人类文化系统上该占何等位置了。

以上是专就一般人说。若就美术家自身说，他们的趣味生活，自然更与众不同了。他们的美感，比我们锐敏若干倍，正如《牡丹亭》说的"我常一生儿爱好是天然"。我们领略不着的趣味，他们都能领略。领略够了，终把些唾余分赠我们。分赠了我们，他们自己并没有一毫破费，正如老子说的"既以为人己愈有，既以与人己愈多"。假使"人生生活于趣味"这句话不错，他们的生活真是理想生活了。

今日的中国，一方面要多出些供给美术的美术家，一方面要普及养成享用美术的美术人。这两件事都是美术专门学校的责任。然而该怎样的督促赞助美术专门学校叫他完成这责任，又是教育界乃至一般市民的责任。我希望海内美术大家和我们不懂美术的门外汉各尽责任做去。

1922 年 8 月 13 日上海美术专门学校讲演稿

美与艺

徐悲鸿

吾所谓艺者，乃尽人力使造物无遁形；吾所谓美者，乃以最敏之感觉支配、增减，创造一自然境界，凭艺传出之。艺可不借美而立（如写风俗、写像之逼真者），美必不可离艺而存。艺仅足供人参考，而美方足令人耽玩也。今有人焉，作一美女浣纱于石畔之写生，使彼浣纱人为一贫女，则当现其数垂败之屋，处距水不远之地，烂槁断瓦委于河边，荆棘丛丛悬以槁叶，起于石隙石上，复置其所携固陋之筐。真景也，荒蔓凋零困美人于草莱，不足寄兴，不足陶情，绝对为一写真而一无画外之趣存乎？其间，索然乏味也。然艺事已毕。倘有人焉易作是图，不增减画中人分毫之天然姿态，改其筐为幽雅之式，野花参差，间入其衣；河畔青青，出没以石，复缀苔痕；变荆榛为佳木，屈伸具势；浓荫入地，掩其强半之破墙；水影亭亭，天光上下。若是者，尽荆钗裙布，而神韵悠然。人之览是图也，亦觉花芬草馥，而画中人者，遗世独立矣。此尽艺而尽美者也。虽百世之下观者，尤将色然喜，不禁而神往也。若夫天寒袖薄，日暮修竹，则间文韵，虽复画声，其趣不同，不在此例。

故准是理也，则海波弥漫，间以白鸥；林木幽森，缀以黄雀；暮云苍蔼，牧童挟牛羊以下来；兼葭迷离，舟子航一苇而径过；武人骋骏马之驰，落叶还摧以疾风；狡兔脱巨獒之嗅，行径遂投于丛莽；舟横古渡，塔没斜阳；雄狮振吼于岩壁之间，美人衣素行浓荫之下，均可猾突视觉，增加兴会，而不必实有其事也。若夫光暗之未合，形象之乖准，笔不足以资分布，色未足以致调和，则艺尚未成，奚遑论美！不足道矣。

1918 年

美术之起源及其真谛

徐悲鸿

世界艺术,莫昌盛于纪元前四百余年希腊时代,不特19世纪及今日之法国不能比,即意大利16世纪初文艺复兴之期,亦觉瞠乎其后也。当时雅典文治武功,俱臻极盛,大地著称之巴尔堆农(Panthénon),亦成于国际最大艺人菲狄亚斯之手,华妙壮丽,举世界任何人造物不足方之。此庙于二百年前,毁于土耳其,外廊尚存,其周围之浅刻,今藏英不列颠博物院,实是世界大奇。希腊美术之结晶,为雕刻、为建筑,于文为雄辩,是固尽人知之。吾今日欲陈于诸君者,则其雕刻。论者谓物跻其极,是希腊雕刻之谓也。忆当读人身解剖史,述希腊雕刻所以致此之由,曰希腊时尚未有人身解剖之学,其艺人初未识人体组织如何,其作品悉谙于理,精确而简洁,又无微不显,果何术以致之,盖希腊尚武,其地气候和暖,人民之赴角斗场者,如今日少年之赴中学校,入即去其外衣,毕身显露,争以强筋劲骨,夸耀于人,故人乎日所惊羡之美,悉是壮盛健实之体格,而每角武而战胜者,其同乡必塑其像,其体质形态手腕动作,务神形毕肖,以昭其信,以彰本土之荣。女子之美者,亦暴其光润之肤、曼妙之态,使人惊其艳丽。艺人平日习人身健全之形,人体致密之构造,精心摹写,自能毕肖。而诗人咏人,辄以美女为仙,勇士为神——神者如何能以力敌造化中害民之妖怪；仙者如何能慰抚其爱，或因议殒命之勇士。文艺中之作品，类皆沉雄悲壮，奕奕有生气，又复幽郁苍茫，芬芬馥郁，千载之下，犹令人眉飞色舞，是所谓壮美者也。1世纪之罗马尚然，无何，人渐尚服饰之巧，艺人性情深者，乃不从事观察人身姿态结构，视为隐于服内，研之无用，作品上亦循俗耗其力于衣襞珍玩。欲写人体，只有摹仿古人所作而已，浸假其作又为人所摹拟，并不自振，逮6世纪艺人乃不复能写一真实之人。见于美术中之人，与木偶无辨。昔之精深茂密之作，今乃云亡，此混沌黑暗之期。直延至13世纪，史家谓之中衰时代者也。是可证艺人之能精砺观察者，方足有成，裸体之人，乃资艺人观察最美备之练习品也。人体色泽之美，东方人中亦多见之，法哲人狄德罗有言曰："世界任何品物，无如白人肉色之美者。"试一细观，人白者，其肤所呈着彩，真是包罗万色，而人身肌骨曲直隐显，亦实包罗万象，不从此研求人像之色，更将凭何物为练习之资耶！西方一切文物，皆起于埃。埃及居热地，其人民无须被服，美术品多像之。故其流风，直被欧洲全部，亘数十纪不易，盛于希腊。希腊亦居热地，又多尚武之风。耶稣之死，又裸钉于十字架上。欧洲艺术之所以壮美，亦幸运使然。若我中国民族来自西北荒寒之地，黄帝既据有中原，即袭蚕丝衣锦绣；南方温带之区，古人蛮俗，为北方所化，益以自然界繁花异草之多，鸟兽虫鱼之博，深山广泽，佳树名卉，在令人留意，足供摹写；而西北方黄人，深褐色之肤，长油不长肉之体，乃覆蔽之不遑，裸体之见于艺术品中者，唯状鬼怪妖精之丑而已。其表正人君子神圣帝王，必冠冕衣裳，绦带玉佩，不若希腊Jupiter，亦显臂而露胸，虽执金杖以为威，犹袒裼，故与欧洲艺术相异如此,思之可噱也。吾今乃欲与诸先生言艺事之究竟,诸君必问曰:美术品之良恶,必如何之判之乎?曰:美术品和建筑必须有谨严之体,如画如雕;在中国如书法,必须具有性格,其所以显此性格者,悉赖准确之笔力,于是艺人理想中之景象人物,乃克实现。故 Execution 乃艺术之目的,不然,一乡老亦蕴奇想,特终写不出,无术宣其奇思幻想也。

1926 年

古今中外艺术论

徐悲鸿

学问云者，研究一切造物之通称。有三人肩其任：述造物之性情者，曰文学；究造物之体质者，曰科学；传造物之形态者，曰美术。

夫人生存之最主需要，曰衣，曰食（或竟曰食，因赤道下人不需衣）。吾则以为衣食乃免死之具，而非所以为生也。人生而具情感，称万物之灵，故目悦美色，耳耽曼声，鼻好香气，口甘佳味。溯美术之自来，非必专为丰足生活之用（满足生活或为饰艺起源），盖基于一时热情（热情或为纯粹美术起源），欲停此流动之美象。是故吾古先感觉敏锐之祖，浩歌曼舞，刻木涂墁，留其逸兴；后之绍之者，理其法，以其同样感觉，继刊木石，敷文采，理日密，法日广，调日逸，于是遂有美术。理法至备，作者能以余绪节之益之，成其体，即所谓"派（Style）"，技更进矣。是知美术之自来，乃感觉敏锐者寄其境遇；派之自来，则以其摹写制作所传境遇之殊。故文化等量齐观之各族，相影响，相融洽，相得益彰，而不相磨灭。是境遇之存也，劣者与优者遇，弃其窳粗，初似灭亡，但苟进步，亦能步人理法，产新境界，终非消亡也。

吾昔已历举欧洲美术之起源，如埃及、巴比伦、希腊，以其气候之殊，而有"裸（nu）"，中国所以不然之故，诸君当已察及。吾今更举各国境遇之异，派别之殊，如意大利美术伟大壮丽，半由其政治影响；希腊美术影响，亦赖气候之融；威尼斯天色明朗，画重色彩；荷兰沉晦，画精明暗之道，尤长表现阴影部分，皆其最显著者也。至吾中国美术，于世有何位置，及其独到之点与其价值，恐诸君亟欲知之者也。请言中国派：

中国美术在世界贡献一物。一物为何？即画中花鸟是也。中国凭其天赋物产之丰繁，其禽有孔雀、鹦鹉、鸳鸯、鶺鸰、鸤鸠、翠鸟、鸿鹄、鹧鸪、苍鹰、鹏雕、鹊鸽、画眉、斑鸠、鸦鹊、莺燕、鹭鸶，及其鸡、鸭、鸽、雀之属；花则兰、蕙、梅、桂、荷、李、牡丹、芍药、芙蓉、锦葵、苜蓿、绣球、秋葵、菊花千种，皆他国所希，其他若玫瑰、金银、牵牛、杜鹃、海棠、玉簪、紫藤、石榴、凤仙之类，不可胜计。

花落继以硕果，益滋画材，故如荔枝、龙眼、枇杷、杨梅、橘柚、葡萄、莲子、木瓜、佛手，益以瓜类及菜蔬，富于欧洲百倍。又有昆虫，如蟋蟀、螳螂、蜻蜓、蝴蝶等，兽与鱼属不遑枚举。热带人民逼于暑威强光，智能不启，而欧洲虽在温带，生物不博。唯吾优秀华族，据此沃壤，习览造物贡呈之致色密彩，奇姿妙态，手挥目送，罔有涯涘。用产东方独有之天才，如徐熙、黄筌、易元吉、黄居寀、徽宗、钱舜举、邹一桂、陈老莲、恽南田、蒋南沙、沈南苹、任阜长、潘岚、任伯年辈，汪洋浩瀚，神与天游，变化万端，莫穷其际，能令莺鸣顷刻，鹤舞咄嗟，荷风送香，竹露滴响，寄妙思，宣绮绪，表芳情，逗逸致，搬奇弄艳，尽丽极妍，美哉洋洋乎！使天诱其衷，黄帝降福，使吾神州五千年泱泱文明大邦，有一壮丽盛大之博物院，纳此华妙，讵不成世界之大观？尽彼有菲狄亚斯塑上帝、米开朗琪罗凿《摩西》、拉斐尔写《圣母》、委拉斯开兹绘《火神》、伦勃郎《夜巡》、鲁本斯《下架》、德拉克洛瓦《希阿岛的残杀》、倍难尔《科学发真理于大地》，吾东方震旦有物当之，无愧色也。一若吾举孔子、庄周、左丘明、屈原、史迁、李白、杜甫、王实甫、施耐庵、曹雪芹等之于文，不惊羡荷马、维基尔、但丁、莫里哀、莎士比亚、歌德、雨果也。吾侪岂不当闻风兴起，清其积障，返其玄元？

吾工艺美术中之锦，奇文异彩，不可思议。吾游里昂织工博物院，院聚埃及八千年以来织品；又观去年巴黎饰艺博览会，会合大地数十国精英，未见有逾乎此美妙也，而今亡矣。问古人何以致之？因吾艺人平日会心花鸟之博彩异章，克有此妙制也。日本百年以来，受吾国大师沈南苹之教诲，艺事蔚然大振，画人辈起，其工艺美术，尽欲凌驾欧人而上之，果何凭倚乎？是花鸟为之资也。青出于蓝，今则蓝黯然无色已。欧洲产物不丰，艺人限于思，故恒以人之妙态令仪制图作饰，其所传人体之美，乃为吾东人所不及。亦唯因其人体格之美逾于我，例如其色浅淡，含紫含绿，色罗万彩；其象之美，因彼种长肌肉，不若黄人多长脂肪，此莫可如何事。故彼长于写人，而短于写花鸟；吾人长于花鸟，而短于写人，可证美术必不能离其境遇也。

中国艺术，以人物论（远且不言），如阎立本、吴道子、王齐翰、赵孟𫖯、仇十洲、陈老莲、费晓楼、任伯年、吴友如等，均第一流（李龙眠、唐寅均非人物高手），但不足与人竞。山水若王宰，若荆关，吾未之见，王维格不全，吾所见最古为董巨，信美矣。若马远、刘松年、范宽及梅道人，亦有至诣。至于大、小李将军，大、小米，及元其他三家，皆体貌太甚，其源不尽出于画，非属大地人民公共玩赏之品，虽美妙，只足悦吾东人。近代唯石谷能以画入自然，有时见及造化真际，其余则摹之又摹，非谓其奴隶，要因才智平庸，不能卓然自立，纵不摹仿，亦乏何等成就也。

是故吾国最高美术属于画，画中最美之品为花鸟，山水次之，人物最卑。今日者，举国无能写人物之人，山水无出四王上者，写鸟者学自日本，花果则洪君野差与其奇，以高下数量计，逊日本五六十倍，逊于法一二百倍，逊于英德殆百倍，逊于比、意、西、瑞、荷、美、丹麦等国亦在三四十倍。以吾思之，足与吾抗衡者，其唯墨西哥、智利等国。莫轻视巴尔干半岛及古巴，尚有不可一世之画家在（巴尔干半岛之大画家名 Mestrovik）。

吾古人最重美术教育，如乐是也，孔子而后亡之矣。两汉而还，文人皆善书，书源出于描，美术也。其巨人，如张芝、皇象、蔡邕、钟繇、卫夫人、羲之、献之、羊欣、庾征西等，人太多不具论。于绘事，吾国从古文人多重之，如谢灵运、老杜、东坡，或自能挥写，或精通画理，流风余韵，今日不替。如居京师者，家家罗致书画、金石碑版、古董、玩具、饰物些许，以示不俗。唯留学生为上帝赋与中国之救世者，不可讲文艺，其流风余韵，亦既广被远播，致使今日少年学子，脑海中无"艺"之一字。艺事固不足以御英国，攻日本，但艺事于华人，总较华人造枪炮、组公司、抚民使外等学识，更有根底，其弊亦不足遂令国亡。今国人已不知顾恺之、张僧繇、陆探微等为何人，在外者亦罔识多奈唯罗、勃拉孟脱、伦勃郎、里贝拉等为何人。顾声声侈谈古今中外文化，直是梦呓。如是尚号有教育之国家，奈何不致中国艺人艺术之颓败，或鹜巧，或从俗，或偷尚欲炫奇，且多方以文其丑，或迎合社会心理，甘居恶薄。近又有投机事业之外国理想派等出现，咄咄怪事。要之艺事之昌明，必赖有激赏之民众，君等若摈弃鄙薄艺术，不闻不问，艺人狂肆，必益无忌惮，是艺术固善性变恶性矣。

吾个人对于中国目前艺术之颓败，觉非力倡写实主义不为功。吾中国他日新派之成立，必赖吾国固有之古典主义，如画则尚意境、精勾勒等技。仍凭吾国天赋物产之博，益扩大其领土，自有天才奋起，现其妙象。浅陋之夫，侈谈创造，不知所学不深，所见不博，乌知创造？他人数十百年已经辩论解决之物，愚者一得，犹欣然自举，以为创造，真恬不知耻者也。夫学至精，自生妙境，其来也，大力所不能遏止；其未及也，威权所不能促进，焉有以创造号召人者，其陋诚不可及也。

近日东风西渐，欧人殊尊重东方艺术，大画家有李季福者，瑞典人，稷陀者，德人，皆极精写鸟，尤以李为极诣，盖李曾研究中国日本画也。

里昂为法国第二大城，欧洲货样赛会，规模之大，无过里昂。论西方各国之染织业，里昂绸布可称首屈一指。上述织工历史博物馆现设商务宫之第二层楼，集全世界菁华，他地不易得也。我中国人无此大魄力，难乎其为世界一等绸业国矣。

1926 年

美的解剖

徐悲鸿

物之美者，或在其性，或在其象。有象不美而性美者；有性不美而象美者。孟子有言：西子蒙不洁，则人皆掩鼻而过之。虽有恶人斋戒沐浴，则可以事上帝，此尊性美者也，然非至美。至美者，必性与象皆美；象之美，可以观察而得，性之美，以感觉而得，其道与德有时合而为一。故美学与道德，如孪生之兄弟也。美术上之二大派，曰理想，曰写实。写实主义重象；理想派则另立意境，唯以当时境物，供其假借使用而已。但所谓假借使用物象，则其不满所志，非不能工，不求工也。故超然卓绝，若不能逼写，则识必不能及于物象以上、之外，亦托体曰写意，其愚弥可哂也。昧者不察之，故理想派滋多流弊，今日之欧洲亦然。中国自明即然，今日乃特甚，其弊竟至艺人并观察亦不精确，其手之不从心，无待言矣。故欲振中国之艺术，必须重倡吾国美术之古典主义，如尊宋人尚繁密平等，画材不专上山水。欲救目前之弊，必采欧洲之写实主义，如荷兰人体物之精，法国库尔贝、米勒、勒班习、德国莱柏尔等构境之雅。美术品贵精贵工，贵满贵足，写实之功成于是。吾国之理想派，乃能大放光明于世界，因吾国五千年来之神话、之历史、之诗歌，蕴藏无尽也。

1926 年

美术漫话

徐悲鸿

一切学术有一共同目的,曰:追寻造物之真理而已。美术者,乃真理之存乎形象、色彩、声音者也。音乐为占时间之美术,当非本论之范围。兹篇所论,专就造型美术,阐明其意。造型美术,亦分为两途:一曰纯正艺术,即绘画、雕型、镌版、建筑是也;一曰应用艺术,亦曰工艺美术,乃损益物状,制为图案,用以美化用具者也。

吾人在立论之始,应于题之本身,定一解说。中国今日往往好言艺术,而不谈美术。艺术者仅泛指术之属乎艺事而已。美术者,顾名思义,则为艺术者,不徒能之而已,盖必责之其具有精意,于人之精神,WAJ有所发挥,故其学术,因欲奔赴此神圣"美"之一目的。于是在同一物事上,各人得自由决定其形式,又利用一形式,求一适合之内容,以赴其所期望理想之美。而其精神,亦必为所探讨之真理。所谓形式内容,不过为作者所用之一种工具而已。

内容者,往往属于"善"之表现。而为美术者,其最重要之精神,恒属于形式,不尽属于内容。如浑然天成之诗,不必定依动人之题,反而如画虎不成,则必贻讥大雅。故美术恒有两种趋向,一偏于善(则必选择内容),一偏于美(全不计内容)。偏于善者，其人必丰于情绪；偏于美者，其人必富于感觉，各有所偏，各有所择。顾美术上之大奇，如巴尔堆农之额刊，如米开朗琪罗之《摩西》，如多那太罗之《圣约翰》，如拉斐尔之《圣母》，如提香之《下葬》，如鲁本斯之《天翻地覆》，如丢勒之《使徒》，如伦勃朗之《夜巡》，如委拉斯开兹之《火神》，如吕德之《出发》，如康斯太布尔之《新麦》，如特纳之《落日》，如门采儿之《铁工厂》，如罗丹之《加莱义民》，如夏凡之《神林》，如列宾之《伊望杀子》，如倍难尔之《科学放真理于大地》，如达仰之《迈格理女》，如康普之《非雪忒》，如勃郎群之《码头工》，无不至善尽美，神情并茂。比之中国美术中，如阎立本之《醉道》，如范中立之《行旅》，如夏圭之《长江》，如周东邨之《北溟》，无不内容与形式，美善充乎其量。孔子有"美而未尽善"之说，故人类制作，苟跻乎至美尽善，允当视为旷世瑰宝，与上帝同功者也。

善之内容可存而弗论，至其所以秀美之形式，颇可得而言。盖造物上美之构成，不属于形象，定属于色彩。而为美术之道，舍极纯熟之作法以外，作者观察物象之所得，恒注乎两要点，其表现之于作品上，亦集中精神于此两点。所谓色彩，所谓形象，皆为此两点之工具而已。

此两点为何？曰性格，曰神情。因欲充实表现性格之故，爰有体，有派；因欲充实表现神情之故，爰有韵。

美术之起源，在摹拟自然；渐进，则不以仅得物象为满足，恒就其性之偏嗜，而损益自然物之形象色彩，而以意轻重大小之。此即体之所产生也。

派者，相习成风之谓。其所以相习成风，皆撷取各地属之特有材料，形之于艺事，成一特殊貌者也。

所谓性格者，即刚强、柔弱、壮丽、淡泊、冲和、飞舞、妙曼、简雅等，秉赋之殊异或竟相反也。故须以轻重、巨细、长短、繁简之术应之，所以成为体也。

神情在人则如喜怒哀乐，妙见其微，艺之高深境地，其所以难指者以其象之变也。其于物情，则如风雨晦冥，皆变易其寻常景象。要在窥见造化机理，由其正而通其变，曲应作者幽渺复颐广博浩荡之襟怀思绪。此艺事之完成，亦所以为美术也。

至于工艺美术，其要道在尽物材之用，愈能尽物材之用者，为雅；愈违物材之用者，为俗。雅俗之分，无他道也。

1942 年

艺术谈

李叔同

科学与艺术之关系

英儒斯宾塞曰："文学美术者，文明之花。"又曰："理学者，手艺之侍女，美术之基础。"可见艺术发达之国，无不根据于科学之发达。科学不发达，艺术未有能发达者也。学科中如理科图画，最宜注重。发展新知识、新技能、新事业，罔不根据于是。是知艺术一部，乃表现人类性灵意识之活泼，照对科学而进行者也。

美术、工艺之界说

美术、工艺，二者不可并为一谈。美术者，工艺智识所变幻，妙思所结构，而能令人起一种之美感者也。工艺则注意于实科而已。然究其起点，无不注重于画图。即以美术学校论，以预备画图入手，而雕刻图案、金工铸造各大科中，亦仍注重此木炭、毛笔、用器等画。惟图画之注意，一在应用，一在高尚。故工艺之目的，在实技；美术之志趣，在精神。

刺　绣

我国刺绣之所以居于劣败之地，其原因有三：习绣者不习画图，故不知若者为章法之美，若者为章法之劣。昧然从事，不加审择。此其一；习绣者不知染丝、染线之法。我国染色丝线，种类不多，于是欲需何色，往往难求。乃妄以他色代之，遂觉于理不合。此其二；不知普通光学。于是阴阳反侧，光线不能辨别，无论圆柱、椭圆、浑圆等物，往往无向背明晦之差，阴阳浅深之别。一望平坦，无半点生活气。此其三。今欲挽救其弊，在使习绣者必习各种图画。知光线最宜辨别，如法施用。若用缺色，用颜料设法自调自染，自不难达绝妙地步。至于绣工，但求像生，似不必再求过于工细。如古时绣件，作者太觉沉闷，且于生理大有妨碍，似可不必学步。观东西洋绣法，不过留意以上三者，已觉焕然生色矣。

油　画

用彩色油漆与松节油调和，使之深浅浓淡，各得其宜。或画于漆板，或画于漆布，或画于漆纸，皆可。先将白油漆作地，待其干后，再以彩色涂之。或用几种色者，挨次堆砌，视其深浅合宜为最佳。惟画图基础，方能出色。

油画分二种：一写意法，一工致法。学者当从工致法入手，及纯熟之后，然后画写意法。（油漆，日本小川町熊野屋发卖，每小匣洋二元，上海外国书坊亦有之，惟其价目甚贵，不易购买。）

中西画法之比较

西人之画，以照相片为蓝本，专求形似。中国画以作字为先河，但取神似，而兼言笔法。尝见宋画真迹，无不精妙绝伦。置之西人美术馆，亦应居上乘之列。

中画人手既难，而成就更非易易。自元迄今，称大家者，元则黄、王、倪、吴，明则文、沈、唐、仇、董，国朝则四王及恽、吴，共十五人耳。使中国大家而改习西画，吾决其不三五年，必可比踪彼国之名手。西国名手倘改习中画，吾决其必不能遽臻绝诣。盖凡学中画而能佳者，皆善书之人。试观石田作画，笔笔皆山谷；瓯香作画，笔笔皆登善。以是类推，他可知矣。若不能书而求画似，夫岂易得哉！是以日本习汉画者极多，不但无一大家，即求一大名家而亦不可得，职此之故，中国画亦分远近。惟当其作画之点，必删除目前一段境界，专写远景耳；西画则不同，但将目之所见者，无论远近，一齐画出，聊代一幅风景照片而已。故无作长卷者。余尝戏谓，看手卷画，犹之走马看山。此种画法，为吾国所独具之长，不得以不合画理斥之。

图画与教育之关系及其方法

各科学非图画不明，故教育家宜通图画。学图画尤当知其种种之方法。如画人体，当知其筋骨构造之理，则解剖学不可不研究。如画房屋与器具，当知其远近距离之理，则远近法不可不研究。又，图画与太阳有最切之关系，太阳光线有七色，图画之用色即从此七色而生，故光学不可不研究。此外又有美术史、风俗史、考古学等，亦宜知其大略。

图画之目的

（甲）随意。凡所见之物，皆能确实绘诸纸上，故凡名山大川、珍奇宝物，人力所不能据为己有者，图画家则可随意掠夺其形色，绘入寸帧。长房缩地之术，愚公移山之能，图画家兼擅之矣。

（乙）美感。图画最能感动人之性情。于不识不知间，引导人之性格入于高尚优美之境。近世教育家所谓"美的教育"，即此方法也。

原载上海城东女校校刊《女学生》1911年第1–3期

释美术

李叔同

兹有告者，游艺会节目，分手工部为美术手工、教育手工、应用手工，云云。似未适当。某君评语，"手工宜注意恩物一门，勿重美术"，是亦分手工恩物与美术为二，似为不妥。西学入中国，新名词日益繁，或袭日本所译，或由学者所订，其能十分适当者，盖鲜。学子不识西字，仅即译名之字义，据为定论者，姑无论已。或深知西字，而于原字种种之意义，及种种之界限，未能明了，亦难免指鹿为马也。美术之字义，西儒解释者众，然多幽玄之哲理。非专门学者，恒苦不解。今姑从略。请以通俗之说，述之如下：

美，好也，善也。宇宙万物，除丑恶污秽者外，无论天工、人工，皆可谓之美术。日月霞云，山川花木，此天工之美术也；宫室衣服、舟车器什，此人工之美术也。天无美术，则世界浑沌；人无美术，则人类灭亡。泰古人类，穴居野处，迄于今日，文明日进。则美术思想有以致之。故凡宫室衣服，舟车器什，在今日，几视为人生所固有，而不知是即古人美术之遗物也。古人既制美术之物，遗我后人。后人摹造之，各竭其心思智力，补其遗憾，日益精进，互以美术相竞争。美者胜，恶者败，胜败起伏，而文明以是进步。故曰，美术者，文明之代表也。观英、法、德诸国，其政治、军备、学术、美术，皆以同一之程度，进于最高之位置。彼目美术为奢华、为淫艳、为外观之美者，是一孔之见，不足以概括美术二字也。

综而言之，美术字义，以最浅近之言解释之，美，好也；术，方法也。美术，要好之方法也。人不要好，则无忌惮；物不要好，则无进步。美术定义，如是而已！

以手制物，谓之手工。无术不能成。恩物亦手工中之一门，以手制造者，故恩物亦无术不能成。此固尽人皆知，非仆所强为牵合者。手工恩物既无术不能成，而独哓哓以重美术为戒，夫万物公例无中立，嗜美嗜恶，必居其一。不重美术，将以丑恶污秽为贵乎，仆知必不然也。

以上所解释美术者，虽属广义，然仆敢断定，手工恩物为应用美术之一种，此固毫无疑义者也。

美术之定义与界限，以上所言者，不过十之二三。他日有暇，当撰完全之美术论，以备足下参考。

原载上海城东女校校刊《女学生》1911年第3期

艺术活动之力

徐朗西

艺术活动之发现，有二种样式。一是创作艺术，一是享乐艺术。普通的人每以为前者是能动的，后者是受动的。然从心理学的研究说，则二者为同一之心理的过程，同有能动的要素。不过前者把内的发动，表现于外，作成所谓艺术之形。后者则把内的发动，怀抱于心之内部，移向分析的活动或批评的活动。所以心内的实感，创作与享乐，完全相同，皆为自主的能动的活动。因此鉴赏者，对作者之心的过程，能得共鸣同感时，始得最能享乐此艺术品。简言之，创作艺术者和享乐艺术者，心理上是完全同一的活动，且都带有能动的努力性。

至于刺激诱发此艺术活动者，是我人心身所本具之所谓"艺术本能"（或称艺术冲动）。这艺术本能，究有怎样的实态，只须反省我人自身之艺术活动，研究诸学者所述关于艺术之起源，便自能了解。若"模仿本能""秩序本能""游戏本能"等，皆是属于艺术本能者，而我人内心之"自己表现本能"，更为艺术本能中之最有力者。若能一读艺术活动之发达史，及最近之美学说，则更易明了。自己表现之力，即是艺术活动之力。而自己表现之实现，即是人之所以谓人之生活。明白的说，艺术活动，即是人类生活精髓，是最有力的生活。

观照作用，为自己表现之必要条件。若不能全体的、统一的、综合的依照自己之本身，则决不能完全的表现自己。故自己表现之作用，必伴有观照之作用。所谓观照，就是对于自己心身之全体，能一目了然。而想观照自己，必须先了解或自觉自己在宇宙间之地位。故观照更有了解宇宙全体之必要。把观照所得，具体的表现于外时，即是所谓自己表现之作用。能力强的以营观照，即能与自己之现在生活以统一、整顿、综合，且能与未来之生活以发动力。本能的活动，经过此状态后，便成意志的活动，完成自己表现之作用，实现艺术活动。

所以自己表现之完成，不外乎自己统一和自己整顿之完成。并把自己之分裂的活动，作成基本力，以完全自己之活动。而所谓个性之发挥，因此得十分的充足。个性发挥，实在就是实现自己之独特的创造，亦就完成自我之自由，就是实现生长和生命之增进。故艺术活动之意味，即是自我之自由的发挥和个性之解放。这就是艺术活动之力。

依赖此艺术活动之力，以谋心身之成长，就是艺术教育乃至艺术的教化之根本原理。我人所主张之以艺术改社会，即是把艺术位于感觉性和合理性之中间，使人类从动物之境涯，进行于理性生活之道路。而市民教育之必须艺术教育，亦本此意义。

欲想真的完全发挥人之性能，以实现坚确的人格，则不得不注意艺术活动之力。人生之意义和价值，皆发生于此处。人格之基础，伟大的创造力，亦发源于此。

我人之生活，若有所摇动，则已远离生活之本质，或流入低级的实利主义，或埋没于因袭的习惯之中。自由的能动性，完全消灭，变成堕落的生活。

欲使人类之生活向上，以谋真的进步，第一须注意人类生活之本质，否则至多不过是表面的向上与进步。名称是谋政治的向上和社会之进步，而绝少触及人类生活之本质，则虽再经若干次之革命，其结果不过是甲倒乙或乙倒甲，断难彻底的成功。

一辈人以为生命之本质，依科学以把握，最为确实。尤其是在十九世纪之中叶至末期，此种主张，最普及于社会。岂知科学愈发达，与人类生活之本质愈远离。欲求触及生活之本质，先须超越一切分析，一切概念，一切计算。脱去功利主义之衣，赤裸裸的奔向生活之流，最为紧要。若为概念所欺，被功利所囚，断难接触生活之本质。

若为养成浅薄的人类，或是固定的人类，所以要有教育教化，则可不必多谈。教育而想养成活泼的人类，有能动力和创造力之人类，则除注意艺术活动外，更无别法。

我人绝对不是排斥科学或道德，从人类生活现象之经济方面说，确须靠托科学之力。欲满足人类之伦理的意识，确不得不涵养道德的情操。但是当教育采用科学或道德时，亦不可缺少艺术的精神。换言之，亦须彻底乎生活之本质。

试观现代的社会，艺术活动的精神，是何等的缺少，以致不幸和悲剧，连续不断的发现！所以我人要假艺术活动之力，来改造社会。虽或不能使社会变成天国一般，然至少总能养成若干真的人类，有意义的人类生活，使社会充满着真实和幸福。

原载徐朗西著《艺术与社会》，上海现代书局1932年版

自然 艺术 人格

徐朗西

我人若登高山之顶,一望天空苍青之色,则此印象,虽经若干年月,亦不易消灭。即在喧骚之都会,或个人幽居斗室之中,常能回忆此清新之感,减少苦闷,纯化自己之心身。这便是自然之慰安。

登山涉水,沐日光浴海水,以谋肉体之健康者极众。但若经数日间之劳苦,即足以使此健康消失。至于不规则或放纵之生活,则更使肉体易于消灭。故但求肉体之健康,是很危险的。惟有仰望天空,远眺天际,在此一刹那间,忘我忘人,精神大畅。所谓"浩然之气",即是此时之心地。故惟能面接自然者,始感得天地之大,觉得胸怀之宽阔。

其次是接近伟大的艺术,或足堪尊敬的人格,亦能使人之见解广大,生命丰富。若始终未能接触伟大的艺术和人格,真是不幸之人,而自己之人生,亦决无自觉之日。

自然、艺术、人格,是都有普遍的感化力。此三者是从一个大根源发射的三种光景。而三者之中,尤以自然为最普遍。谁不住在空之下,谁不住在地之上,空气之流通,光线之射照,真把我人浸沉于自然之中。

惟有足以敬爱之人格,才能体现广大无边之自然,作成伟大的艺术。我人之最难得见者,是人格的艺术。最易接近者,是普遍的自然。因难得见,故觉宝贵。因易接近,反感寻常。此我所以不得不大声呼唱"回归自然"。

现代社会之实际生活,每足使人类之眼界昏瞶,心境麻痹。所谓趣味的改造社会,就是希望人以自觉来抵抗此常习。不然则永为常习所囚,日营盲动的生活。

脱却常习而面接自然,始能吸收自然之力,以充实我人生命之力。征服无限之空间,造成我人之领土。于是才得送我们之超然生涯。

自然、艺术、人格,真是我人适从之大道。

原载徐朗西著《艺术与社会》,上海现代书局1932年版

文艺鉴赏的程度

夏丏尊

我在前节曾说,一部名著,可有种种等级的读者。又,因了前节所说,一读者对于一部名著,也因了自己成长的程度,异其了解的深浅。文艺鉴赏上的有程度的等差,是很明显的事了。在程度低的读者之前,无论如何的高级文艺也显不出伟大来。

最幼稚的读者大概着眼于作品中所包含的事件,只对于事件有兴趣,其他一切不同。村叟在夏夜讲《三国》,讲《聊斋》,讲《水浒》,周围围了一大群的人,谈的娓娓而谈,听的倾耳而听,是这类。都会中的人欢喜看《济公活佛》《诸葛亮招亲》,赞叹真刀真枪,真马上台,是这类。十余岁的孩子们欢喜看侦探小说,是这类。世间所流行的什么"黑幕""现形记""奇闻""奇案"等类的下劣作品,完全是投合这类人的嗜好的。

这类人大概不能了解诗,只能了解小说戏剧,因为小说戏剧有事件,而诗则除了叙事诗以外,差不多没有事件。其实,小说之中没有事件可说的尽多,近代自然主义的小说,其事件往往尽属日常琐屑,毫无怪异可言,即就剧而论,也有以心理气氛为主,不重事件的。在这种艺术作品的前面,这类人就无法染指了。

作品的梗概不消说是读者第一步所当注意的。但如果只以事件为兴味的中心，结果将无法问津于高级文艺，而高级文艺在他们眼中，也只成了一本排列事件的账簿而已。

其次，同情于作中的人物，以作中的人物自居者，也属于这一类。读了《西厢记》，男的便自以为是张君瑞，读了《红楼梦》，女的便自以为是林黛玉，看戏时因为同情于主人公的结果，对于戏中的恶汉感到愤怒，或者甚而至于切齿痛骂，诸如此类，都由于执着事件，以事件为趣味中心的缘故。

较进步的鉴赏法是耽玩作品的文字，或注意于其音调，或玩味其结构，或赞赏其表出法。这类的读者大概是文人。一个普通读者，对于一作品亦往往有因了读的次数，由事件兴味进而达到文字趣味的。《红楼梦》中有不少的好文字，例如第三回叙林黛玉初进贾府与宝玉相见的一段：

……宝玉看罢，笑道："这个妹妹，我曾见过的。"贾母笑道："可又是胡说，你何曾见过她。"宝玉笑道："虽然未曾见过她，然看着面善，心里倒像是旧相识，恍若远别重逢一般。"……

在过去有青梗峰那样的长历史，将来有不少纠纷的男女二主人公初会时，男主人公所可说的言语之中，要算这样说法为最适切的了。这几句真不失为好文字。但除了在文字上有慧眼的文人以外，普通的读者要在第一次读《红楼梦》时就体会到这几句的好处，恐是很难得的事。

文字的鉴赏原不失为文艺鉴赏的主要部分，至少比事件趣味要胜过一筹。但如果仅只执着于文字，结果也会陷入错误。例如诗是以音调为主要成分的，从来尽有读了琅琅适口而内容全然无聊的诗，不，大部分的诗与词，完全没有什么真正内容的价值，只是把平庸的思想辞类，装填在一定文字的形式中的东西，换言之，就是靠了音调格律存在的。我们如果执着于音调格律，就会上他们的当。小说不重音律，原不会像诗词那样地容易上当，但好的小说不一定是文字好的。托斯道夫斯基（Dostoyevski）的小说，其文字的拙笨，凡是读他的小说的人都感到的，可是他在文字背后有着一种伟大吸引力，能使读者忍了文字上的不愉快，不中辍地读下去。左拉的小说也是在文字上以冗拙著名的，却是也总有人喜读他。

一味以文字为趣味中心，仅注重乎文艺的外形，结果不是上当，就容易把好的文艺作品交臂失之，这是不可不戒的。中国人素重形式，在文艺上动辄容易发生这样的毛病，举一例说，但看坊间的《归方评点史记》等类的书就可知道了。《史记》，论其本身的性质是历史，应作历史去读，而到了归、方手里，就只成了讲起承转合的文章，并非阐明前后因果的史书了。从来批评家的评诗、评文、评小说，也都有过重文字形式的倾向。

对于文艺作品，只着眼于事件与文字，都不是充分的好的鉴赏法，那么，我们应该取什么方法来鉴赏文艺呢？

让我在回答这问题以前，先把前节的话来重复一下。文艺是作家的自己表观，在作品背后潜藏着作家的。所谓读某作家的书，其实就是在读某作家。好的文艺作品，就是作家高雅的情热、慧敏的美感、真挚的态度等的表现，我们应以作品为媒介，逆溯上去，触着那根本的作家。托尔斯泰在其《艺术论》里把艺术下定义说：

一个人先在他自身里唤起曾经经验过的感情来，在他自身里既经唤起，便用诸动作、诸线、诸色、诸声音、或诸以言语表出的形象来传这感情，使别人可以经验同一的感情——这是艺术的活动。

艺术是人类活动，其中所包括的是一个人用了某一种外的记号，将他曾经体验过的种种感情，意识地传给别人，而且别人被这些感情所动，也来经验它们。

感情的传染是一切艺术鉴赏的条件，不但文艺如此。大作家在其作品中绞了精髓，提供着勇气、信仰、美、爱、情热、憧憬等一切高贵的东西，我们受了这刺激，可以把昏暗的心眼觉醒，滞钝的感觉加敏，结果因了了解作家的心境，能立在和作家相近的程度上，去观察自然人生。在日常生活中，能用了曾在作品中经历过的感情与想念，来解释或享乐。因了耽读文艺作品明识了世相，知道平日自认为自己特有的短处与长处，方是人生共通的东西，悲观因以缓和，傲慢亦因以减除。

好的文艺作品，真是读者的生命的轮转机，文艺作品的鉴赏也要到此境地才是理想。对于作品，仅以事件趣味或文字趣味为中心，实不免贻"买椟还珠"之诮，是对不起文艺作品的。

小子何莫学夫《诗》？《诗》可以兴，可以观，可以群，可以怨，迩之事父，远之事君，多识于鸟兽草木之名。

试看孔子对于《诗》的鉴赏理想如此！我们对于文艺，应把鉴赏的理想提高了放在这标准上。如果不能到这标准的时候，换言之，就是不能从文艺上得着这样的大恩惠的时候，将怎样呢？我们不能就说所读的作品无价值。依上所说，我们所读的都是高级文艺，是经过了时代的筛子与先辈的鉴别的东西，决不会无价值的。这责任大概不在作品本身，实在我们自己。我们应当复读冥思，第一要紧的还是从种种方面修养自己，从常识上加以努力。举一例说，哲学的常识是与文艺很有关联的，要想共鸣于李白，多少须知道些道家思想，要想共鸣于王维，多少须有些佛学趣味。毫不知道西洋中世纪的思想的，当然不能真了解但丁（Dante）的《神曲》，毫不知道近代世纪末的怀疑思想的，当然不能真了解莎士比亚的《汉默莱德》。

原载夏丏尊著《文艺论ABC》，世界书局1933年版

艺术与现实

夏丏尊

看见一幅画得很好的花卉画，我们常赞叹了说，这画中的花和真的花一样。看见一朵开得很好的花卉，我们又常赞叹了说，这花和画出的一样。看小说时，于事情写得逼真的地方，我们常赞叹了说，这确是社会上实有的情形。在处世上，遇到复杂变幻的事情的时候，我们说，这很像是一篇小说。究竟画中的花像真的花呢，还是真的花像画中的花呢？小说像社会上的实事呢，还是社会上的实事像小说？这平常习用习闻的言说中，明明含着一个很大的矛盾。

这矛盾因了看法，生出了许多人生上重大的问题，例如王尔德认为人生模仿艺术，就是对于这矛盾的一个决断。我在这里所要说的，不是那样的大议论，只是想从这疑问出发，来把艺术与现实的关系略加考察而已。

真的花只是花，不是画，但是画家不能无视现实的花，画出世间没有的花来。社会上的事象，只是社会上的事象，不是小说，但小说家不能无视现实的社会事象，写出社会上所没有的事象来。在这里，可以发生两个问题：（一）现实就是艺术吗？（二）艺术就是现实吗？这两句话，因了说法都可成立。问题只在说的人有艺术的态度没有。

那么，什么叫艺术的态度？我们对于一事物，可有种种不同的态度。举一例说，现在有一株梧桐树，叫一个木匠、一个博物学者、一个画家同时去看。木匠所注意的大概是这树有几丈板可锯或是可以利用了做什么器具等类的事项，博物学者所注意的大概是叶纹、叶形与花果、年轮等类的事项，画家则与他们不同，所注意只是全树的色彩、姿态、调子、光线等类的事项。在这时候，我们可以说对于这梧桐树，木匠所取的是功利的态度，博物学者所取的是分别的态度，画家所取的是艺术的态度。

我们对于事物，脱了利害，是非等类的拘缚，如实去观照玩味，这叫作艺术的态度。艺术生活和实际生活的分界就是这态度的有无，艺术和现实的区别也就在这上面。从现实得来的感觉是实感，从艺术得来的感觉是美感。实感和美感是不相容的东西。实感之中，绝无艺术生活；同样，艺术生活上一加入实感，也就成了现实生活了。要说明这关系最好的事例，就是近年国内闹过许多议论的模特儿事件。

在普通的现实生活中，赤裸裸一丝不挂的女子，不用说是足以挑拨肉感——就是实感，有伤风化的。但对于画家，则不能用这常规的说法。因为既为画家，至少在作画的时候，是用艺术的态度来观照一切，玩味一切，不会有实感的。至于普通的人们，不但见了赤裸裸的女性实体起实感，即见了从女体临写下来的，本来只充满了美感的裸体画，也会引起实感。就画家说，现实可转成艺术；就普通人说，艺术可转成现实。

世间有能用艺术态度看一切的人，也有执着于现实生活的人。不，同一个人，也有有时埋头于现实生活，有时脱离了现实生活而转入艺术生活的事。画家、文学家除了对画布与笔砚以外，当然也有衣食上的烦恼和人间世上一切的悲欢，商店的伙友于打算盘的余暇，也可有向了壁上的画幅或是窗外的夕阳悠然神往的时候。只是有艺术教养的人们，多有着玩味、观照的能力罢了。在有艺术教养的人，不但能观照、玩味当前的事物，且能把自己加以玩味、观照。譬如爱子忽然死亡了，这无论在小说家或普通人，都是现实的悲哀，都是一种现实生活。但普通人在伤悼爱子的当儿，一味没入在现实中，大都忘了自己，所以在伤悼过了以后，只留着一个漠然的记忆而已。小说家就不然，他们也当然免不了和普通人一样，有现实的伤悼，但一方却能把自己站在一旁，回头反省自己的伤悼，把自己伤悼的样子在脑中留成明确的印象，写出来就成感人的作品。置身于现实生活而能不全沉没在现实生活之中，从实感中脱出而取得美感，这是艺术家重要的资格。艺术中所表出的现实比普通人所经历的现实，往往更明白、更完善，因为艺术家能不沉没在现实里，所以能把整个的现实如实领略了写出。艺术一面教人不执著现实，一面却教人以现实的真相，我们从前者可得艺术的解脱，从后者可得世相的真谛。这就是艺术有益于人生的地方。

西湖的美，游览者能得之，为要想购地发财而跑去的富翁，至少在他计较打算的时候是不能得的。裸体画的美，有绘画教养的人能得之，患色情狂的人是不能得的。真要领略糖的甘味与黄连的苦味，须于吃糖、吃黄连时把自己站在一旁，咂咂地鼓着舌头，去玩味自己喉舌间的感觉。这时吃糖和黄连的是自己，而玩味甘与苦的是另一个自己。摆脱现实，才是领略现实的方法。现实也要经过摆脱作用，才能被收入到艺术里去。

《创世纪》中有这样的一段神话：

> 耶和华上帝说："那人独居不好，我要为他造一个配偶帮助他。"……耶和华上帝使他沉睡，他就睡了。于是取下他的一条肋骨，又把肉合起来。耶和华上帝就用那人身上所取的肋骨造成一个女人，领到那人跟前。那人说："这是我骨中的骨，肉中的肉，可以称她为女人，因为她是从男人身上取出来的。"

这段神话实可借了作为艺术与现实的象征的说明。如果把男性比喻作现实，那么女性就可比作艺术。女性是由男性的部分造成，但有一个条件，就是先要使男性沉睡；男性醒着的时候，就是上帝，也无法从他身上造出女性来。现实只是现实，要使现实变成艺术，非暂时使现实沉睡一下不可。使现实暂时沉睡了，才能取了现实的某部分做成艺术。因为艺术是由现实做成的，所以我们见了艺术，犹如看见了现实，觉得这现实的化身亲切有味，如同"那人说：'这是我骨中的骨，肉中的肉'"一样。

原载夏丏尊著《文艺论 ABC》，世界书局 1933 年版

爱美的戏剧

陈大悲

戏剧艺术既是各种艺术底结晶,所以这里面的研究是无穷尽的。现在关于戏剧研究的专书,除商务印书馆出版的一本西洋演剧史外,一本都没有。我这一本小书只可当得爱美的戏剧家进艺术之宫的一个钥匙,这个钥匙只能用来开门进去。进门之后你就能看见面里有无穷尽的可爱的宝物,真有"取之不尽,用之无竭"之妙。可是,这不过是一个开门的钥匙。你有了钥匙之后,动手开门与否,钥匙是不负责任的。进门之后,朝前进去或向后退回,钥匙更不能负责任了。我眼前只能尽我的责任把这一个小小的钥匙供献给与想进门去一看的读者。

排演一次戏剧如果除死背词句,上台去出出锋头之外演者得不着一点自己受用的益处,那简直是白白耗费气力。在每一次排演中必须顾到这三方面:第一,自己;第二,社会;第三,艺术。

职业的戏剧家,除真能爱好戏剧艺术的少数人外,演剧是为要糊口、养家或是想发财,想享受贵族式的生活。我们爱美的戏剧家为的是甚么呢?为"出锋头"吧?"出锋头"并不是甚么恶德。"出锋头"也并不定有害于人。戏剧所恃以为基础的表现本能与"出锋头"实在分不开家。青年人爱"出锋头"并不能算是一件不名誉的事。骂他人爱"出锋头"的人自己遇到充分的机会时准能惊惶奔避不想去"出锋头"吗？如果青年人全都是暮气沉沉的"隐君子"，没有一个爱"出锋头"，这个民族呈何景象？所以上舞台去"出锋头"并不是件坏事。但是如果你真有"锋头"，应当让他自己"出"去，切不可把你底全付精神耗费在"出锋头"上。假使你底唯一目的只是一个"出锋头"，你底心气浮动过甚，上得台去不能使自己镇定，表情与动作自然不能适合戏情，而且你脸上常常要露出一种唯我独尊自私自利的卑鄙龌龊相来。这种气焰足以使你稳坐在汽车里，压服两旁站着挂盒子炮的马弁，而不足以助你在看客面前"出锋头"。因为不论甚么人都反对他人有自私的表现。看客反对你我有狂妄的态度与你我反对他人的狂妄态度一样。再者，一出戏决不是我一个人所能演的。我心里只想到"出锋头"，他人心里也只想到"出锋头"。因为我只想"出锋头"，就妒忌你"出"比我更大的"锋头"。在这样的情形之下，每一员演者心里只存了一个"有了你就没有我"的心，后台意见的冲突永闹不清楚，甚至于相骂打架散场。这样的组织是有害的，不如不演。所以有害的原因就是因为一两个演员把"出锋头"当作演剧唯一的目的。这不是我信口胡说。这是从前"文明戏"所以破产的主要原因，是我亲眼观察得来的。现在"文明戏"的后台里面依旧是充满了战争的空气；妒忌、倾轧、高压、屈服的怪态无时无刻能休止的！

因此，我要奉劝我们爱美的同志不要把登台"出锋头"当作演剧唯一的目的。诸君须知道现代戏剧与中国旧剧里那种贵族式的名角制度绝对的不相容。在名角制的旧戏里，一个人可以代表一出戏，其余扮配角的人只是这一个人底工具。梅兰芳可以唱一出数十人合演的《天女散花》，配角是谁可以不去管他。从前"文明戏"里有几个野心家很羡慕这样的寡人政体，把一班雇用的配角顶上一个某字排行的别号（如"天"字派、"无"字派、"魂"字派、"剑"字派之类），或是用自己底名字造成一个派（如"乐风派"、"天知派"之类），使看客只认得他一个人。但是这种制度在新剧界里是不能久存的，二十世纪的空气与他很不相利的。结果就是从前独揽大权的一人变成众矢之的，"王位"式的幻梦化作戏剧界笑骂的话柄。这就是把"出锋头"当作演剧惟一目的的朋友一种很切近很明显的"前车之鉴"。

实演戏剧之所以有益于个人，并非专在"出锋头"上。最大的目的就是使演者与戏剧的文学相接近，从这类的文学里得到一种丰富的新人生观为自己立身处世根本的标准，并且把自己所已得到的普施给民众，以愈普遍愈深刻为目的。总之，我们并不是专为好玩，爱热闹，爱出锋头而演剧的。我们是因为受到一种不忍不分给人、不敢不分给人、不可不分给人的精神饭粮而演剧的。我们因为相信除演剧以外没有更普遍更深刻的传布方法，因而不得不演剧的。凡与我同伴工作的都是我底化身，都是与我同受这样使命的人；所以爱应当爱他与爱自己一样。如果有人不能体贴我底心意不能爱我像我爱他一样，那就是因为他没有透澈了解他自己受到的使命。我既比他明白些，我就有使他明白所受使命的责任。要达到这个目的惟有"以身作则"一法可以使他受到感化。

爱美的戏剧家因为不以戏剧为专一的职业，故不能用全副精神修练舞台的种种技术，这原不足怪。但是在任何职业中断没有绝对不能得到工夫修练演剧技术的人。中国成语说："有志者事竟成。"英国成语说："有意志的处所一定有路。"只要有志，断不怕找不到修练的工夫。从前有志于演剧的朋友找不到修练的门径，以致临场时常常在无意中向看客表示"我是舞台上的客，不是主人"，或是"我本不是戏子，现在暂时上台，所以不负责任"。在爱戏剧的人看来，这样的人简直是舞台上的侵掠者，犹如到饭店里去白吃了一顿，向伙计们说："我不是你们底主顾，所以不负给饭钱的责任。"我希望往后爱美的戏剧家不要再有这种无理性的表示。须知你一登舞台，立刻就与舞台发生关系；所以断不能不对于艺术负责任，否则就是舞台的侵掠者。诚心爱好爱美的戏剧的朋友，仇视这一类的侵掠者，也是意中事，谁愿意看见他人向自己爱好的事物行侵掠的手段呢？好在介绍戏剧知识的书报已随需要而逐渐增多。果能有志于研究与修练的朋友已不患无门径可得。有门径而不愿寻求，居心以舞台为侵掠行为的试验场，那就是自认为爱美的戏剧家之公敌了。

以演剧为游戏的人，我们并不反对他。我们所以不肯把戏剧当作游戏，不得不郑重其事地把他当作一种神圣事业者，因为我们相信戏剧底功用不止于游戏。我们相信戏剧有许多功用为一班以之为游戏的人所未尝梦见。我们相信戏剧能做宗教、教育以及他项单纯的艺术所做不到的奇迹。中国的民众因受数千年专制皇帝以及一切为皇帝宣传高压主义的人所压迫，犹如缠伤的小脚与束伤的细腰。宣传解放的福音最普遍的机关就是爱美的戏剧。中国社会由病的状态到健全的状态最短的一条路就是爱美的戏剧。我们既领着这样的使命，负着这样的责任，我们还有多余的工夫糟蹋在游戏性质的戏剧里面吗？我们还有多余的工夫去研究"伺候老爷们"的那种光怪陆离的假戏剧吗？

易卜生说："许多人还在那里鼓吹政治的、浮面的种种革命，但是这些东西全都是废物。必须革命的乃是个人底灵魂。"

爱美的戏剧家底唯一责任就是从戏剧艺术底一条路上引自己以及民众去实行个人灵魂底革命。

原载陈大悲编述《爱美的戏剧》，晨报社1922年版

捧角家是戏剧艺术之贼

陈大悲

近来中国旧戏院里每一个"名角"身边必定有一班所谓"捧角家"的随侍左右，仿佛是忠臣、义仆、孝子、顺孙。名角登台，捧角家蜂拥台前客座中，目不转睛的向那名角身上、脸上、眉目间注意。名角嫣然一笑，捧角家便率领着盲目的群众哄堂大笑。名角底秋波偶尔向捧角团方面一转（近来略有进步，各人四散的坐开去了），台下的掌声以及令人肉麻的怪叫声一齐起来。这时间的捧角家真能把"受宠若惊"四个字描摹得淋漓尽致。秋波去后，他们方敢旋转头来，大家相顾一笑。笑容之中含有一点骄意，仿佛每人心中各自以为刚才秋波底目的是我而不是你。同时必有许多摇头摆尾的怪相出现，直等到第二次掌声与叫声大起时方才罢休，而另换一种新怪相。

这种风气几已传遍全国，而以北京为尤甚。有一些所谓的名角者不是行同私娼的坤伶，就是男妓脱胎的花衫。所谓捧角家者，其中固然有几个是"恩客"，或是"老斗"，其余的无非是"恩客""老斗"底食客或是走狗。所以每一个捧角团底首领必定是一两位有财有势的阔人。所以我们在数月前看见"伶界大王"从汽车或是马车里走出来时身边常常带着两个腰悬盒子炮的奉军马弁。

阔人要阔，男女的娼妓不知有人格，与我们平民百姓原没有甚么关系。我们那里有闲功夫去研究他呢？可是我们现在要解答"捧角是合理的吗"这个问题，就不得不把目前捧角的现状顺便说一说。

我们为甚么要解答这个问题？因为我们要知道我们理想中的新剧场里将来是不是应当传袭或利用现在盛行的这种捧角的方法。

我们承认戏剧是艺术底结晶。凡是一种艺术必须借助于鉴赏者底培养拥护，方能茂盛起来。鉴赏者既有培养与拥护之责，自然必须正大光明的把这种艺术介绍给普通的群众，使他们自己去领略，自己去鉴赏。艺术是情绪的产物。情绪这样东西是古今万国大略相同的。所以俄国的托尔斯泰可以引出美国观众的眼泪来，英国古时的莎士比亚可以引得现在中国的观众拍案叫绝。凡是真正的艺术品，鉴赏者只消略为提倡，略为介绍，他自己就能觅得鉴赏的人，用不着聚着一班包办的专家来"捧"。换句话说，凡是由包办的专家"捧"出来的东西决不配称作艺术。唱旧戏的，不论伶人与票友，开口就是"请您捧场"，因为他们明知这不是真的艺术品，经不起严格的试验，所以非"捧"不可。一样东西至于非"捧"不可，足见这东西已没有自立的可能性了。"捧"在人手里的东西，一失手就要落地，就难免打得粉碎。我相信真正的艺术品决不是这样的。莎士比亚底剧本如果非"捧"不可，那就早已失传了，因为我们找不到这样长寿的人来"捧"他。亨利·欧文决不能从英国带一班捧角家到美国去捧他。下而至于电影中的却泼林、陆克，也是有目共赏，无须乎捧的。

我写到这里，就有一位同事劝我不要再亵渎"艺术"这两个字了。他说："现在的一些所谓捧角家都是'醉翁之意不在酒'，哪里谈得到甚么艺术?有的是为贪财,有的是为恋色,捧角这件事无非是要制造一种空气鼓励他人多掏掏腰包来帮助自己达到猎财渔色的目的。你又何苦要谈起艺术来呢?"

我本来也不愿谈到艺术的话。但是近来的确有许多人要想把旧戏搬到艺术的天秤上来称一称。所以我不得不把这层黑幕略略揭开,使我底同志们知道,如果要把旧戏当作艺术看,那么捧角这件事是艺术宫里所不容的。捧角家是戏剧艺术之贼,因为他们是想用袁世凯强奸民意的手段来强奸观众的意志。真正艺术鉴赏者是决不容人强奸的。强奸观众意志的,不是戏剧艺术之贼是甚么?

我希望改造中国旧戏的先生们先把这些贼驱出戏院来,然后可以谈旧戏底改造与旧戏底艺术化。我望你们早早拔出智慧之剑来杀贼!

原载 1922 年 8 月 31 日《晨报副刊》

调和之美

李大钊

人莫不爱美，故人咸宜爱调和。盖美者，调和之产物，而调和者，美之母也。

宇宙间一切美尚之性品，美满之境遇，罔不由异样殊态相调和、相配称之间荡漾而出者。美味，吾人之所甘也，然当知味之最美者，殆皆苦辛酸甜咸相调和之所成也。美色，吾人之所好也，然当知色之最美者，殆皆青黄赤白黑相调和之所显也。美音，吾人之所悦也，然当知音之最美者，殆皆宫商角徵羽相调和之所出也。美因缘，吾人之所羡也，然当知因缘之最美者，殆皆男女两性相调和之所就也。饮食、男女如是，宇宙一切事物罔不如是。故爱美者，当先爱调和。

《甲寅》而欲成其自身之美以固阅者之爱也，必与各方之利害情感以调和之域，俾如量以彰其实。《甲寅》而欲以其自身之美，感化国人，使之益昭其美而交相爱也，必人人本《甲寅》之精神，与人人以调和之域，俾如量以获其分。

是即《甲寅》之美，亦即宇宙之美。

原载 1917 年 1 月 29 日《甲寅》日刊

美与高

李大钊

蔡孑民君归自巴黎,刻来京就北京大学校长任。前于政学会欢迎会中,演说欧洲战争所以持久之原因,归本于科学与美术之发达,其论"美"之与"高",尤为精辟。中有一段曰:

……然则德法两国不信仰宗教,而一般人民何以又有道德心也?此即知之作用。大凡天地间之生一物,无一而不有"知"。夫婴儿无"知"也,而"知"哺乳;植物无"知"也,而"知"吸收养料;若矿物之有重量之能互相吸引,皆系"知"之作用。由一分推而极之,则为气德,所谓"美"之与"高"。所谓"美"者,即系美丽之谓;"高"者,即有非常之强力。假如描写新月之光,题诗以形容其景致,如日月如何之明,云如何之清,风又如何之静,夫如是始能传出真精神,而有无穷乐趣,并不知此外之尚有可忧可惧之事,此即美之作用。又如驶船于大海之风浪中,或如火山之崩裂,最为危险之事,然若形容于电影之中,或绘之于油画,亦有极为可观之处。而船中人之惊怖,火山崩裂焚烧房屋之情形,亦足露于图中,令人望之生怖,此即所谓"高"。

至于喜悦飞鸟而思置之于笼中，遇美人而欲与之相亲，以及我国女戏园较男戏园能受一般人之欢迎之故。皆"美"之作用。然此种之"美"，确为一种欲美，而非真美也。现今世界各国，如希腊民族即近于"美"，日耳曼民族多偏于"高"。故德国建筑拿破仑攻普鲁士之石像，颇极伟大，其所绘之图堂，如绘希腊、罗马当时之情形，皆偏于"高"之一方面。法国近于"美"。然而"美"与"高"于道德有莫大之关系。凡性质富于"美"之民族，对于生死问题并不计较，必从容以行素所计画，非于临时所可勉强。至于性质富于"高"之民族，一经认定目的之后，即竭尽其智力以行之，置生死于弗顾。所以此次欧洲战争，德国军士死亡者，尸积如山，血流成河，从无畏惧之心。是以攻比攻法，无往不克，以迄于今，粮缺饷乏，致每礼拜中每人只与半磅牛肉两枚鸡卵，仍坚持不易。以此精神，平时用之于实业，焉得而不发达？且此次战争发生之初，德国已将应先攻某国、次攻某国之计画，先事预定，故战争一发，毅力直行，并无畏难之色。法国人民，多近于"美"，其平时极为从容，不事战争预备，及至战争发生，比京被陷，法国仍不动声色，持其固有之性质。盖法国预算以为法国人民尽不逮德国之众，倘系背城一战之举，自必全灭之。即退一步言之，使两方军士死亡相当，德国元气亦已大伤，所以法国对于德国，必不绝对主战。假使德国军士死亡，军火毁弃，可得相当代价时，法国即将其地退让于德，然而法国又非绝对退让。如遇有机会可乘,仍竭力进攻。故德法两国,能相持两年之久者,皆科学与美术之功也……

是说也,颇足揭出德、法国民性特殊之采色。顾一人吾人之耳,而反躬自问,吾之民族性,于"美"于"高",今日果何有者?余闻一国民族性之习成,其与以莫大之影响者,有二大端,即"境遇"与"教育"是也。"境遇"属乎自然,"教育"基于人为。纵有其"境遇"而无"教育"焉,以涵育感化之,使其民族尽量以发挥其天秉之灵能,则其特性必将湮没而不彰,久且沦丧以尽矣。伊考吾先民之历史、文学美术,名作辈出。就建筑工程而论,如长城之连绵万里,至今犹为世所推称。此以知吾民秉彝之所畀赋者,不惟有"美",抑且有"高"。盖以宅国于亚洲大陆之中,高山峻岭,长江大河,浟浟乎纵横于南北。以言山陵,则葱岭雪山峙于西域,行其间者经三旬而不能逾也。以言河流,则长江一泻,黄河奔流,浊浪滔滔,远望真有连天之概也。以言大泽,则洞庭云梦兰蕙芷苴,皆产于其间也。以言原漠,则燕、齐、鲁、豫平野漫漫,一望无际,越长城而外则又黄沙白草万里无人烟也。衡以地灵人杰之说,以如此灵淑之山川,雄浑之气象,栖息其间之民族,当必受自然之影响,将兼含"美"与"高"而并有之宜也。顾何以吾之民族,日即消沉于卑近暗昧之中,绝少崇宏高旷之想。回视古人,近观他族,稍有心性血气者,当无不愧怍无地焉。或谓大陆平原自然之"美",远逊于岛屿近海之区,故其民性亦如之。是殊不然。美非一类,有秀丽之美,有壮伟之美,前者即所谓"美",后者即所谓"高"也。彼岛屿近海之区,山水湖沼,花木园林,楼台村落,种种复杂之象，集于狭隘之域，故其美为常人所易见。乃若大陆之景物，散于殊方，道里辽远，今虽有汽车、轮舟、飞艇等器之发明，但其迅捷之度，去足以缩小自然使能益显其美之域尚远，故非得具绝大眼光、绝大手笔之文学家、美术家如李白其人者，未足以描写之。然而旷达之象，远迈之趣，固已于不识不知之间，神化于吾民族之性质之襟怀矣。是则吾民族特性，依自然感化之理考之，则南富于"美"，北富于"高"。今而湮没不彰者，殆教育感化之力有未及，非江山之负吾人，实吾人之负此江山耳。嗟呼！吾其为"美"之民族乎？"高"之民族乎？抑为"美"而"高"之民族乎？此则今之教育家、文学家、美术家、思想家感化牖育之责，而个人之努力向上，益不容有所怠荒也矣！

原载 1917 年 4 月《言治》季刊第 1 册

动的艺术

欧阳予倩

戏剧是动的艺术，这是人人都知道的。不过戏剧的动是怎样的动？我们更应当急于晓得。锣鼓喧天，飞跑满台，不是动吗？大声疾呼声嘶气竭不是动吗？喧笑满堂，怪相百出，不是动吗？可是戏剧所要求的动不是这样的动。不仅是身体的动，而且要精神的动；不仅是肉的动，而且要灵的动。换句话说：不仅外面的动，尤其要内部的动。无论动的发展在外面，或在内面，无论动的程度是激烈或是温和，总而言之，戏剧是应当随着自然的 Rhythm（节奏）推着进化的车轮往前进。不如此，那就根本已死，还有什么动之可言？譬如封建制度，我们认为死了，倘若台上的戏，同情于英雄割据，我们的感想怎么样？女子解放是绝对没有疑问的，倘若看见排演抱牌位拜堂和买卖婢妾以供奉土豪劣绅之类，又复如何？水不流就要臭，肉不动就会腐，动的人生，倘若只顾维持现状，就会停滞而生大变故；何况开倒车去就陈死人呢，行尸走肉无论动得多么厉害总是死的。戏剧的动，不是行尸走肉的动，又何待言？革命本是维持现状的先生们积累下的灾祸。革命的表面，是激烈的动；革命的里面，是为人类扫除腐秽，为被压迫者求解放。最后的目的，要跟上大自然的 Rhythm；跟上了大自然 Rhythm 就合乎革命的原则。明白这个，便可以谈戏剧之动。

原载 1929 年 7 月《戏剧》第 1 卷第 3 期

听观众的话

欧阳予倩

前几天在一个报上,有一段剧评,第一句就说:"戏剧研究所几位先生都是不欢喜观众说话的。"这实在令人惊异。演剧没有观众,便不成立,尤其演剧的人,最欢迎的是观众多加批评,因为观众的批评无论是好与不好,对与不对,听着都可以综合起来得到有力量的结论,而有助于表演。

一个演员在台上真正是资格够了,便可以和观众通呼吸,有时候还能够有余裕去留神一下观众的心理,但是在台上从观众所得的暗示,究竟不如听他们回去所说的话。观众在剧场里的时候,他们的心理是一种群众心理,群众心理是很幼稚的,所以观察观众在剧场里面的态度,同时还要听他们回去回忆后的说话。

演戏的人当然不能听着观众的话,就完全变更自己的演法,也不能完全迎合观众的心理,便放弃艺术上的主张,但无论如何能虚心听观众的批评总是有益的。天天在观众面前表演而拒绝观众对自己发表感想,这是很大的损失,而且是很蠢的行为。

王尔德说:"外间批评不一致的时候,正足以表示作家的忠实。"不错,对于人所加的批评,毫不致辩,这才真是对于艺术的忠实。

不过,有几种观众的话不能听:

（1）捧角式恭维的话不能听；

（2）只有俏皮的挖苦话不能听；

（3）无意识的胡骂不能听；

（4）有艺术以外的作用的闲话不能听。

遇着这种话只有"置之不理可也"。

凡批评一个艺术品，总要有极冷静的观察，要在能统筹兼顾、郑重发言，然后能得其平允。演戏的人要多用心，评戏的人要多用脑，都是很要紧的工作。

我们实在欢迎观众充分的对我们说话，充分的指示我们的缺点，尤其学生们在练习时，观众不能不监督他们，扶助他们，千万不要冷淡他们，这是我们对观众的热望。要说我们最不爱听观众的话，真不知何所见而云然，或者未免神经过敏吧。

原载1930年6月广州《民国日报·戏剧》第40期

音乐与人生

王光祈

"礼乐之邦"四字,是从前中国人用来表示自己文化所以别于其他一切野蛮民族的。但这四字,同时亦足以表示中西文化根本相峙之处。我们知道:西洋人是以"法律"绳治人民一切外面行动,而以"宗教"感化人们一切内心作用。所以西洋人常常自夸为"法治国家"与"宗教民族",以别于其他一切"无法无天"的未开化或半开化民族。

反之,吾国自孔子立教以来,是主张用"礼"以节制吾人外面行动,用"乐"以陶养吾人内部心灵。换言之即是以"礼、乐"两种来代替西洋人的"法律、宗教"。"礼"与"法律"不同之点系在前者之制裁机关,为"个人良心"与"社会耳目";后者之制裁机关,为"国家权力"与"严刑重罚"。"乐"与"宗教"相异之处,则在前者之主要作用,为陶养吾人自己固有的良知良能;后者之主要作用,在引起各人对于天堂、地狱的羡、畏心理。——因此之故,音乐一物在吾国文化中,遂占极重要之位置;实与全部人生具有密切关系。

其实"以乐治国",并非中国人独得之奇。古代希腊大哲,如柏拉图、亚里斯多德辈,亦尝有此理想。故当时希腊音乐学理中,有所谓"音乐伦理学者",盖欲利用音乐力量,以提高国民道德。自希腊文化衰微以后，基督教义成为西洋人民修身立德之唯一信条；音乐一物，则渐从"伦理作用"，而变为"美术作用"。换言之，西洋音乐，从此遂成为活泼精神激励气概之一种利器；同时并与"体育"交相为用，以造成西洋人今日之健全体格与精神。反之，中国法家主张以法治国，儒家主张以礼治国，两派相争，数千年来虽亦各有盛衰，但儒家学说终占优势；至少亦能将法家思想加以若干纠正，以阻止其片面的发展。不过"以乐治心"之说，颇为后代儒家所忽略；甚至于直将音乐一事，认为"末道小技"，几乎视为人生不必需要之物。于是，其结果，西洋人虽到白头，亦无不生气勃勃；而中国人虽在青年，亦无不面有菜色。近年国内人士，对于体育一事，虽渐知注意；而对于活泼精神之音乐，则尚十分轻视。至于吾国古代"以乐治国"之说，当然更无人顾及。

"枯燥的人生""残酷的人生"以及"凄凉的人生"，均为民族衰亡的主要象征。补救之道，只有从速提倡音乐一途。

原载北新活页文选2259号，北新书局印行

德国的音乐教育

王光祈

甲　德国音乐之所以普及

我们知道，现在德国的音乐，无论在"提高"或"普及"方面，都要占世界上的第一位。查德国音乐之所以能"提高"，固由于该国自18世纪以来，音乐界中，天才辈出，产生许多千古不朽的作品。而今日音乐之所以如此"普及"，则又由于19世纪以来，教育普施，造成许多读书解乐的群众。其直接造成此种群众的机关，便是"国民学校"（Volksschule）。

但是我们若就德国音乐进化全体而论，在"提高"方面，到现在似乎已经到了登峰造极了，不能有所再进。故德国音乐界中，自从有了巴赫（Bach，18世纪）、白堤火粉（Beethoven，18~19世纪之交）、瓦庚来（Wagner，19世纪）诸人以后，便不闻再有如此伟大人物出现。好像是吾国诗至唐人，词到宋元，已达最高之点，后有作者，难乎为继。这种现象，不独德国音乐如此，即全部欧洲音乐，亦无不如此。故自欧战以后，欧洲学者中颇有人发为"欧洲文化衰落"之论，音乐退化，即为其有力证据之一。我以为欧洲音乐如欲再有所进，其势非另寻途径不可，而最好途径，殆莫过于"东西音乐精神之调和"（此义甚长，他日尚当详为论列）。但是负此调和之责任者，究竟是谁？

德国音乐就"提高"方面而论，固已进无可进，然在"普及"方面，则正如红日东升。因为国民教育普及的范围，只有愈来愈广；群众欣赏美术的兴趣，亦只有愈来愈高，以至于非有音乐不能生活的境地。现在一位德国普通国民，其了解音乐的程度，当远在吾国寻常大学教授以上，这真是我们自命"礼乐之邦"的国民，所当引为深耻的。

乙　国民学校之三种任务

照上面所述，德国音乐普及是以"国民学校"为策源之地，现在我们再进一步研究，什么是德国"国民学校"的任务？照德国法律，凡是德国儿童，年满六岁之后皆须一律送入"国民学校"肄业八年（富家子弟可以中途转入其他学校）。在这八年义务教育之中，教师对于儿童负有下列三种任务：（一）训练儿童意识，使其将来对于国事，有一种明了确切的见解与担当，以造成一个强有力的国民，所以一八七〇年普法之役，战胜敌人，德国铁血宰相俾士麦常归功于该国的小学教师。（二）培养儿童学识，为将来求学习艺之备，所以现在德国寻不出一个失学无业的游民。（三）陶养儿童感情，使其身心发达，以造成将来一种"有生可乐"的人生，因此之故，德人自幼至老，绝少暮气颓唐的现象。

上述三种，便是德国国民学校的三种任务。关于第一种的训练，大概是用历史地理国文等等去引导；关于第二种的训练，大概是用自然科学等等去培植；关于第三种的训练，大概是用美术

（包括音乐，图画）游戏（如体操、游泳、溜冰、划船、打球之类）等等去涵养。

近年吾国教育界中，对于第一第二两种训练，都已有人注意，所有"爱国教育""职业教育"等等名词，亦常常不绝于耳。独对于第三种涵养兴趣的训练，则尚视若等闲。所以学校之中，对于音乐图画体操等科，皆置诸备员之列。这不是一桩偶然的事，此实由于我们现在的中国人，根本上对于"愉快的人生"这种东西，始终不认识，不承认，所以现在中国教育家，只把我们青年造成一种爱国工具，一个新式饭桶，他们的目的便已达到了。至于我们成人以后的"人生快乐"，他们便不管了。年龄既长，兴趣已过，说到游戏的技艺，一件也不懂得；说到美术的欣赏，一点也无兴味；简直是一些行尸走肉生气全无的国民。以此种国民与彼辈生气勃蓬的白种相遇，安得不败！

吾国古代所谓"六艺"，本以"礼乐射御"列于"书数"之前，现在学校中之"音乐体操"，则置于一切"文字数学"之下。所以创办教育数十年，只养成了一些身体衰弱兴味索然的书呆子。反之，德国教育家知道涵养儿童的娱乐兴趣，实与训练儿童的意识学识是一样的重要，所以凡充德国"国民学校"教师的，第一个条件便是须具有音乐的知识与技能，无此者不得充任。现在德国虽遭战败，内则经济困难，外则强邻压迫，然德国人士仍无不兴趣浓厚生气蓬然，向上进取，无时或息，决不似中国人之稍遇挫折，便生意索然，这便是德国"国民学校"注重"兴趣教育"的结果。

原载王光祈著《德国国民学校与唱歌》，上海中华书局1925年版，标题为编者所加

怡情文学与养性文学

——序太华烈士编译《硬汉》小说集

许地山

文学底种类，依愚见，以为大体上可分为两种：一是怡情文学；二是养性文学。怡情文学是静止的，是在太平时代或在纷乱时代底超现实作品，文章底内容基于想象，美化了男女相悦或英雄事迹，乃至作者自己混进自然，忘掉他底形骸，只求自己欣赏，他人理解与否，在所不问。这样底作品多少含有唯我独尊底气概，作者可以当他底作品为没弦琴，为无孔笛。养性文学就不然，它是活动的，是对于人间种种的不平所发出底轰天雷，作者着实地把人性在受窘压底状态底下怎样挣扎底情形写出来，为底是教读者能把更坚定的性格培养出来。在这电气与煤油时代，人间生活已不像往古那么优游，人们不但要忙着寻求生活的资料，并且要时刻预防着生命被人有意和无意地掠夺。信义公理所维持底理想人生已陷入危险的境地，人们除掉回到穴居生活，再把坚甲披起，把锐牙露出以外，好像没有别的方法。处在这种时势底下，人们底精神的资粮当然不能再是行云流水，没弦琴，无孔笛。这些都教现代的机器与炮弹轰毁了。我们现时实在不是读怡情文学底时候，我们只能读那从这样时代产生出来底养性文学。

养性文学底种类也可以分出好几样，其中一样是带汗臭底，一样是带弹腥底。因为这类作品都是切实地描写群众，表现得很朴实，容易了解，所以也可以叫做群众文学。

前人为文以为当如弹没弦琴，要求弦外底妙音，当如吹无孔笛，来赏心中底奥义。这只能被少数人赏识，似乎不是群众养性底资粮。像太华烈士所集译底军事小说《硬汉》等篇，实是唤醒国民求生底法螺。作者从实际经验写来，非是徒托空言来向拥书城底缙绅先生献媚，或守宝库底富豪员外乞怜，乃是指导群众一条为生而奋斗而牺牲底道路，所以这种弹腥文学是爱国爱群底人们底资粮，不是富翁贵人底消遣品。富翁贵人说来也不会欣赏像《硬汉》这一类底作品，因为现代的国家好像与他们无关。没有国家，他们仍可以避到世外桃源去弹没弦琴和吹无孔笛。但是一般的群众呢？国家若是没有了，他们便要立刻变成牛马，供人驱策。所以他们没有工夫去欣赏怡情文学，他们须要培养他们底真性，使他们具有坚如金刚底民族性，虽在任何情境底下，也不致有何等变动。但是群众文学家底任务，不是要将群众底卤莽言动激励起来，乃是指示他们人类高尚的言动应当怎样，虽然卤莽不文，也能表出天赋的性情。无论是农夫，或是工人，或是兵士，都可以读像《便汉》这样底文艺。他们若是当篇中所记底便是他们同伴或他们自己底事情，那就是译者底功德了。

1938 年 12 月　香港

原载 1939 年 1 月《大风》旬刊第 25 集，收入《杂感集》

中国美术家的责任

许地山

美术家对于实际生活是最不负责任的。我在此地要讲美术家的责任,岂不是与将孔雀来拉汽车同一样的滑稽!但我要指出的"责任",并非在美术家的生活之外,乃是在他们的生活以内的事情。

一个木匠,在工作之先,必须明白怎样使用他的工具,怎样搜集他的材料和所要制造的东西的意义,然后可以下手。美术家也是如此,他的制作必当含有方法、材料、目的三样要素。艺术的目的每为美学家争执之点,但所争执的每每离乎事实而入于玄想。有许多人以为美的理想的表现便是艺术的目的,这话很可以说得过去,但所谓美的理想是因空间和时间的不同而变异的。空间不同,故"艺术无国界"的话不能尽确。时间不同,故美的观念不能固定。总而言之,即凡艺术多少总含着地方色彩和时代色彩,虽然艺术家未尝特地注意这两样而于不知不觉中大大影响到他的作品上头,是一种不可抹杀的事实。

我国艺术从广义说,向分为"技艺"与"手艺"二种。前者为医、卜、星、相、堪舆、绘画;后者为栽种、雕刻、泥作、木作、银匠、金工、铜匠、漆匠,乃至皮匠、石匠等等手工都是。这自然是最不科学的分法,可是所谓"手艺",都可视为"应用艺术"，而技艺中的绘画即是纯粹艺术。

中国的纯粹艺术有绘画、写字和些少印文的镌刻。故"美术"这两个字未从日本介绍进来之前，我们名美术为"金石书画"。但纯粹艺术是包含歌舞等事的。故我们当以美术为广义的艺术，而艺术指绘画等而言。

我国艺术，近年来虽呈发达的景象，但从艺术的气魄一方面讲起来，依我的知识所及，不但不如唐五代的伟大，即宋元之靡丽亦有所不如。所谓"艺术的气魄"，就是指作品感人的能力和艺术家的表现力。这缘故是因为今日的艺术家只用力于方法上头，而忽略了他们所住的空间和时间。这个毛病还可以说不要紧，更甚的是他们忘记我们祖宗教给他们的"笔法"。一国的艺术精神都常寓在笔法上头，艺术家都把它忽略了，故我们今日没有伟大的作品是不足怪的。

世间没有一幅画是无意义，是未曾寄写作者的思想的。留学于外国的艺术家运笔方法尽可以完全受别人的影响，但运思方法每不能自由采用外国的理想。何以故？因为各国人，都有各自的特别心识，各自的生活理想，各自的生活问题。艺术家运用他的思想时，断不能脱掉这三样的限制。这三样也就是形成"国性"和"国民性"的要点。今日的艺术思想好像渐趋一致，其缘故有二：一因东西的交通频繁，在运笔的方法上，西洋画家受了东洋画家的教训不少；二因近数十年来，世界里没有一国真实享了康乐的幸福，人民的生活都呈恐慌和不安的状态，故无论哪一国的作品，不是带着悲哀狂丧的色调，便是含着祈求超绝能力的愿望。可是从艺术家的内部生活看起来，他们所表现的"国性"或"国民性"仍然存在。如英国画家，仍以自然美的描写见长，盎格卢撒克逊人本是自然的崇拜者，故他们的画派是自然的、写实的，"诚实的表现"便是他们的笔法，故英国画仍是很率直，不喜欢为抽象的或戏剧的描写。拉丁民族，比较地说，是情绪的。法国画在过去这半世纪中，人都以它的印象派为新艺术的冠冕，现在的人虽以它为陈腐，为艺术史上的陈迹，但从它流衍下来的许多派别多少还含着祖风。印象派诚然是拉丁新艺术的冠冕，故其所流衍下来的诸派不外是要尽量地将个人的情绪注入自然现象里头。反对自然主义是现代法国画派的特色。因为拉丁的民族性使他们不以描写自然为尚，各人只依自己所了解的境地描写，即所谓自由主义和自表主义是。此外如条顿民族的注重象征主义，虽以近日德国画家致力于近代主义，而其象征的表现仍不能免。这都是因为各国的生活问题和理想不同所致。

艺术理想的传播比应用艺术难。我们容易乐用西洋各种的美术工艺品，而对于它的音乐跳舞和绘画的意义还不能说真会鉴赏。要鉴赏外国的音乐比外国的绘画难，因为音乐和语言一样，听不懂就没法子了解。绘画比较地容易领略，因为它是记在纸上或布上的拂仿姿势，用拂仿来表示情意是人类所共有，而且很一致，如"是"则点头，"否"则摇头，"去"则撒手，"来"则招手，等等，都是人人所能理会的。近代艺术正处在意见冲突的时代，因为东亚的艺术理想输入西欧，西欧的艺术方法输入东亚，两方完全不同的特点，彼此都看出来了。近日西洋画家受日本画的影响很大，但他们并不是像十几年前我们的画家所标题的"折衷画派"。这一点是我们应当注意的，他们对于东洋画的研究，在原则方面比较好奇心更大，故他们的作品在结构上或理想上虽间或采用东洋方法，而其表现仍带着很重的地方色彩和国性。

我国绘画的特质就是看画是诗的,是寄兴的。在画家的理想中每含着佛教和道家的宗教思想,和儒家的人生观。因为纯粹的印度思想不能尽与儒家融合,故中国的佛教艺术每以印度的神秘主义为里而以儒家的实际的人生主义为表。这一点,我们可以拿王摩诘、吴道子和李龙眠的作品出来审度一下,就可以看出来。"诗"是什么呢?就是实际生活与神秘感觉融合的表现。这融合表现于语言上时,即是诗歌词赋;表现于声音上,即为音乐;表现在动作上,即为舞蹈戏剧;表现于色和线上,即是绘画。所以我们叫绘画为"无声诗"。

我们古代的画家感受印度思想,在作品的表面上似乎脱不了神秘的色彩,而其思想所寄,总超乎现实之外。故中国画之理想,可以简单地说,即是表现自然世界与理想生活的混合。在山水画中,这样的事实最为显然。画家虽然用了某座名山、某条瀑布为材料,而在画片上尽可以有一峰一石从天外飞来。在画中的人间生活也是很理想的,看他的取材多属停车看枫、骑驴寻故、披蓑独钓、倚琴对酌等等不慌不忙的生活。画家以此抒其情怀,以此写其感乐,故虽稍微入乎理想,仍不失为实际生活的表现。我国的绘画理想既属寄兴,故画家多是诗人,画片上可以题诗;故画与诗只有有声和无声的差别。我想这一点就是我们的理想中,"画工"和"画家"不同的地方。我希望今日的画家负责任去保存这一个特点。

今日的画家竟尚西洋画风,几乎完全抛弃我们固有的技能,是一种很可伤心的事。我不但不反对西洋画,并且要鼓励人了解西洋画的理想,因为这可以做我们的金铿。我国绘画的弊端,是偏重"法则"，或"家法"方面，专以仿拟摹临为尚，而忽略了个性表现，结果是使艺术落于传统的圈套，不能有所长进。我想只有西洋的艺术思想可以纠正这个方家或法家思想的毛病。不过囫囵的模仿西洋与完全固守家法各都走到极端，那是不成的。我们当复兴中国固有的画风，汉画与西洋画都是方法上的问题，只要作品，不论是用油用水，人家一见便认出是中国人写的那就可以了。

我觉得我国自古以来便缺乏历史画家。我在十几年前，三兄敦谷要到日本的时候便劝他致力于此。但后来我们感觉得有一个绝大的原因，使我们缺乏这等重要的画家，就是我们并没注意保存历史的名迹及古代的遗物。间或有之，前者不过为供"骚人""游客"之流连，间或毁去重建，改其旧观，自北京的天宁寺，而武昌的黄鹤楼，而广州的双门，等等，改观的改观，毁拆的毁拆，伤心事还有比这个更甚的么？至于古代彝器的搜集，多落于豪贵之户，未尝轻易示人，且所藏的范围也极狭隘，吉金、乐石、戈镞、帛布以外，罕有及于人生日用的品物，纵然有些也是真赝杂厕，难以辨识。于此，我们要知道考古学与历史画的关系非常密切，考古学识不足，即不能产生历史画像。不注意于保存古物古迹，甚至连美术家也不能制作。

我曾说我们以画为无声诗，所以增加诗的情感，唯过去的陈迹为最有力。这点又是我们所当注意的。我们今日没有伟大的作品，是因为画家的情感受损的缘故。试看雷峰一倒，此后画西湖的人的感情如何便知道了。他们绝不以描写哈同的别庄为有兴趣，故知古代建筑的保存和修筑，今日的美术家应负提倡及指导的责任。美术家当与考古家合作，然后对于历史事物的观念正确，然后可以免掉画汉朝人物着宋朝衣冠的谬误。于此我要声明我并非提供过去主义（经典派或古典派），因为那与未来主义同犯了超乎时代一般的鉴赏能力之外的毛病。未来主义者以过去种种为不善不美，不属理想，然而，若没有过去，所谓美善的情绪及情操亦无从发展。人间生活是连续的。所谓过去已去，现在不住，未来未到，便是指明这连续的生活一向进前、无时休息的。因无休息，故所谓"现在"不能离过去与未来而独存。

我们的生活依附在这傍不住的时间的铁环上，也只能记住过去的历程和观望未来的途径。艺术家的唯一能事便在驾驭这时间的铁环，使它能循那连续的轨道进前，故他的作品当融含历史的事实与玄妙的想象，由前之过去印象与后之未来感想，而造成他现在的作品。前者所以寄情，后者所以寓感，一个艺术家应当寄情于过去的事实，和寓感于未来的想象。于此，有人说，艺术是不顾利害，艺术家只为艺术而制作，不必求其用处。但"为艺术而艺术"的话，直与商人说，"我为经商而经商"，官吏说"我为做官而做官"同一样无意义，艺术家如不能使人间世与自然界融合，则他的作品必非艺术品。但他所寄寓的不但要在时间的铁环，并且顾及生活的轨道上头。艺术家的技能在他能以一笔一色指出人生的谬误或价值之所在，艺术虽不能使人抉择其行为的路向，但它能使人理会其行为的当与不当却很显然。这样看来，历史画自比静物画伟大得多。

末了，我很希望一般艺术家能于我们固有的各种技艺努力。我国自古号为"衣冠文物之邦"，而今我们的衣冠文物如何？讲起来伤心得很，新娘子非西式的白头纱不蒙，大老爷非法定的火礼帽不戴，小姐非钢琴不弹唱，非互搂不舞蹈，学生非英法菜不吃，非"文明杖"不扶！所谓自己的衣冠文物荡然无存。艺术家又应当注意到美术工艺的发展。我们的戏剧、音乐、建筑、衣服等等并不是完全坏，完全不美，完全不适用，只因一般工匠与艺术家隔绝了，他们的美感缺乏，才会走到今日的地步。故乐器的改造、衣服的更拟等等关于日常生活的事物，我们当有相当的贡献。总而言之，国献运动是今日中国艺术家应当力行的，要记得没有本国的事物，就不能表现国性；没有美的事物，美感亦无从表现。大家努力罢。

原载 1927 年 1 月 8 日《晨报副镌》

大众的艺术

陶行知

我们生活教育运动自从订了四大方针,即民主的、大众的、科学的、创造的方针,即于去冬在育才学校里开始实行。那时我首先感觉到育才学校的艺术各组是和大众脱节,我便对这个问题加以深刻的考虑。因为筹款的关系,我在城里的时候比较的多,因此对于绘画组的学习方法、作品、对象都时加以留意。老实说,我对于绘画完全是外行;我只是拿大众的尺度来量。我为自己配了一副大众的眼镜来观察。我的观察和分析,在一次朝会的演讲上结了晶。当天,彭松同志把我的讲词记录下来,拿给我看,并且对我说,校长今天的讲词简直是一篇诗。我听了很高兴,但是觉得我自己的讲词还遗漏掉一些意思没有包括进去,总想抽空补充使成完璧,再为发表。只因事忙,一直到两星期前才补充好,代他投入《民主星期刊》,当时未经登出。后来觉得还是登在《民主教育》上更为适合,而《民主星期刊》编者遍索不得,想是失落了,甚为遗憾。幸而诗里的要点是自己观察深思的结晶,常常浮出脑海,今日黎明前在梦中又得了三四句,醒过来,怕忘掉,即刻把它留在纸上,是比较完整了。彭稿有五段,这里只有一段,将来彭稿找出时,当再发表。我在这里要向彭松同志致谢,因为没有他的诗化的记录,我根本没有想到那天的讲演是一篇诗。最后,力扬先生当时说,我所讲的不但是为绘画组说法,而且对于音乐组、戏剧组、舞蹈组、文学组皆同样地指出了应该走的路。这话我细想之后,也有道理。

为老百姓而画

为老百姓而画,
到老百姓的队伍里去画,
跟老百姓学画,
教老百姓学画。
画老百姓,
画老百姓的爸爸,
画老百姓的妈妈,
画老百姓的小娃娃;
画出老百姓的好恶悲欢、作息奋斗,画出老百姓之平凡而伟大。
希望有一天老百姓都喜欢挂我们的画,尤其欢喜挂他们自己画的画。
把画送进每一个劳苦的人家,
使乡村美化,
使都市美化,
使中国美化,
使全世界美化。
给老百姓一个安慰,

将老百姓的智慧启发,

刺激每一个老百姓的创造力,

创造出老百姓所愿意有的新天下。

原载1946年1月《民主教育》第3期

艺术是老百姓最需要最爱好的东西

陶行知

今天机会很巧，在座的翦伯赞先生、周谷城先生、吴泽先生，他们都是弄历史的，以后可以帮马先生写一本民间艺术史。艺术本来是老百姓最需要、最爱好的东西。自从文化被集中以后，便集中到少数人的手里去了，艺术私有了，老百姓反而变成缺乏艺术性而枯干地生活着。今后必须掉转方向的，恢复正流的，一切以人民为本位，一切走向人民。艺术在它人原的阶级上是有着一种形态的，便是由大家集体学习，集体工作，集体表现，集体享受，集体保存，集体发扬的人民艺术。新的艺术，追溯起来都是起源于民间的。

音乐是件专门的东西，小提琴更专门了，听不懂只要听，自会懂的。像洗澡一样，把皮肤上的"不洁物"洗去几分乃至几钱，洗了之后，总是愉快、舒服的。有失必有得，听音乐也是一样，专心专意的毫无成见的全部精神的放在上面听，你以为有所失，听过了便知道有收获了。翦先生就被这个道理感动的。

白健生先生有一次和我说，"以不变应万变"，我提议在不字下面加一横，意思是"以丕变应万变"。丕变，即是大变。今日中国的政治需要大变，整个社会需要大变，向民主方面变，向进步方向变。我们要在生活上起大的变化，才能应付政治的进步社会所起的大变化。民主政治所起的变化是很大的。例如承认个人的尊严，便不能随便侵犯别人的自由。采用协商批评的方法，便须放弃"我即是""朕即天理"。要使人了解你，同时又要使你了解人，便须放弃"民可使由之，不可使知之"，又必需要虚心下问，集思广益。实行共同创造，便须放弃少数人包办的倾向。政治问题的焦点，在上面闹得太紧，闹得太凶了，上层不起变化，自然透不过气来，我们要解开这一个结，必须四方八面用力不可了。

原载《陶行知先生纪念集》，生活·读书·新知上海联合发行所 1946 年版

人类的心灵需要滋补了

陈之佛

没有一个人不对着众生骄傲。人的尊贵处究竟在哪里？这问题很简单，因为人和猪狗畜生有点不同。猪狗畜生它们的生活，终日只是为着营求物质的满足，肉体的享受，而再没有其他的理想。人自命为万物之灵，应该不比猪狗畜生过着同样的生活，除了企求物质的满足肉体的享受之外，似乎还应有精神的安慰心灵的享受。人也有肉体，当然不能不承认物质是人生的重要条件之一，可是要知道肉体的享受，不是人类最高的享受，人类最高的享受，还在心灵。否则，人生与畜生何异，人更有何理由尊称为万物之灵呢？

如果我们一些被称为尊贵的人，大家都迷惑于物质的享受，迷惑于浅狭的功利主义，天天被困于名缰利锁，而不能自拔；美的情操驳杂，趣味卑劣生活枯燥，心灵无所寄托，那我们虽称为人，实在已失去了人性。人类既失去了人性，人生也就没有什么意义。世界还在动乱，社会扰攘见不出秩序、安宁与和谐，人们将更沉沦于愁苦烦闷的深渊里。因此，我们应该高喊要恢复人性！人生必须充实，人生必须丰富，人生必须有多方面的兴趣和多方面的活动，一个在道德、学问、艺术、事业方面有浓厚兴趣的人，自然能在其中发见至乐，决不会感觉到人生的空虚，以至心灵的泪灭。尤其是艺术对于充实内心生活的功效为更大。因为人是有情感的，情感需要陶冶，陶冶情感，莫善于美育了。艺术它能调剂情感，帮助人在事事物物中发见乐趣。它能提高人生兴趣，真有艺术修养的人，总有超凡越俗的表现，这不是故持迂阔，而是他的心灵的主使。我们很感觉人类不应在这争名夺利庸俗鄙俚干枯黑暗的世界里长此沉沦下去，我们应该速谋自求振拔之道，要求人生更丰富更美满的实现。因此，我们的心灵就急需艺术的甘泉来滋补它，使它美丽和谐！

原载李有光、陈修范编《陈之佛文集》，江苏美术出版社1996年版

艺术对于人生的真谛

陈之佛

艺术究竟有什么用处？讲到用处，恐怕艺术是最没有用的东西了。譬如图画吧，一树花、一只鸟、一座山、一片云，画了出来，它不能止饥止渴，也不能教忠教孝，的确对于我们的实际生活丝毫没有关系。这样不切于实用的东西，难怪人们都忽视艺术了。

有人说，艺术是有闲阶级的消闲物，它是一种大奢侈，是一种多余，对于一般人有什么相关？假如这话是真的，那末，古今中外许多大艺术家都是赘疣了。而许多大哲学家煞费苦心地研究美学艺术学也是徒然多事了。何以顾恺之、吴道子、文西、米克朗基罗、贝多芬、沙士比亚、托尔斯泰、康德，还永远受人尊敬呢？

想来其中必定还有若干道理。

这里我先要问你：你爱看美的图画吗？你也爱听美的乐曲吗？如果你是爱的，则"爱"便是用处，也可以说艺术对于你已发生密切的关系了；如果你是不爱，则你的精神一定失了常态，美是你所爱的，精神患了病，便不爱美；这犹之饮食本来是你所爱的，身体患了病，便不思饮食一样。

人性的需求本是多方面的，人性中饮食的要求，饥而无食，渴而无饮，是人生的一种缺乏；人情中也有美的要求，爱美而不得艺术，也同样是人生的一种缺乏。只看原始时代的人类，穴居野处，与猛兽争存，风雨为敌的时候，尚且要在洞壁上作画，器具上施雕绘，以求满足他们爱美的天性，直到现在，凡是人类决没有嫌美而喜丑的。这就因为嗜美是一种精神上的饥渴，不能满足饮食的要求和不能满足美的要求，一样是沮丧天性。饮食的缺乏，固然可立见其形骸的枯萎，而美的缺乏，亦必发生其精神上的病态。世间一切恶人恶事俗人俗事，以及人类种种精神上的不正常，都是病态所由生。

人类生活终不外乎物质与精神两方面，两者缺一固然是生活的不正常，两者不能调剂也就使我们的生活发生烦闷苦痛。这是我们平时所经验到的。讲到艺术的用处，现在也颇有人想把它硬拉到实用的功利主义里面去，于是艺术仿佛只有被利用而没有其他的意义了。虽然自古以来，政治上，宗教上，道德上，也往往利用艺术以作宣传的工具。这是艺术的另一目的。如果艺术的被利用就认为艺术的唯一目的。换言之，艺术只配作利用的工具，那便错了。

艺术的活动是情感，情感的势力往往比理智还强大，所以利用他作为一种工具，以求达成利用的目的，原是可以相当收效的，但就因为艺术是情感的表现，与生活经验息息相关的，它于个人于社会当必有更深更广的意义。

人是情感的动物，这情感，必需要艺术来培养，使它成为美的情感。什么叫做美的情感？不妨举几个浅近的例子：在风和日暖的春天，眼前尽是一些娇红嫩绿，你对着这灿烂浓郁的世界，心旷神怡，忘怀一切。这就是美的情感。你在黄昏的时候，躺在海边的崖石上，看金色的落晖，看微波的荡漾，领略晚兴，清心悦目。这就是美的感情。你只要有闲工夫，松涛、竹韵、虫声、鸟语、一切的自然变化，都会变成赏心悦目的对象。这就是美的情感。我们当愁苦无聊时，唱几曲歌，吟一首诗，满腹牢骚，就会烟消云散。这是美感的作用。我们整日为俗事烦苦，偶然偷闲在欣赏艺术的作品，就觉格外愉快。这是美感的作用。我们看过一回戏，或是读过一部小说以后，就觉得曾经紧张一阵是一件快事。这是美感的作用。诸如此类的例证，不胜枚举。总之这都因自然美与艺术美的陶溶而使人的情感变成美的情感的。

假如再具体点说，近代心理学者说："情感抑郁在心里不得发泄最易酿成性格的怪僻和精神的失常，艺术是维持心理健康的一种良剂。"这就是说人的情感需要解放，艺术美就能解放情感。人生来就有一种生存欲，占有欲，性欲，以及爱、恶、怜、惧等情感，本着自然倾向，它们都需要活动，需要发泄，但在实际生活中，它们不但彼此互相冲突，且受道德、宗教、法律、习俗等的约束。最显著的如情欲，本来是人的本能冲动，但向来是被认为卑劣的，不道德的勾当，硬要使它压抑下去，成为精神上的病态。有时因恋爱失败，受了极度的刺激，因为情感无法发泄就忧郁起来，甚至变成疯狂，此种情形，都可借文学艺术等的美感作用而发泄。所以说艺术有解放情感的功用，而解放情感就是维持心理健康的良剂，我们平常说"精神要有所寄托"，艺术便是寄托精神最好的处所。

其次我们要说的：通常一个人往往被现实世界所围住；就是一个人往往在狭窄的现实世界的圈套里面，而没有勇气跳出去看看美丽的另一世界，于是除了饮食、男女、奔走、钻营、欺诈、争夺等等之外，便别无所见，所以人生只有悲苦烦恼，人生也便没有什么意义了。现在有许多人总嫌生活枯燥烦闷无聊，其大原因就在被围在现实世界而不到想像的世界里去观赏观赏。这所谓想像的世界非他，即是艺术的世界。故无论何人，要充实他的人生，应该有艺术的修养，使解放他的眼界。苏东坡说人之忧乐在乎游于物之内，或游于物之外，所谓游于物之外，就是能离开现实世界而暂进入于想像世界，眼界解放，人便觉乐。我们称赞诗人有所谓"超然物表"之语，这就是因为诗人有艺术的修养，故能"游于物之外"。

还有一点：我们再来应用苏东坡的两句话："人之所欲无穷，而物之可以足吾欲者有尽"。这就是说自然界中的物质，是有限的，而人之欲望无餍，所以总觉不满足，不自由，不如意。因为在自然圈套中求征服自然，终自困难；但是精神方面，人可以征服自然，他可在世界之外，另在想像中造出合理慰情的世界，这就是艺术的创造。人在自然世界是自然的奴隶，在创造艺术、欣赏艺术时，人是自然的主宰。多受些艺术的修养，在想像的世界里，人可以解除物质限制的苦痛，人由奴隶而变为主宰，人才感觉他自己的尊严。

许多人以为艺术是艺术家所专有的。与一般人没有什么关系，这是没有了解艺术。现代人实在太热衷于物质而忽略心灵的修养，在教育方面也不曾深切注意到这样的教育，美感教育。长此以往，人类将沉湎于罪恶的世界中而不能自拔，这是多么可悲的事情。我们觉得人自己尊称为"万物之灵"。应该和禽兽有些分别，应该注意一点心灵上的修养。"人之异于禽兽者几希。"一不小心，就会和禽兽同化的。讲到心灵的修养，固然是多方面的，而以艺术的功效为尤大。因为艺术，它可以安慰我们的情感，它可以启发我们的牺牲，它可以洗涤我们的胸襟；艺术它可以伸展同情，扩充想像，增加对于人情物理的深广真确的认识，所以真正有艺术修养的人，他的感情一定比较真挚，他的感觉一定比较锐敏，他的观察一定比较深刻，他的想像一定比较丰富；他能见到广大的世界，而引人也进于这世界里来观赏一切。假如人们多少能加以这艺术美的浸润，至少可以改正些醉生梦死的生活，革除些苟且敷衍的习性，打破些自私自利的企图，纠正些纷歧错离的思想。

我们看看这个世界，看看这个社会，看看这人类，何等忧愁，何等惨苦，今后我们应该用宗教徒的精神，大家来宣扬这点意义，普渡人类到想像的世界，来拯救人生！

原载1946年《新中国月报》第1卷第2期

艺术与国家

郁达夫

现在的国家，大抵仍复是以国家为本位的国家。军国主义，国家主义，仍复同从前一样的在流行着。表面上虽则有什么国际联盟，军备限制会议等虚文，但现在实际上在那里从事于政治，思为国家竭忠诚的人，那一个不想把国家弄强大来？所以国富的堆积，和兵力的增加，在开明的今日，还依然是国家的唯一理想。国家因为要达到这兵强国富的目的，就不惜牺牲个人，或牺牲一群人，来作它的手段，所以在国家之前，个人就不能主张他的权利。我们生来个个都是自由的，国家偏要造出监狱来幽囚我们。我们生来都是没有污点，可以从心所欲，顺着我们的意志作为的，国家偏要造出法律来，禁止我们的行动。我们生来都是平等，可以在一家之内如兄如弟的过去的，国家偏要制出许多令典来，把我们一部分的同胞置之上位，要求我们的尊敬和仕奉，同时又把我们一部分的同胞，置之极处，要我们拿了刀去杀他们，或者用了刑具去虐待他们；终究使我们本来是平等的同胞里头，不得不生出许多阶级来。

斯巴达的尊崇蛮武，是国家主义侵蚀艺术的最初的记录，近世如克郎威儿（Cromwell）的清教徒式的专制，俾斯麦克（Bismarck）的铁血政治，都是表明国家主义与艺术的理想，取两极端的地位。因为艺术的理想，是赤裸裸的天真，是中外一家的和平，是如火焰一般的正义心，是美的陶醉，是博大的同情，是忘我的爱。

第一，我们先把真字拿出来讲罢。艺术的价值，完全在一真字上，是古今中外一例通称的。无论是文学、美术，或音乐，当堕入衰运，流于淫靡的时期，对此下一棒喝的就是"归向自然""回到天真"上去的一个标语。大凡艺术品，都是自然的再现。把捉自然，将自然再现出来，是艺术家的本分。把捉得牢，再现得切，将天真赤裸裸的提示到我们的五官前头来的，便是最好的艺术品。赋述山川草木的尉迟渥斯（Wordsworth）的诗，描写田园清景的密莱（Millet）的画，和疾风雷雨一般的悲多纹（Beethoven）的音乐，都是自然的一部分，都是天真，没有丝毫虚伪假作在内的。真字在艺术上是如何的重要，可以不用再说了。现在要说到国家是怎么样呢？在我们日常所知道的情形上看来，国家为要达到它的目的，最忌的是说真话。明明国民是瘦弱得不堪了，偏要使肥者应客，示以绰绰的态度。明明是兵残矢尽了，偏要大开城门，使敌人疑有伏兵，不敢进来。马克阿凡利（Machiavelli）的君主论，孙子的兵法，所力说的，就是欺诈两字。号召中原，得天下于马上者，大抵是善用欺诈的无赖之徒。外国史不必去说它，把中国的历史上大家所知道的事实来一看，我们就可以知道真诚者都不得不失败，而成功的都是些虚伪的人。以项王之直率痛快而自刎于乌江，市井无赖的亭长刘季倒得了天下。以仁慈忠厚之刘璋而安身无地，狡狯诈假的刘备，反得独霸西川。宋太祖以狡诈而得天下于孤儿寡妇之手；陈友谅以欺诈不如朱元璋而败死于鄱阳湖上。真诚与诈伪，这便是古代及现代的国家主义，和艺术不能融合的最大要点。

第二，爱和平，是艺术的内包性，艺术与和平实互相为因果的。艺术之发育，大抵在太平之世，艺术的理想是永久的和平。但当黑暗时代，因艺术的复兴，每有惹起大战的惨剧者，这又怎么说呢？是的，这是最易混乱我们视听的一点，不过我们须知战争是黑暗时代的整理，是由黑暗而趋向光明的过渡波浪，艺术是引到光明路上去的一颗明星。所以表面上观察起来，好像这颗引路的明星，倒与兴乱的林禽一样，但实际上战争是必不能免的一种整理事业，却与艺术的理想相反的。因文艺复兴而惹起的宗教战争，因启蒙哲学而发动的革命战争，并不是艺术的理想，不过是艺术为要达到彼岸去的原因，不得不过的一个过程。并且在这过程之中，实际促成战争的主因，还是国家主义的野心，所以战争与和平，便是国家与艺术所持的两极端的理想。

第三，就正义说来，国家所标榜的正义，并不是亘古不变的普通的正义，不过是一种以国家为中心的偏见。两国开战的时候，参战者互相诋斥的根据，不消说是虚伪的正义的呼声了，就是一国内的法律道德，和本来是为保持正义而创设的制度，那一种不完全是欺诈、繁文？我们读过《南华经》的人，大约都该注意到的，庄子不在说么？"窃钩者诛，窃国者侯，侯之门仁义存焉。"盗国的大盗，反而受世人的尊敬，为饥寒所迫，窃取一块面包，倒要被法律问罪。啊啊，现在的法律，都是国家为自家的便利而设的禁令，那里有丝毫正义在内呢？我们读到于俄（Victor Hugo）的《哀史》（*Les Misérables*），和告儿斯渥西（John Galsworthy）的戏剧《正义》（*Justice*），就可以知道国家的法律和法律所标榜的正义为何物了。像这样的法律，像这样的正义，是艺术断不能容认，非要打破不可的。

　　最后我们要讲到艺术的最大要素，美与感情上去了。艺术所追求的是形式和精神上的美。我虽不同唯美主义者那么持论的偏激，但我却承认美的追求是艺术的核心。自然的美，人体的美，人格的美，情感的美，或是抽象的悲壮的美，雄大的美，及其他一切美的情素，便是艺术的主要成分。德国人至定美学定义为"Wissenschaft des Schöenen und der Kunst"（美与艺术的科学），即此我们就可以看出美与艺术的关系如何了。艺术对于我们所以这样重要者，也只因为我们由艺术可以常常得到美的陶醉，可以一时救我们出世间苦（Weltschmerz），而入于涅槃（Nirvana）之境，可以使我们得享乐我们的生活。艺术的第二要素，就是情感，同情和爱情，都是包括在情感之内的。艺术中间美的要素是外延的，情的要素是内在的，拉弗爱儿（Raphael）的Madonna的丰丽的肉体，光艳的色彩，是美的要素的实现；她的灵通透彻的瞳神，由这瞳神而表现出来的情热，是情的要素的结晶。美与情感，对于艺术，犹如灵魂肉体，互相表里，缺一不可的。然则国家对他们的态度如何呢？

　　国家对于"美"完全是麻木的。不管它是达文齐（Da Vinci）的建筑，或是罗潭（Rodin）的雕刻，战争的时候，炮弹飞来，便玉石俱焚，不留灰烬。天然的美景和丛残的古迹，国家因为要达到它自家的目的，掘堑壕，装炮架，便一扫而尽，也有所不辞。现代的国家，虽也注意到都会的美观，设立起美术院博物馆公园等装饰品来，但在阿房宫里起居的政治家，那里能够想到在同猪圈似的贫民窟里的一道阳光，便是美的极致，和平寂静的乡村的午后，便是一幅古今来最大的图画呢？与近代的国家主义相依为命的资本主义,更是自然的破坏者。好好的一处山水,资本家要用了他们的恶钱来开发,或在山水隈中,造一个巨大的tank,或在平绿的原头,建一所压人的工场。这工场、tank 的腹中,不但要把天然的美景,吸收得无余,就是附近的居民的财帛和剩余的劳银,也要全部被吸收过去,卒至许多的居民,就不得不妻离子散,变成 pauper(贫贱民?),小家庭的和爱的美感,和父子、兄弟、姊妹、夫妻、朋友中间流贯的热情,同时都不得不被一网打尽。所以资本主义和艺术是势不两立的。

艺术是弱者的同情者,是爱情的保护者。没有国境的差别,不问人种的异同。这博大的爱在近代的艺术界上所现出的活剧如何,是大家所知道的。但是国家对于这博大的爱,如何的在逼迫仇视,却是大家所不知道的。国家的法律,系为保护少数强者而设,多数的弱者反不得不受法律的压制。拿破仑杀死了数千万人,人还称他作英雄,Dostoyevski 的小说里的主人公 Raskolnikov 为想满足他的纯洁的爱情,杀死了一个人面兽心的动物,国家要罚他的罪。古代的国家且有禁止两国间男女结婚的法律,违反者要处以死刑。我们试思神圣的男女中间的爱情,是不是可以用几条腐朽的法律来规定的?现在幸而这种无常识的法律日渐稀少了,但是以文明先进国自命的英美,在国籍法上,仍旧还留着这种条例。这些爱情上的枷锁,都是因为有国家存在那里,总能发生出来的国际的偏见。要是现在地球上的国家,一时全倒毁下来,另外造成一个完全以情爱为根底的理想的艺术世界的时候,我怕非但这种不通的法律不能存在,就是许多因国际的偏见而发生的误解,也可以一扫而尽哩!国际间的事情,且不必去说它,我们就以中国的情形说罢,"天理国法人情"是中国的传统的概念。大抵的执法者多以情在法后为言,"执法如山""铁面无情",便是执法者的招牌。我们试思在这保护少数强者的法律之下,要把我们的情感杀死,顺凭这万恶的法律来处置我们,是不是可通的事情?又何况乎现在的中国,法律堕落得比前更甚的时候呢?

综以上所说,现代的国家是和艺术势不能两立的。目下各国的革新运动,都在从事于推翻国家,推翻少数有产阶级的执政,我确信这不断的奋进,必有实现的一天。地球上的国家倒毁得干干净净,大同世界成立的时候,便是艺术的理想实现的日子。

1923 年 6 月 17 日

原载 1923 年 6 月 23 日《创造周报》第 7 号

文艺赏鉴上之偏爱价值

郁达夫

有一种货物,对于一般人,并没有什么价值,而对于一定之个人,却有绝大的价值的。这一种价值,在经济学的价值论里,有一个专门名词,即所谓偏爱价值（Affektionswert）者是。例如祖先的图像,对于社会上之最大多数者,并没有什么价值之可言,但对其子孙则可成为无价之宝。这一种偏爱价值,在文艺赏鉴上也有的,不过我在此地所说的,是广义的偏爱价值,她的意义并不是同经济学上那么范围狭小。

我们没有讲到偏爱价值之先,要把各派对于文艺赏鉴的心理和标准的意见来介绍一下。

从来讲艺术赏鉴的心理者,可分两派。一派主张认识与自觉为美的赏鉴的不可分的要素,吾人之意志与意欲,当赏鉴艺术的时候,非绝对排除不可的。叔本好惠儿（Schopenhauer）的主张,就是如此。他所说的认识,并非是个个物象之认识,乃是泊拉东（Platon）所说的概念（Idea）的纯粹认识,而自觉便是不把意志混入的纯粹认识的主体。这一派的主张,再简单一点译述出来,就是说吾人的意志意欲,是贪婪无厌,打算利害,俗不可耐的一种作用。吾人因外的原因或内的兴调（stimmung）的影响,完全脱离了这一种意志意欲的作用,纯粹没入于一种美的对象之内,现出一种平静，安快，无苦的状态时，才是美的赏鉴的真境地。换一句话说，这就是"忘我"的主张，要把"我"忘了，使他完全浸溶于纯粹客观的对象之中，才可说到艺术的赏鉴。譬如我们看《桃花扇》的时候，要完全把我们自家忘了，使我们自家先变成了多情多感的侯公子，返到明末的时候，往来于秦淮水榭，与侯生丝毫不变的感到那些悲欢离合的情景，方可说是赏鉴了《桃花扇》。这种主张也可以说是以对象为标准的客观的艺术赏鉴说，确有一面的真理包含在里头。但是我们平时赏鉴艺术，总不能完全把自我忘了，总不能达到这个恍惚之境。并且同是一本《桃花扇》，有人看之能同李香君侯朝宗一样的哭一样的笑，但另一个人看之觉得远不如《琵琶记》的可歌可泣。所以近代的美学家立泼斯（Lipps）又唱了一种主观的感情移入（Einfuehlung）说，来代替这种纯客观的主张。这一派的主张可说是以自我为中心的主观的艺术赏鉴论。它的大意是说，一切的对象，都须经自我的陶冶才有生命，我们之所以能够感得对象的生命和活动者，因为是我们有生命的活动的缘故。譬如我们在快乐的时候，看一切事物，都觉得快乐，反之我们觉得忧郁的时候，看一切快乐都也忧郁。所以非薄命的女子，不能为冯小青陨伤心之泪，非落拓的文人，不能为韦痴珠兴末路之悲。一种风雅的古董，贩卖古董的商人见之，并不能起美感，而专嗜古玩者见之觉得要距跃三百。总之依这一派说来，艺术品的赏鉴，要把我们的主观，参入于对象之中，不使我们的主观消灭，而使我们的主观在对象内生活着，活动着，方能完成赏鉴的本职。至于利害关系，现实观念，在艺术赏鉴上，当然是大有害的，断不能在纯粹的艺术赏鉴的心里，留剩些儿影子。若叔本好惠儿所说的意志意欲的排除，也意尽于此，那这一点的主张，却是两派所共通的。

这二派的主张，依我看来，都是真理，我不能说谁是谁非。因为叔本好惠儿所说的境地，却是吾人时时感到的境地，而立泼斯的主张，也是吾人日常所经验着的。我这一篇文字并不想来讨论艺术赏鉴的心理和标准，所以我在此地，不下断语了，马上就讲到本题上去。

文艺赏鉴上的偏爱价值，完全是一种文艺赏鉴者的主观的价值。这种价值并不能作文艺批评的标准的，但在爱好文艺的赏鉴者中，却是很普通的一种心理。我在此地所要说的，不是对于这种价值的批判，却是这种价值的心理的研究。

文艺赏鉴上的偏爱价值可分三种，一是病的心理的偏爱，二是趣味性格上的偏爱，三是一般的偏爱。第一种偏爱的发生，与神经衰弱症，世纪病，有同一的原因，大凡现代的青年总有些好异，反抗，易厌，情热，疯狂，及其他的种种特征。因这几种特征的结果，一般文艺爱好者，遂有一种反对一般趣味，走入偏僻无人的路里去的倾向，偏爱价值就于是乎出生了。

好异和反抗的心思是人人都有的，伊甸园里的亚当，偷吃智慧树的果子，就是这种心思的流露。不过现代的人，藏有这种心思，更加热烈，所以我们老有与一般大势逆行的举动。譬如大家都在读《红楼梦》，说《儒林外史》的时候，我们就不愿意去接近这两部书，想另外去找一部新异的书来，代替它们。万一另外寻着了一本倾向完全都与那两部书相反，而能满足我们的欲望于十分之一者，我们就马上把这一部书的价值看得很高。当清朝亡国的时候，北京六部的员司，在朝房里所讲的只是黛玉怎么怎么，宝钗怎么怎么，而西洋小说的译本，却盛行于此时，就是这种现象。

喜新厌旧，也是一般的心理，不过现代人的易厌，喜变换，却是一种世纪末特有的现象。所以平时我们所习见，而一般人在那里诵读的文艺，我们因为听得不耐烦了，每不喜欢去看，要另外去求新奇的作品。这一种心理，非但于偏爱价值之发生，有绝大的关系，就是于促进新文学运动的方面，也有绝大的供献。譬如自然主义极盛的时候，大家觉得平铺直叙的作品太多了，就生了厌烦的心思，想去另辟一个途径，于是乎新浪漫派，颓废派，象征派的艺术，就生出来了。

热情的亢进和疯狂的症候，是现代人谁也免不了的，一边我们虽有同木偶那般无感觉的时候，但一边我们的热情若得了对象，就热狂起来，有移山倒海之势。所以我们看到了一种文艺作品，觉得这作品的气脉，有与我们的心灵吻合的时候，就一往情深的称赞个不了，实际上这一部书的价值也许不十分大的，而我们非要置之荷马、莎士比亚、莫里哀等的著作之上不可。

第二种的偏爱价值，是由于吾人的趣味性格而发生的。譬如放浪于形骸之外，视世界如浮云的人，他视法国高蹈派诗人，和我国的竹林七贤，必远出于《神曲》的作者及屈原之上。性喜自然的人，他见了自然描写的作品，就不忍释手。喜欢旅行的人，他的书库里，必多游记地志。贫苦的人当然爱读描写贫苦的作品，贵族当然爱读幽雅的创作，这一种偏爱价值，是显而易见，且是吾人日常所经验的一定的倾向，我在此地不多说了。

第三种的偏爱价值是一般的偏爱现象，严格的看起来，本不能称为偏爱的，譬如我们因为年龄和周围的关系，有时喜欢这一流，有时喜欢那一流的作品。这一种倾向当一定的年纪，在一定的范围内，谁也是一样的，所以与其说是偏爱，还不如说普通的好。现在我把几个重要的现象举在下面：

栖息于二十世纪的地球上的人类，大抵以对现状抱着不满者居多。而此不满之发生，又是因为现在经济社会组织之不良。所以对现实社会反抗的文艺作品，描写被压迫者及贫人的生活的作品，偏爱价值比绝对价值大。

我们的习性，大抵昵近而疏远，凡与我们有时间与空间的隔阂的作品，其偏爱价值比绝对价值小。

悲剧比喜剧偏爱价值大。因为这世上快乐者少，而受苦者多。且现代人都带有厌世的色彩，而以血气方刚的青年为尤甚。

性欲和死，是人生的两大根本问题，所以以这两者为材料的作品，其偏爱价值比一般其他的作品更大。俄国的小说，差不多没有一篇不讲恋爱和死，所以我们见到俄国的小说，就想翻开来读。

以年龄为标准，吾人一般的倾向，偏爱对象一生中有三四次移易。第一少年时代爱侦探冒险的作品，第二青年时代爱恋爱的作品，第三中年时代爱描写人生疾苦的作品，最后老年时代爱回忆的哲学的神秘的作品。

以人性为标准，女性所爱的是和平优美的作品，男性所爱的是深刻彻底的艺术，这并不是由于教育的区别而生的偏爱，却是性格不同的缘故。

文艺赏鉴上的偏爱价值，在正则的文艺批评上，本来是有害而无益的，不过我们当读坎坷不遇的批评家所作的坎坷不遇的文人的批评时，每有不得不为感动，甚至有为流涕太息的地方，因此我们可以知道偏爱价值是情意的产物，不是理智的评定。例如贾生的评屈原，喀拉衣儿的评彭思（Carlyle : Essay on Bums）都是如此。所以我敢说对于文艺作品，不能感得偏爱者，就是没有根器的人，像这一种人是没有赏鉴文艺的资格的。

原载 1923 年 8 月《创造周报》第 14 号

山水及自然景物的欣赏

郁达夫

自从亚里士多德的文学模仿论创定以来，以为诗的起源是根据于模仿本能的学说，到现在还没有绝迹；论客的富有独断性者，甚至于说出"所有的艺术，都是自然的模仿；模仿得像一点，作品就伟大一点，文学是如此，绘画亦如此，推而至于音乐，舞蹈，也无一不如此"等话来。这句话，虽则说得太独断，太笼统；但反过来说，自然景物以及山水，对于人生，对于艺术，都有绝大的影响，绝大的威力，却是一件千真万确的事情；所以欣赏山水以及自然景物的心情，就是欣赏艺术与人生的心情。

无论是一篇小说，一首诗，或一张画，里面总多少含有些自然的分子在那里；因为人就是上帝所造的物事之一，就是自然的一部分，决不能够离开自然而独立的。所以欣赏自然，欣赏山水，就是人与万物调和，人与宇宙合一的一种谐合作用，照亚里士多德的说法，就是诗的起源的另一个原因，喜欢调和的本能的发露。

自然的变化，实在多而且奇，没有准备的欣赏者，对于他的美点也许会捉摸不十分完全的；就单说一个天体罢，早晨的日出，中午的晴空，傍晚的日落，都是最美也没有的景象；若再配上以云和影的交替，海与山的参错，以及一切由人造的建筑园艺，或种植畜牧的产物，如稻麦、牛羊、飞鸟、家畜之类，则仅在一日之中，就有万千新奇的变化，更不必去说暗夜的群星，月明的普照，或风、雷、雨、雪的突变，与四季寒暖的更迭了。

我们人类，大家都有一种特性，就是喜新厌旧，每想变更的那一种怪习惯；不问是一个绝色的美人，你若与她日日相对，就要觉得厌腻，所以俗语里有"家花不及野花香"的一句；或者是一碗最珍贵最可口的菜，你若每日吃着，到了后来，也觉得宁愿去换一碗粗肴淡菜来下饭；唯有对于自然，就决不会发生这一种感觉，太阳自东方出来，西方下去，日日如此，年年如此，我们可没有听见说有厌看白天晚上的一定轮流而去自杀的人。还有月亮哩，也是只在那么循行，自有地球有人类以来的一套老调，初一出，月半圆，月底全没有，而无论哪一处的无论哪一个人，看了月亮，总没有不喜欢的，当然瞎子又当别论了。自然的伟大，自然的与人类有不可须臾离的关系，就此一点也可以看出来了，这就是欣赏自然景物的人类的天性。

欣赏自然景物的本能，是大家都有的；不过有些人忙于衣食，不便沉酣于大自然的美景，有些人习以为常了，虽在欣赏，也没有欣赏的自觉，因而使一般崇拜自然美的人，得自命为雅士，以为自然景物，就只为了他们少数人而存在的。更有些人，将自然范围限制得很小，以为能如此这般的欣赏，自然景物就尽在他们的囊中了。下边的四首歌曲和一张节目，就是这些雅士们的欣赏自然的极致，我们虽则不能事事学他们，但从小处也可以见大，倒未始不是另一种欣赏自然景物的规范。

山居自乐

四季之歌见乾隆

无名氏

爱山居,春色佳,有桃花有杏花;绿杨深处莺儿骂,天阴草色连云暖,夜静花阴带月斜。兴来时,醉倒荼蘼下:这是俺山中和气,岂恋他金谷繁华?(春)

爱山居,夏日长,抚苍松坐翠篁;难逢不用蒲葵扇,放开短发迎朝爽,洗涤尘襟纳晚凉。竹方床,一枕清无汗,这是俺山中潇洒,岂恋他束带矜庄?(夏)

爱山居,秋月清,白蘋洲红蓼汀;芳菲黄菊开三径,风前倚石吹长笛,月下焚香抚玉琴。木兰花,坠露朝堪饮;这是俺山中雅淡,岂恋他人世红尘?(秋)

爱山居,冬景余,掩柴门著道书;红炉榾柮煨山芋,开窗积雪千峰白,绕屋梅花几树疏。兴来时,驴背闲寻句;这是俺山中冷趣,岂恋他车马驰驱?(冬)

明高濂雅尚斋四时幽赏目录

孤山月下看梅花。八卦田看菜花。虎跑泉试新茶。保俶塔看晓山。西溪楼啖煨笋。登东城望桑麻。三塔基看春草。初阳台望春树。山满楼观柳。苏堤看桃花。西泠桥玩落月。天然阁上看雨。(以上春时幽赏)

苏堤看新绿。东郊玩蚕山。三生石谈月。飞来洞避暑。压堤桥夜宿。湖心亭采莼。晴湖视水面流虹。山晚听轻雷断雨。乘露剖莲涤藕。空亭坐月鸣琴。观湖上风

雨欲来。步山径野花幽鸟。（以上夏时幽赏）

西泠桥畔醉红树。宝石山下看塔灯。满家巷赏桂花。三塔基听落雁。胜果寺月岩望月。水乐洞雨后听泉。资岩山下看石笋。北高峰顶观云海。策杖林园访菊。乘舟风雨听芦。保俶塔顶观海日。六和塔夜玩风潮。（以上秋时幽赏）

湖东初晴远泛。雪霁策蹇寻梅。三节山顶望江天雪霁。西溪道中玩雪。山头玩赏茗花。登眺天目绝顶。山居听人说书。扫雪烹茶玩画。雪夜煨芋谈禅，山窗听雪敲竹。除夕登吴山看松盆，雪后镇海楼观晚炊。（以上冬时幽赏）

（录自西湖集览）

这些原也不免有点过于自命风雅，弄趣成俗之嫌；可是对于有些天良丧尽、人性全无的衣冠禽兽，倒也可以给他们一个警告，教他们不要忘掉自然。我从前在北平的时候，就有一位同事，是专门学法律的人，他平时只晓得钻门路，积私财，以升官发财为唯一的人生乐趣，你若约他上中央公园去喝一碗茶，或上西山去行半日乐，他就说这是浪漫的行径，不是学者所应有的态度。现在他居然位至极品，财积到了几百万了，但闻他唯一娱乐，还是出外则装学者的假面，回家则翻存在英国银行里的存折，对于自然，对于山水，非但不晓得欣赏，并且还是视若仇敌似的。对于这一种利欲熏心的人，我以为对症的良药，就只有一服山水自然的清凉散，到这里，前面所开的那两个节目，倒真合用了；因为山水、自然，是可以使人性发现，使名利心减淡，使人格净化的陶冶工具。我想中国贪官污吏的辈出，以及一切政治施设都弄不好的原因，一大半也许是在于为政者的昧了良心，忽略了自然之所致。

自然景物所包涵的方面，原是极博大、极广阔的；像上面所说的天地岁时、社会人事，静而观之，无一不是自然，无一不可以资欣赏，但这却非要悠闲自得，像朱夫子那样的道学先生才办得到；至于我们这种庸人，要想得到些自然的美感，第一，还是上山水佳处去寻生活，较为直截了当；古今来，闲人达士的游山玩水的习惯的不易除去，甚至于有渴慕烟霞成痼疾的原因，大约总也就在这里。

大抵山水佳处，总是自然景物的美点发挥得最完美、最深刻的地方。孔夫子到了川上，就觉悟到了他的栖栖一代，猎官求仕之非；太史公游览了名山大川，然后才死心塌地，去发愤而著书。可知我们平时所感受不到的自然的威力，到了山高水长的风景聚处，就会得同电光石火一样，闪耀到我们的性灵上来；古人的讲学读书，以及修真求道的必须要入深山傍大水去结庐的理由，想来也就在想利用这一点山水所给与人的自然的威力。

我曾经到过日本的濑户内海去旅行，月夜行舟，四面的青葱欲滴，当时我就只想在四国的海岸做一个半渔半读的乡下农民；依船楼而四望，真觉得物我两忘，生死全空了。后来也登过东海的崂山，上过安徽的黄山，更在天台雁荡之间，逗留过一段时期，每到一处，总没有一次不感到人类的渺小，天地的悠久的；而对于自然的伟大，物欲的无聊之念，也特别的到了高山大水之间，感觉得最切。所以要想欣赏自然的人，我想第一着还是先上山水优秀的地方去训练耳目，最为适当。

从前有一个赞美英国19世纪的那位美术批评家拉斯肯的人说，他在没有读过拉斯肯以前，对于绘画，对于蒙勃兰高峰的积雪晴云，对于威尼斯，弗露兰斯的壁画殿堂，犹如瞎子，读了之后，眼就开了。这话对于高深的艺术品的欣赏，或者是真的，但对于自然美，尤其是山水美的感受，我想也未必尽然。粗枝大略的想欣赏自然，欣赏山水，不必要有学识、有鉴赏力的人才办得到的；乡下愚夫愚妇的千里进香，都市里寄住的小市民的窗槛栽花，都是欣赏自然的心情的一丝表白。我们只教天良不泯，本性尚存，则但凭我们的直觉，也就尽够做一个自然景物与高山大水的初步欣赏者了。

原载郁达夫著《闲书》，上海良友复兴图书印刷公司1936年版

文学的美

——读 Puffer 的《美之心理学》

朱自清

美的媒介是常常变化的,但它的作用是常常一样的。美的目的只是创造一种"圆满的刹那";在这刹那中,"我"自己圆满了,"我"与人,与自然,与宇宙,融合为一了,"我"在鼓舞,奋兴之中安息了。(Perfect moment of unity and self-completeness and repose in excitement)我们用种种方法,种种媒介,去达这个目的:或用视觉的材料,或用听觉的材料……文学也可说是用听觉的材料的;但这里所谓"听觉",有特殊的意义,是从"文字"听受的,不是从"声音"听受的。这也是美的媒介之一种,以下将评论之。

一

文学的材料是什么呢?是文字?文字的本身是没有什么的,只是印在纸上的形,听在耳里的音罢了。它的效用,在它所表示的"思想"。我们读一句文,看一行字时,所真正经验到的是先后相承的,繁复异常的,许多视觉的或其他感觉的影像

（Image），许多观念、情感、论理的关系——这些一一涌现于意识流中。这些东西与日常的经验或不甚相符，但总也是"人生"，总也是"人生的网"。文字以它的轻重疾徐，长短高下，调节这张"人生的网"，使它紧张，使它松弛，使它起伏或平静。但最重要的还是"思想"——默喻的经验；那是文学的材料。

现在我们可以晓得，文字只是"意义"（Meaning）；意义是可以了解，可以体验（Lived through）的。我们说"文字的意义"，其实还不妥当；应该说"文字所引起的心态"才对。因为文学的表面的解说是很薄弱的，近似的；文字所引起的经验才是整个的，活跃的。文字能引起这种完全的经验在人心里，所以才有效用；但在这时候，它自己只是一个机缘，一个关捩而已。文学是"文字的艺术"（Art of words）；而它的材料实是那"思想的流"，换句话说，实是那"活的人生"。所以 Stevenson 说，文学是人生的语言（Dialect of Life）。

有人说，"人生的语言"，又何独文学呢？眼所见的诸相，也正是"人生的语言"。我们由所见而得了解，由了解而得生活；见相的重要，是很显然的。一条曲线，一个音调，都足以传无言的消息；为什么图画与音乐便不能做传达经验——思想——的工具，便不能叫出人生的意义，而只系于视与听呢？持这种见解的人，实在没有知道言语的历史与价值。要知道我们的视与听是在我们的理解（Understanding）之先的，不待我们的理解而始成立的；我们常为视与听所左右而不自知，我们对于视与听的反应，常常是不自觉的。而且，当我们理解我们所见时，我们实已无见了；当我们理解我们所闻时，我们实已无闻了：因为这时是只有意义而无感觉了。虽然意义也需凭着残留的感觉的断片而显现，但究非感觉自身了。意义原是行动的关捩，但许多行动却无需这个关捩；有许多熟练的，敏速的行动，是直接反应感觉，简截不必经过思量的。如弹批亚娜，击剑，打弹子，那些神乎其技的，挥手应节，其密如水，其捷如电，他们何尝不用视与听，他们何尝用一毫思量呢？他们又那里来得及思量呢？他们的视与听，不曾供给他们以意义。视与听若有意义，它们已不是纯正的视与听，而变成了或种趣味了。表示这种意义或趣味的便是言语；言语是弥补视与听的缺憾的。我们创造言语，使我们心的经验有所托以表出；言语便是表出我们心的经验的工具了。从言语进而为文字，工具更完备了。言语文字只是种种意义所构成；它的本质在于"互喻"。视与听比较的另有独立的存在，由它们所成的艺术也便大部分不须凭借乎意义，就是，有许多是无"意义"的，价值在"意义"以外的。文字的艺术便不然了，它只是"意义"的艺术，"人的经验"的艺术。

还有一层，若一切艺术总须叫出人生的意义，那么，艺术将以所含人生的意义的多寡而区为高下。音乐与建筑是不含什么"意义"的，和深锐、宏伟的文字比较起来，将沦为低等艺术了？然而事实决不如是，艺术是没有阶级的！我们不能说天坛不如《离骚》，因为它俩各有各的价值，是无从相比的。因此知道，各种艺术自有其特殊的材料，决不是同一的，强以人生的意义为标准，是不合式的。音乐与建筑的胜场，决不在人生的意义上。但各种艺术都有其材料，由此材料以达美的目的，这一点却是相同的。图画的材料是线、形、色；以此线线，形形，色色，将种种见相融为一种迷人的力，便是美了。这里美的是一种力，使人从眼里受迷惑，以渐达于"圆满的刹那"。至于文学，则有"一切的思想,一切的热情,一切的欣喜"作材料,以融成它的迷人的力。文学里的美也是一种力,用了"人生的语言",使人从心眼里受迷惑,以达到那"圆满的刹那"。

二

由上观之,文字的艺术,材料便是"人生"。论文学的风格的当从此着眼。凡字句章节之所以佳胜,全因它们能表达情思,委曲以赴之,无微不至。斯宾塞论风格哲学(Philosopsy of style),有所谓"注意的经济"(Economy of Attention),便指这种"文词的曲达"而言;文词能够曲达,注意便能集中了。裴德(Pater)也说,一切佳作之所以成为佳作,就在它们能够将人的种种心理曲曲达出;用了文词,凭了联想的力,将这些恰如其真的达出。凡用文词,若能尽意,使人如接触其所指示之实在,便是对的,便是美的。指示简单感觉的字,容易尽意,如说"红"花,"白"水,使我们有浑然的"红"感,"白"感,便是尽意了。复杂的心态,却没有这样容易指示的。所以莫泊桑论弗老贝尔说,在世界上所有的话(Expressions)之中,在所有的说话的方式和调子之中,只有"一种"——一种方式,一种调子——可以表出我所要说的。他又说,在许多许多的字之中,选择"一个"恰好的字以表示"一个"东西,"一个"思想;风格便在这些地方。是的,凡是"一个"心态或心象,只有"一"字,"一"句,"一"节,"一"篇,或"一"曲,最足以表达它。

文字里的思想是文学的实质。文学之所以佳胜,正在它们所含的思想。但思想非文字不存,所以可以说,文字就是思想。这就是说，文字带着"暗示之端绪"（Fringe of suggestion），使人的流动的思想有所附着，以成其佳胜。文字好比月亮，暗示的端绪——即种种暗示之意——好比月的晕；晕比月大，暗示也比文字的本义大。如"江南"一词，本意只是"一带地方"；但是我们见此二字，所想到的决不止"一带地方，在长江以南"而已，我们想到"草长莺飞"的江南，我们想到"落花时节"的江南，我们或不胜其愉悦，或不胜其怅惘。——我们有许多历史的联想，环境的联想与江南一词相附着，以成其佳胜。言语的历史告诉我们，言语的性质一直是如此的。言语之初成，自然是由摹仿力（Imitative power）而来的。泰奴（Talne）说得好：人们初与各物相接，他们便模仿他们的声音；他们撮唇，拥鼻，或发粗音，或发滑音，或长，或短，或作急响，或打胡哨。或翕张其胸膛，总求声音之毕肖。

文字的这种原始的摹仿力，在所谓摹声字（Onomatopoetic words）里还遗存着；摹声字的目的只在重现自然界的声音。此外还有一种摹仿，是由感觉的联络（Associations of tsensations）而成。各种感觉，听觉，视觉，嗅觉，触觉，运动感觉，有机感觉，有许多公共的性质，与他种更复杂的经验也相同。这些公共的性质可分几方面说：以力量论，有强的，有弱的；以情感论，有粗暴的，有甜美的……如清楚而平滑的韵，可以给人轻捷和精美的印象（仙，翩，旋，尖，飞，微等字是）；开阔的韵可以给人提高与扩展的印象（大，豪，茫，修，张，王等字是）。又如难读的声母常常表示努力，震动，猛烈，艰难，严重等（刚，劲，崩，敌，窘，争等字是）；易读的声母常常表示平易，平滑，流动，温和，轻隽等（伶俐，富，平，袅，婷，郎，变，娘等字是)。

以上列举各种声音的性质，我们要注意，这些性质之不同，实由发音机关动作之互异。凡言语文字的声音，听者或读者必默诵一次，将那些声音发出的动作重演一次——这种默诵，重演是不自觉的。在重演发音动作时，那些动作本来带着的情调，或平易，或艰难，或粗暴，或甜美，同时也被觉着了。这种"觉着"，是由于一种同情的感应（Sympathetic induction），是由许多感觉联络而成，非任一感觉所专主；发音机关的动作也只是些引端而已。和摹声只系于外面的听觉的，繁简过殊。但这两种方法有时有联合为一，如"吼"字，一面是直接摹声，一面引起筋肉的活动，暗示"吼"动作之延扩的能力。

文字只老老实实指示一事一物，毫无色彩，像代数符号一般；这个时期实际上是没有的。无论如何，一个字在它的历史与变迁里，总已积累着一种暗示的端绪了，如一只船积累着螺蛳一样。瓦特劳来（Water Raleigh）在他的风格论里说，文字载着它们所曾含的一切意义以行；无论普遍说话里，无论特别讲演里，无论一个微细的学术的含义，无论一个不甚流行的古义，凡一个字所曾含的，它都保留着，以发生丰富而繁复的作用。一个字的含义与暗示，往往是多样的。且举以"褐色"（Gray）一词为题的佚名论文为例，这篇文是很有趣的！

> 褐色是白画的东西的宁静的颜色，但是凡褐色的东西，总有一种不同的甚至奇异的感动力。褐色是耗毛的颜色，魁克派（Quaker 教派名）长袍的颜色，鸠的胸脯的颜色，褐色的日子的颜色，贵妇人头发的颜色；而

许多马一定是褐色的……褐色的又是眼睛,女巫的眼睛,里面有绿光,和许多邪恶。褐色的眼睛或者和蓝眼睛一般温柔,谦让而真实;荡女必定有褐色的眼睛的。

文字没"有"意义,它们因了直接的暗示力和感应力而"是"意义。它们就是它们所指示的东西。不独字有此力,文句,诗节(Verse)皆有此力;风格所论,便在这些地方,有字短而音峭的句,有音响繁然的句,有声调圆润的句。这些句形与句义都是一致的。至于韵律,节拍,皆以调节声音,与意义所关也甚巨,此地不容详论。还有"变声"(Breaks)和"语调"(Variations)的表现的力量,也是值得注意的。"变声"疑是句中声音突然变强或变弱处;"语调"疑是同字之轻重异读。此两词是音乐的术语;我不懂音乐,姑如是解,待后改正。

1925 年 3 月 30 日

原载 1925 年 3 月《文学》杂志第 166 卷

论雅俗共赏

朱自清

陶渊明有"奇文共欣赏，疑义相与析"的诗句，那是一些"素心人"的乐事，"素心人"当然是雅人，也就是士大夫。这两句诗后来凝结成"赏奇析疑"一个成语，"赏奇析疑"是一种雅事，俗人的小市民和农家子弟是没有份儿的。然而又出现了"雅俗共赏"这一个成语，"共赏"显然是"共欣赏"的简化，可是这是雅人和俗人或俗人跟雅人一同在欣赏，那欣赏的大概不会还是"奇文"罢。这句成语不知道起于什么时代，从语气看来，似乎雅人多少得理会到甚至迁就着俗人的样子，这大概是在宋朝或者更后罢。

原来唐朝的安史之乱可以说是我们社会变迁的一条分水岭。在这之后，门第迅速的垮了台，社会的等级不像先前那样固定了，"士"和"民"这两个等级的分界不像先前的严格和清楚了，彼此的分子在流通着，上下着。而上去的比下来的多，士人流落民间的究竟少，老百姓加入士流的却渐渐多起来。王侯将相早就没有种了，读书人到了这时候也没有种了；只要家里能够勉强供给一些，自己有些天分，又肯用功，就是个"读书种子"；去参加那些公开的考试，考中了就有官做，至少也落个绅士。这种进展经过唐末跟五代的长期的变乱加了速度，到宋朝又加上印刷术的发达，学校多起来了，士人也多起来了，士人的地位加强，责任也加重了。这些士人多数是来自民间的新的分子，他们多少保留着民间的生活方式和生活态度。他们一面学习和享受那些雅的，一面却还不能摆脱或蜕变那些俗的。人既然很多，大家是这样，也就不觉其寒碜；不但不觉其寒碜，还要重新估定价值，至少也得调整那旧来的标准与尺度。"雅俗共赏"似乎就是新提出的尺度或标准，这里并非打倒旧标准，只是要求那些雅士理会到或迁就些俗士的趣味，好让大家打成一片。当然，所谓"提出"和"要求"，都只是不自觉的看来是自然而然的趋势。

中唐的时期，比安史之乱还早些，禅宗的和尚就开始用口语记录大师的说教。用口语为的是求真与化俗，化俗就是争取群众。安史乱后，和尚的口语记录更其流行，于是乎有了"语录"这个名称，"语录"就成为一种著述体了。到了宋朝，道学家讲学，更广泛的留下了许多语录；他们用语录，也还是为了求真与化俗，还是为了争取群众。所谓求真的"真"，一面是如实和直接的意思。禅家认为第一义是不可说的。语言文字都不能表达那无限的可能，所以是虚妄的。然而实际上语言文字究竟是不免要用的一种"方便"，记录文字自然越近实际的、直接的说话越好。在另一面这"真"又是自然的意思，自然才亲切，才让人容易懂，也就是更能收到化俗的功效，更能获得广大的群众。道学主要的是中国的正统的思想，道学家用了语录做工具，大大的增强了这种新的文体的地位，语录就成为一种传统了。比语录体稍稍晚些，还出现了一种宋朝叫做"笔记"的东西。这种作品记述有趣味的杂事，范围很宽，一方面发表作者自己的意见，所谓议论，也就是批评，这些批评往往也很有趣味。作者写这种书，只当做对客闲谈，并非一本正经，虽然以文言为主，可是很接近说话。这也是给大家看的，看了可以当做"谈助"，增加趣味。宋朝的笔记最发达，当时盛行，流传下来的也很多。目录家将这种笔记归在"小说"项下，近代书店汇印这些笔记，更直题为"笔记小说"；中国古代所谓"小说"，原是指记述杂事的趣味作品而言的。

那里我们得特别提到唐朝的"传奇"。"传奇"据说可以见出作者的"史才、诗、笔、议论"，是唐朝士子在投考进士以前用来送给一些大人先生看，介绍自己，求他们给自己宣传的。其中不外乎灵怪、艳情、剑侠三类故事，显然是以供给"谈助"，引起趣味为主。无论照传统的意念，或现代的意念，这些"传奇"无疑的是小说，一方面也和笔记的写作态度有相类之处。照陈寅恪先生的意见，这种"传奇"大概起于民间，文士是仿作，文字里多口语化的地方。陈先生并且说唐朝的古文运动就是从这儿开始。他指出古文运动的领导者韩愈的《毛颖传》，正是仿"传奇"而作。我们看韩愈的"气盛言宜"的理论和他的参差错落的文句，也正是多多少少在口语化。他的门下的"好难""好易"两派，似乎原来也都是在试验如何口语化。可是"好难"的一派过分强调了自己，过分想出奇制胜，不管一般人能够了解欣赏与否，终于被人看做"诡"和"怪"而失败，于是宋朝的欧阳修继承了"好易"的一派的努力而奠定了古文的基础。——以上说的种种，都是安史乱后几百年间自然的趋势，就是那雅俗共赏的趋势。

宋朝不但古文走上了"雅俗共赏"的路，诗也走向这条路。胡适之先生说宋诗的好处就在"作诗如说话"，一语破的指出了这条路。自然，这条路上还有许多曲折，但是就像不好懂的黄山谷，他也提出了"以俗为雅"的主张，并且点化了许多俗语成为诗句。实践上"以俗为雅"，并不从他开始，梅圣俞、苏东坡都是好手，而苏东坡更胜。据记载，梅和苏都说过"以俗为雅"这句话，可是不大靠得住；黄山谷却在《再次杨明叔韵》一诗的"引"里郑重的提出"以俗为雅，以故为新"，说是"举一纲而张万目"。他将"以俗为雅"放在第一，因为这实在可以说是宋诗的一般作风，也正是"雅俗共赏"的路。但是加上"以故为新"，路就曲折起来，那是雅人自赏，黄山谷所以终于不好懂了。不过黄山谷虽然不好懂，宋诗却终于回到了"作诗如说话"的路，这"如说话"，的确是条大路。

雅化的诗还不得不回向俗化，刚刚来自民间的词，在当时不用说自然是"雅俗共赏"的。别瞧黄山谷的有些诗不好懂，他的一些小词可够俗的。柳耆卿更是个通俗的词人。词后来虽然渐渐雅化或文人化，可是始终不能雅到诗的地位，它怎么着也只是"诗余"。词变为曲，不是在文人手里变，是在民间变的；曲又变得比词俗，虽然也经过雅化或文人化，可是还雅不到词的地位，它只是"词余"。一方面从晚唐和尚的俗讲演变出来的宋朝的"说话"就是说书，乃至后来的平话以及章回小说，还有宋朝的杂剧和诸宫调等等转变成功的元朝的杂剧和戏文，乃至后来的传奇，以及皮簧戏，更多半是些"不登大雅"的"俗文学"。这些除元杂剧和后来的传奇也算是"词余"以外，在过去的文学传统里简直没有地位；也就是说这些小说和戏剧在过去的文学传统里多半没有地位，有些有点地位，也不是正经地位。可是虽然俗，大体上却"俗不伤雅"，虽然没有什么地位，却总是"雅俗共赏"的玩艺儿。

"雅俗共赏"是以雅为主的，从宋人的"以俗为雅"以及常语的"俗不伤雅"，更可见出这种宾主之分。起初成群俗士蜂拥而上，固然逼得原来的雅士不得不理会到甚至迁就着他们的趣味，可是这些俗士需要摆脱的更多。他们在学习，在享受，也在蜕变，这样渐渐适应那雅化的传统，于是乎新旧打成一片，传统多多少少变了质继续下去。前面说过的文体和诗风的种种改变，就是新旧双方调整的过程，结果迁就的渐渐不觉其为迁就，学习的也渐渐习惯成了自然，传统的确稍稍变了质，但是还是文言或雅言为主，就算跟民众近了一些，近得也不太多。

至于词曲，算是新起于俗间，实在以音乐为重，文辞原是无关轻重的；"雅俗共赏"，正是那音乐的作用。后来雅士们也曾分别将那些文辞雅化，但是因为音乐性太重，使他们不能完成那种雅化，所以词曲终于不能达到诗的地位。而曲一直配合着音乐，雅化更难，地位也就更低，还低于词一等。可是词曲到了雅化的时期，那"共赏"的人却就雅多而俗少了。真正"雅俗共赏"的是唐、五代、北宋的词，元朝的散曲和杂剧，还有平话和章回小说以及皮簧戏等。皮簧戏也是音乐为主，大家直到现在都还在哼着那些粗俗的戏词，所以雅化难以下手，虽然一二十年来这雅化也已经试着在开始。平话和章回小说，传统里本来没有，雅化没有合适的榜样，进行就不易。《三国演义》虽然用了文言，却是俗化的文言，接近口语的文言，后来的《水浒》《西游记》《红楼梦》等就都用白话了。不能完全雅化的作品在雅化的传统里不能有地位，至少不能有正经的地位。雅化程度的深浅，决定这种地位的高低或有没有，一方面也决定"雅俗共赏"的范围的小和大

——雅化越深，"共赏"的人越少，越浅也就越多。所谓多少，主要的是俗人，是小市民和受教育的农家子弟。在传统里没有地位或只有低地位的作品，只算是玩艺儿；然而这些才接近民众，接近民众却还能教"雅俗共赏"，雅和俗究竟有共通的地方，不是不相理会的两橛了。

单就玩艺儿而论，"雅俗共赏"虽然是以雅化的标准为主，"共赏"者却以俗人为主。同然，这在雅方得降低一些，在俗方也得提高一些，要"俗不伤雅"才成；雅方看来太俗，以至于"俗不可耐"的，是不能"共赏"的。但是在什么条件之下才会让俗人所"赏"的，雅人也能来"共赏"呢？我们想起了"有目共赏"这句话。孟子说过"不知子都之姣者，无目者也"，"有目"是反过来说，"共赏"还是陶诗"共欣赏"的意思。子都的美貌，有眼睛的都容易辨别，自然也就能"共赏"了。孟子接着说："口之于味也，有同嗜焉；耳之于声也，有同听焉；目之于色也，有同美焉。"这说的是人之常情，也就是所谓人情不相远。但是这不相远似乎只限于一些具体的、常识的、现实的事物和趣味。譬如北平罢，故宫和颐和园，包括建筑，风景和陈列的工艺品，似乎是"雅俗共赏"的，天桥在雅人的眼中似乎就有些太俗了。说到文章，俗人所能"赏"的也只是常识的、现实的。后汉的王充出身是俗人，他多多少少代表俗人说话，反对难懂而不切实用的辞赋，却赞美公文能手。公文这东西关系雅俗的现实利益，始终是不曾完全雅化了的。再说后来的小说和戏剧，有的雅人说《西厢记》诲淫，《水浒传》诲盗，这是"高论"。实际上这一部戏剧和这一部小说都是"雅俗共赏"的作品。《西厢记》无视了传统的礼教，《水浒传》无视了传统的忠德，然而"男女"是"人之大欲"之一，"官逼民反"，也是人之常情，梁山泊的英雄正是被压迫的人民所想望的。俗人固然同情这些，一部分的雅人，跟俗人相距还不太远的，也未尝不高兴这两部书说出了他们想说而不敢说的。这可以说是一种快感，一种趣味，可并不是低级趣味；这是有关系的，也未尝不是有节制的。"诲淫""诲盗"只是代表统治者的利益的说话。

十九世纪二十世纪之交是个新时代，新时代给我们带来了新文化，产生了我们的知识阶级。这知识阶级跟从前的读书人不大一样，包括了更多的从民间来的分子，他们渐渐跟统治者拆伙而走向民间。于是乎有了白话正宗的新文学，词曲和小说戏剧都有了正经的地位。还有种种欧化的新艺术。这种文学和艺术却并不能让小市民来"共赏"，不用说农工大众。于是乎有人指出这是新绅士也就是新雅人的欧化，不管一般人能够了解欣赏与否。他们提倡"大众语"运动，但是时机还没有成熟，结果不显著。抗战以来又有"通俗化"运动，这个运动并已经在开始转向大众化。"通俗化"还分别雅俗，还是"雅俗共赏"的路，大众化却更进一步要达到那没有雅俗之分，只有"共赏"的局面。这大概也会是所谓由量变到质变罢。

原载朱自清著《论雅俗共赏》，观察社 1949 年版

什么是女性美

孙福熙

我们常听人说某姑娘美，或说某人的未婚妻比某人的妻更美的批评；在女子道中，他们也常谈论自己的谁美谁丑，而且用了美与丑为恭维与谦逊的条件。又或用为自傲与轻蔑他人的理由。照这样看来，他们心中必有美与丑的标准是无疑的了；然而，试对他们发问，怎样的才是美？或者问，某姑娘为什么是美的？大多数人必定张嘴答不出来；嘴强一点的会回答你说，美的便是美，有什么"怎样是美"或"什么是美"的可言呢？

我也听到过人家说："某夫人真美，他的脂粉擦得与众不同。"你看，奇怪不奇怪，称赞人美而称赞用以掩饰丑恶的脂粉，岂不可笑？要是被称赞的是我，我一定要恨他是在说我丑，有如客人称赞茶热是说主人的茶叶子不好一样。有的人说女子之美是在裙衫之合式，这还不免是一个笑话，说人的美，怎么说在人身以外的衣裳上面去了呢？衣服是身外之物，虽然于人身之美颇有映照，但究竟只是副件，不能举以说人身的美丑的。求能于我们问他"什么是美"的时候回答说某姑娘眼睛大得可爱，或说某姑娘手指细巧动人者很是少数。

但这种情形实在是很难怪的，中国向来虽很乐于描摹女子之美，但只是直觉的，只是各人眼中所认为的美，从来没有人综合各地及各人的感觉作系统的研究者。况且大多数的描写也只不过是"脂粉擦得与众不同"之类，而且只是相互抄袭，并不出于自己感觉所得的。

现在好了！吾友季君志仁译成《女性美》一书，这能使欲赞美女子之美而苦没有言辞者有所凭借了。《女性美》是法国医士caboriau夫人所作《妇女的三个时代》书中的一部，他按照女子身体的各部，从头，面，以至于颈，肩，腋，上肢——上臂，前臂，手，躯干，胸，乳，腹，背，腰，臀以及下肢——大腿，小腿，脚，逐步分析而定下美丑的标准。

诸位看了这部书能够得到一个对于女性美的新标准，至于你从此能够知道你之所以爱你情人之故倒还是小事。

我们平日常见小说或其他文章中欲形容女子之美者，只是写着许多美字，不见有什么字句的形容；至多也不过天神仙子怪可爱的一类词句罢了。现在有了这本书，以后之描写女子者当有所根据，好比观花者之已学习植物学，一朵花上手，就知道萼瓣雌雄蕊与子房的地位，又能观察这种各部的形状色彩与别种的异同，而推究其各部之与长这朵花的植物本身有无特种关系。

最可怜的，中国学画的呼声不算不高又不算不久了，但不见有一本艺术解剖学或一位教艺术解剖学的人。季君翻译这部书，对于文学以外，对于学画学雕刻的人也是一大贡献。

本书中处处给我们一个总括的规定，例如他说：

倘若我们要想替女性身体上的色彩美定出一个合于美学的公式来，可以拿下列两条来包括他：第一，色彩须为谐和的渐进。如皮肤的洁白，头发的淡黄，眼睛的浅蓝，嘴唇的玫瑰色，牙齿的洁白；第二，色彩须相反的，或对照的，可以发生较深刻的印象而并不难看。如雪白的皮肤，配以漆黑的头发，浓暗的眼睛。

我们有了这种大纲，当描写一个女子的时候，就可依据这种标准而斟酌节目上的差别了。

是的，各民族的体质不同，而且各民族批评自己的美丑准则也各异，我们不能依据法国人做的女性美定则来批评中国女子，即使以之去批评英国人意国人也未必适合。这正是本书中所竭力注意的问题。但这问题并不如我们所设想的重要，因为罗色耳告诉我们说："我们将要相信大自然在女子中间，只是为了风致及装饰而尽力，倘然我们不知道他们还有更重要，更高贵的目的存在着；这更重要，更高贵的目的，便是个人的健康与种族的保存。"我们要知道大自然之为了女子的风致及装饰而尽力的做美者，全为了最重要最高贵的目的：女子个人的健康与种族的保存之故。无论那一个民族之爱女性美，都是为这最重要最高贵的目的所指使是相同的，所以各人对于女性美的标准决不致有大差别。我们试看书中所举阿拉伯人评女性美的律例，他们以为一个美的女子要适合下列的条件：

> 四件黑的东西：头发，眉毛，睫毛，瞳孔；
> 四件白的东西：皮肤，眼白，牙齿，腿；
> 四件红的东西：舌头，嘴唇，牙龈，面颊；
> 四件圆的东西：头，颈，前臂，足踝；
> ……

这与我们的观点大部是相同的。

书中又把欧洲人的观点填成很详细的表格,他说,美的女子当是皮肤细薄,皮粒细微,身体表面完全平滑的,皮肤有弹性而紧张,等等;反之,皮肤粗厚,皮粒粗大,鸡皮肤表面粗糙不平,皮肤宽松而且有折痕者不是美的。我们又可以明白,这种条件与我们的也是相同的。

有的,确有许多女性条件是与我们在中国书中所认为美的条件不同。大家知道,中国太以女子的病态为美,"弱不胜衣"只是病罢了,何尝是美。中国常把对于女子之怜误认为爱,所以竟致赞扬病态为美了。我知读过这本《女性美》之后必能矫正这种谬误观念。而大多数女子因为社会给他们不正当的奖励而在斫伤自己身上天赋之美者,将一去从前恶习,依照真正标准,代天作美,使身体充分发育。这是季君将来对于新女性的大贡献,我所能预定的。

原载 1926 年 5 月出版《新女性》第 1 卷第 5 号

论文艺的重要

孙福熙

蔡孑民先生初长北京大学的时候,在全体教授会议中,一位姓何的工科学长,大发议论,主张注重工业。其时鲁迅先生也说,工科是很重要的。说完以后,何先生又说:"你们听听!工业之重要,不但是我学工业的人来主张,就是学文学的也是这样说,其重要可知了。"

鲁迅老先生又起来了,他说:"这话是很对的;不过,学文学的人知道工业也是重要,学工业的人却只知道工业的重要了。"

说完坐下,于是鸦雀无声者久之。何学长不再站起来发言了。

提倡工业确是万分重要,然而并不需要停了文艺的工夫。

一个国家一个民族之能兴盛长久,必须有两个条件:其一是能够追随他国他民族的长处,其二是能够创造他国他民族所没有的长处。我们看到他人能以手造机器,须竭力地追随,却不能先把两脚斩掉,至于斩掉思想文艺的头脑,那更是不成话了。

美国是算得经济的国家,他们尽力地培养工业人才,希望有多量的产出,至于高等的艺术教育却不肯多花钱,他们的意思,培植高深的艺术家,太消费了,还不如到法国去请来的价钱便宜。然而,美国并不是不要艺术教育,却是请了法国艺术家来教授而已。至于文学呢，他们还是设科研究，设学校培植高深的人才，决不因为利禄熏心而废止文艺。

试考察各殖民地，教育多系灌注生产的知识与技能，人民欲求增加文艺思想的功课而不可得。我国现在至少在形式上还不肯自承为殖民地，还要号称为一个独立自由的国家，然而现在却大有人在主张废止文艺，这不仅有点滑稽，而且有点令人痛心！

原载1933年1月7日《申报·自由谈》

"美"

瞿秋白

普洛廷,新柏拉图派的哲学家说:

"美"的观念是人的精神所具有的,它不能够在真实世界里找着自己的表现和满足,就使人造出艺术来,在艺术里它——"美的观念"——就找到了自己的完全的实现。

对于那些轻视艺术而认为艺术在自己的作品里不过在模仿自然界的人,首先可以这样反驳他们:自然界产物的本身也是模仿,而且,艺术并不满足于现象的简单模仿,而在使得现象高升到那些产生自然界的理想,最后,艺术使得许多东西联结着自己,因为它本身占有着"美",所以它在补充着自然界的缺陷。

康德说:"艺术家从自然界里取得了材料,他的想象在改造着它,这是为着完全不同的另外一种东西的,这东西已经站在自然界之上(比自然界更高尚了)。"黑格尔说:美"属于精神界,但是它并不同经验以及最终精神的行为有什么关涉,'美术'的世界是绝对精神的世界。"

这是"美"的"最后的"(?)宗教式的唯心论的解释。

然而所谓"美"——"理想"对于各种各式的人是很不同的，非常之不同的。

对于施蛰存，"美"——是丰富的字汇，《文选》式的修养，以及《颜氏家训》式的道德，这最后一位是用佛家报应之说补充孔孟之不足的。

对于文素臣（《野叟曝言》），"美的理想"是：上马杀贼，下马万言，房中耍奇"术"，房外讲理学……以至于麟凤龟龙咸来呈瑞，万邦夷狄莫不归朝。

对于西门庆，"美的理想"只有五个字：潘驴邓小闲。

对于"三笑"，是状元和美婢的团圆，以及其他一切种种福禄寿。

对于……

究竟"美"是什么，啊？

照上面的说来，仿佛这是"一厢情愿"，补充一下自然界的缺陷。乡下姑娘为的要吃饱几顿麻花油条，她就设想自己做了皇后，在"正宫"里，摆着"那么那么大的柜子，满柜子都是麻花油条呵！"这其实也是艺术。

然而"现实生活，劳工对于 drama（戏剧）是太 dramatic（戏剧化）了，对于 poetry（诗）是太 poetic（诗化）了"。"艺术是自然现象和人生现象的再现。"艺术的范围不止是"美"，"高尚"和"comic"（喜剧），这是人生和自然之中对于人有兴趣的一切。不要神学，上帝，"绝对精神"的"补充"，而要改造现实的现实。

欧洲人的"绝对精神"，理想之中的"美"——以及中国的 caricature（讽刺画）："潘驴邓小闲"之类，或是隐逸山林之类，都是艺术的桎梏。可叹的是欧洲还有"宗教的,神秘的"理想和它的艺术,而中国的韩退之和文素臣,袁子才和"礼拜六"似乎已经尽了文人之能事了。

"如果很多艺术作品只有一种意义——再现人生之中对于人有兴趣的现象,那么,很多其他的作品,除此之外,除开这基本意义之外,还有更高的意义——就是解释那再现的现象。最后,如果艺术家是个有思想的人,那么,他不会没有对于那再现的现象的意见——这种意见,不由自主的,明显的或是暗藏的,有意的或是无意的,要反映在作品里,这就使得作品得到第三种的意义:对于所再现的现象的思想上的判决……"

这"再现"并非模仿,并非底稿,并非抄袭。

"在这方面,艺术对于科学有非常之大的帮助——非常能够传播科学所求得的概念到极大的群众之中去,因为读艺术作品比科学的公式和分析要容易得多,有趣得多。"(Tchernyshevsky:Polnoe Cobranie Sotcheneniy,X,2,157—158.)

原载《瞿秋白文集》第二卷,人民文学出版社 1953 年版

艺术与人生

瞿秋白

俄罗斯文学界里，在十九世纪时，已经发生那"可恨的问题"——为艺术的艺术呢，还是为人生的艺术？为艺术的艺术是所谓"纯粹的艺术"派；为人生的艺术——是"公民的怨，人生的歌者"。前一派的代表如亚·嘉·托尔斯泰（A, K, Tolstoj）；他们主张：

> 小心谨慎的保护着你的自由，
> 不是神圣的，我总不让他近你，
> ……………
> ……………
> 你始终还是你——神圣和光明，
> 在那不顾浊地的云影里，
> 尽拥着群星的珠冠，无畏的女神，
> 只凝想着，她是微笑依稀。
>
> 善洵（Shenshin，1820—1892）

一切浊秽的世间事物，那里值得诗人赏鉴。然而生在社会潮流汹涌时期的诗人，虽是纯艺术派，也不能不为奋勇咆哮的浪花卷去。至于那后一派，——歌咏"公民的怨"者，更不用说了；譬如聂克腊莎夫（Nekrasoff，1821—1877）：

> 那稚年的黄金时代，
>
> 一切活的都是幸运儿，
>
> 不用劳动，从黄口未干的时候，
>
> 便取得乐善好生的机会。
>
> 只有我们，逛也逛不到田家，何况是尼华河畔。
>
> 整天的我们在工厂的轮机里转着，转着，转……

他们真以为："著作家以思想为贵，而不在于描画，假使描画之中没有内容，假使他丝毫意思没有向俄国社会说出——那又算得什么描画！"（美海洛夫 Mihailoff 语）

两派的消长，占了文学史的二三十年；最后"近代派"出现，于是所谓诗意不但遁入纯艺术，而且隐藏进神秘的天宫里；诗句不但雕刻华丽，而且晦涩不可解了。社会情绪，因革命而又兴奋起来，方才能一扫以前无谓的争执，真所谓"抵住了逆流，畅通了顺流"：——绝端个性主义的未来派尚且应了革命的心弦，而来鼓吹集体的超人，阶级的超人。

然而现在的文学问题却换了方向：——人生即艺术，艺术即人生。人生所造业是艺术，还是人生所领悟是艺术？今年（一九二三年）文学评论家克留叶夫（Klueff）和马霞夸夫斯基（Mayakovsky）的辩论，——是俄国革命文学里的大战，克留叶夫说："歌之创造者决不去吹什么自来水管的龙头，……只有心灵的洪炉里熔化得生活的真金。"其实马霞夸夫斯基并不爱什么自来水管，他是要集合的乐生的征服自然的超人。——诗人的天责是运化自然至于美境，〔原来俄国语里"艺术的"（"Iskustoenny"）等于"人造的"。〕诗人不应降服于自然，不应崇拜自然，更不应为自然之奴。

当时，著名的文学评论家，左派社会革命党伊凡诺夫·腊朱摩尼克（Ivanoff-Razumnik）便参加战争。他说："马霞夸夫斯基的铁锤与机器之文学是过渡时的幻景，只有'非人手所造的大地'，是永久的世界之诗境。"

于是那"轻裘缓带"的杜洛茨基（L, Trolsky）也就——不是投笔从戎，而是"投戎从笔"的——出马参战。他说：

大地与机器相对峙，一是永久的诗之渊源，一是暂时的；当然，那内在派的唯心论者，那小心谨慎斋庄中正的腊朱摩尼克宁可取"久"而舍"暂"。然而实在讲来，这大地与机器相对立的二元论有些伪妄：——只可以以小农犁锄式的食粮"工厂"与电机的社会主义的相对峙。大地的诗意不是永久的而是流变的。人的语言的音浪开始唱歌，正在他安置了工具——最简单的机器——于他自己与大地之间的时候。没有犁，没有镰刀，没有锤，——也就没有普希金。是否可以说：大地加犁锄比较大地加电机起来——有永久性的特长呢？……社会主义的新人要运用机器，指挥那倔强的自然。他指出来，什么地方要山，什么地方要水。唯心论者看来，也许这太气闷了。虽然，那并不是要将全地球划成方格子，使一切山林变成园圃，大概那时的虎豹林木山水都能保存得,不过他们听人规划罢了。而且还能做到:虎豹不看见高大的铁管械器,仍旧安安逸逸的享他的原始生活。机器并不与大地相对峙。机器是现代人的工具。现代的城市是过渡时期的东西。然而他也并不变成古时的荒鄙的乡村。乡村正要进化到城市;城市再加以健全的艺术化。至于现在的乡村,已经是过去时代的余迹了。所以所谓大地文学,"农村文学"——在美学上完全已成过去时代的反映,仅只是古代平民艺术陈列馆里的材料。

国内战争的时期后,人类亦许大受破坏,即使没有日本地震,也就够受了。所以此后倾向于战胜饥寒,就是征服自然,是最近几十年内的急务。竭力采取"美国主义"的好处,——应当是每一幼稚的社会主义国家之第一步。消极的赏鉴自然应当渐离艺术。而技术的歌颂,想象,反而自然而然成为艺术界的健全精神,——譬如詹克·伦敦。将来并技术与自然间之"对立"而消灭之;艺术的综合的人生观将广泛至于无涯。……

俄国文学的人生观问题,虽则现在的争辩和半世纪前绝对不同,然而有一重要的观点:——便是个性主义。社会生活恬静的时代,纯艺术主义方能得势。譬如中国的"避世诗人",孤标自赏,以"与鹿豕游"的人生为艺术,其实又何尝真能超脱呢?况且不谈现实,不问烦恼事的心绪,——是纯艺术派文学的天国,往往反而自堕于反个性的市侩乡愿主义:——坐在暖融融的帷幕里不问天下的饥寒,假使人家警醒他的良心,勉强要使他至少在艺术的环境里回忆想象那可厌的人生和政治，他必定说：今夕只谈风月："乃至于政治"，岂不扫兴！所以往日的纯艺术派和今日的"大地文学"派，标榜着个性主义，而实际上是求容于环境，向庸众的惰性低头，——"不提起，免烦恼"的市侩而已。

至于革命前的人生派和革命后的超人派，虽则似乎以社会为先，以个性为后；其实他不但歌颂能为社会奋斗的勇猛的个性，而且歌颂超人的克服自然；——那当然不是绝对的个性主义的尼采式的超人，而是集体主义的超人。只有在真自由社会里有个性，只有在人类技术威权之下有真美的自然。——所以他们的艺术观能综合个性主义与集体主义，能综合自然与技术。

最近，一九二三年十月，莫斯科发现一本小说，珀陂尼（Diovanni Papini）著的《完了的人》。著者写一智识阶级者的历史，他是超阶级的"我"，然而他的个性发展至于极点，乃始终破灭而无余。那青年的学者，沉溺在几万卷书里，甚至于要著"百科全书之百科全书"，创世时期起的世界史，《圣经》之无神论的注疏。然而每一种工作刚开始便又弃置。他那个性主义的神智，对于人之一切结合——不论是偶然的，街市的，或者阶级组织的，——一概反对；与社会的现实隔离；只想解决"永久的心灵"问题，要毁灭人类，——倡"全人类的自杀主义"。如此年复一年，他这个"我"，竟成社会里的新预言家……他自以为超脱凡俗的见解，超越阶级的政见，只顺着抽象不着实际的思想，随波上下。到三十岁时，毕竟心力耗尽，于是从哲学一跃而入纯艺术，——纯诗人，再下而成神秘主义者，再……"人生的空泛，空泛呵！空泛呵！"

艺术与人生，自然与技术，个性与社会的问题，——其实是随着社会生活的潮势而消长的。现在如此湍急的生活流,当然生不出"绝对艺术派"的诗人,世间本来也用不到他。所以这"最可恨的"问题,早已为十月的赤潮卷去,——轻描淡写的珀陂尼的《完了的人》,亦就是这完了的问题的完了。

1923 年 11 月 15 日

原载文学研究会会刊《星海》上册,商务印书馆 1924 年版

说　舞

闻一多

一场原始的罗曼司

假想我们是在参加着澳洲风行的一种科罗泼利（Corroborry）舞。

灌木林中一块清理过的地面上，中间烧着野火，在满月的清辉下吐着熊熊的赤焰。现在舞人们还隐身在黑暗的丛林中从事化装。野火的那边，聚集着一群充当乐队的妇女。忽然林中发出一种坼裂声。紧跟着一阵沙沙的磨擦声——舞人们上场了。闯入火光圈里来的是三十个男子，一个个脸上涂着白垩，两眼描着圈环，身上和四肢画着些长的条纹。此外，脚踝上还系着成束的树叶，腰间围着兽皮裙。这时那些妇女已经面对面排成一个马蹄形。她们完全是裸着的。每人在两膝间绷着一块整齐的鼰鼠皮。舞师呢，他站在女人们和野火之间，穿的是通常的鼰皮围裙，两手各执一棒。观众或立或坐的围成一个圆圈。

舞师把舞人们巡视过一遭之后，就回身走向那些妇女们。突然他的棒子一拍，舞人们就闪电般的排成一行，走上前来。他再视察一番，停了停等行列完全就绪了，就发出信号来，跟着他的木棒的拍子，舞人们的脚步移动了，妇女们也敲着鼰鼠皮唱起歌来。这样，一场科罗泼利便开始了。

拍子愈打愈紧，舞人的动作也愈敏捷，愈活泼，时时扭动全身，纵得很高，最后一齐发出一种尖锐的叫声，突然隐入灌木林中去了。场上空了一会儿。等舞师重新发出信号，舞人们又再度出现了。这次除舞队排成弧形外，一切和从前一样。妇女们出来时，一面打着拍子，一面更大声的唱，唱到几乎嗓子都要裂了，于是声音又低下来，低到几乎听不见声音。歌舞的尾声和第一折相仿佛。第三、四、五折又大同小异地表演过了。但有一次舞队是分成四行的，第一行退到一边，让后面几行向前迈进，到达妇人们面前，变作一个由身体四肢交锁成的不可解的结，可是各人手中的棒子依然在飞舞着。你直害怕他们会打破彼此的头，但是你放心，他们的动作无一不遵守着严格的规律，决不会出什么岔子的。这时情绪真紧张到极点，舞人们在自己的噪呼声中，不要命地顿着脚跳跃，妇女们也发狂似的打着拍子引吭高歌。响应着他们的热狂的，是那高烛云空的火光，急雨点似的劈拍地喷射着火光。最后舞师两臂高举，一阵震耳的掌声，舞人们退场了，妇女和观众也都一哄而散，抛下一片清冷的月光，照着野火的余烬渐渐熄灭了。

这就是一场澳洲的科罗泼利舞，但也可以代表各地域各时代任何性质的原始舞，因为它们的目的总不外乎下列这四点：（一）以综合性的形态动员生命，（二）以律动性的本质表现生命，（三）以实用性的意义强调生命，（四）以社会性的功能保障生命。

综合性的形态

舞是生命情调最直接,最实质,最强烈,最尖锐,最单纯而又最充足的表现。生命的机能是动,而舞便是节奏的动,或更准确点,有节奏的移易地点的动,所以它直是生命机能的表演。但只有在原始舞里才看得出舞的真面目,因为它是真正全体生命机能的总动员,它是一切艺术中最大综合性的艺术。它包有乐与诗歌,那是不用说的。它还有造型艺术,舞人的身体是活动的雕刻,身上的纹饰是图案,这也都显而易见。所当注意的是,画家所想尽方法而不能圆满解决的光的效果,这里借野火的照明,却轻轻地抓住了。而野火不但给了舞光,还给了它热,这触觉的刺激更超出了任何其它艺术部门的性能。最后,原始人在舞的艺术中最奇特的创造,是那月夜丛林的背景对于舞场的一种镜框作用。由于框外的静与暗,和框内的动与明,发生着对照作用,使框内一团声音光色的活动情绪更为集中,效果更为强烈,借以刺激他们自己对于时间(动静)和空间(明暗)的警觉性,也便加强了自己生命的实在性。原始舞看来简单,唯其简单,所以能包含无限的复杂。

律动性的本质

上文说舞是节奏的动,实则节奏与动,并非二事。世间决没有动而不成节奏的,如果没有节奏,我们便无从判明那是动。通常所谓"节奏"是一种节度整齐的动,节度不整齐的,我们只称之为"动",或乱动,因此动与节奏的差别,实际只是动时节奏性强弱的程度上的差别,而并非两种性质根本不同的东西。上文已说过,生命的机能是动,而舞是有节奏的移易地点的动,所以也就是生命机能的表演。现在我们更可以明白,所谓表演与非表演,其间也只有程度的差别而已。一方面生命情绪的过度紧张,过度兴奋,以至成为一种压迫面,我们需要一种更强烈、更集中的动,来宣泄它,和缓它。一方面紧张与兴奋的情绪,是一种压迫,也是一种愉快,所以我们也需要在更强烈、更集中的动中来享受它。常常有人讲,节奏的作用是在减少动的疲乏。诚然。但须知那减少疲乏的动机,是积极而非消极的,而节奏的作用是调整而非限制。因为由紧张的情绪发出的动是快乐,是可珍惜的,所以要用节奏来调整它,使它延长,而不致在乱动中轻轻浪费掉。甚至这看法还是文明人的主观,态度还不够积极。节奏是为减轻疲乏的吗?如果疲乏是讨厌的,要不得的,不如干脆放弃它。放弃疲乏并不是难事,在那月夜,如果怕疲乏,躺在草地上对月亮发愣,不就完了吗?如果原始人真怕疲乏,就干脆没有舞那一套,因为无论怎样加以调整,最后疲乏总归是要来到的,不,他们的目的是在追求疲乏,而舞(节奏的动)是达到那目的最好的通路。一位著者形容新南威尔斯土人的舞说:"……鼓声渐渐紧了,动作也渐渐快了,直至达到一种如闪电的速度。随时全体一跳跳到半空,当他们脚尖再触到地面时,那分开着的两腿上的肉胕,颤动得直使那白垩的条纹,看去好像蠕动的长蛇,同时一阵强烈的嘶声充满空中(那是他们的喘息声)。"非洲布须曼人的摩科马舞(Mokoma)更是我们不能想象的。"舞者跳到十分疲劳,浑身淌着大汗,口里还发出千万种叫声,身体做着各种困难的动作,以至一个一个地,跌倒在地上,浴在源源而出的鼻血泊中。因此他们便叫这种舞作'摩科马',意即血的舞。"总之,原始舞是一种剧烈的、紧张的、疲劳性的动,因为只有这样他们才体会到最高限度的生命情调。

实用性的意义

西方学者每分舞为模拟式的与操练式的二种,这又是文明人的主观看法。二者在形式上既无明确的界线,在意义上尤其相同。所谓模拟舞者,其目的,并不如一般人猜想的,在模拟的技巧本身,而是在模拟中所得的那逼真的情绪。他们甚至不是在不得已的心情下以假代真,或在客观的真不可能时,乃以主观的真权当客观的真。他们所求的只是那能加强他们的生命感的一种提炼的集中的生活经验——一杯能使他们陶醉的醇醴而酷烈的酒。只要能陶醉,那酒是真是假,倒不必计较,何况真与假,或主观与客观,对他们本没有多大区别呢!他们不因舞中的"假"而从事于舞,正如他们不以巫术中的"假"而从事巫术。反之,正因他们相信那是真,才肯那样做,那样认真地做(儿童的游戏亦复如此)。既然因日常生活经验不够提炼与集中,才要借艺术中的生活经验——舞来获得一醉。那么模拟日常生活经验,就模拟了它的不提炼与集中,模拟得愈像,便愈不提炼,愈不集中,所以最彻底的方法,是连模拟也放弃了,而仅剩下一种抽象的节奏的动,这种舞与其称为操练舞,不如称为"纯舞",也许还比较接近原始心理的真相。一方面,在高度的律动中,舞者自身得到一种生命的真实感(一种觉得自己是活着的感觉),那是一种满足。

另一方面,观者从感染作用,也得到同样的生命的真实感,那也是一种满足,舞的实用意义便在这里。

社会性的功能

或由本身的直接经验(舞者),或者感染式的间接经验(观者),因而得到一种觉着自己是活着的感觉,这虽是一种满足,但还不算满足的极致。最高的满足,是感到自己和大家一同活着,各人以彼此的"活"互相印证,互相支持,使各人自己的"活"更加真实,更加稳固,这样满足才是完整的,绝对的。这群体生活的大和谐的意义,便是舞的社会功能的最高意义,由和谐的意识而发生一种团结与秩序的作用,便是舞的社会功能的次一等的意义。关于这点,高罗斯(Ernest Groose)讲得最好:"在跳舞的白热中,许多参与者都混成一体,好像是被一种感情所激动而动作的单一体。在跳舞期间,他们是在完全统一的社会态度之下,舞群的感觉和动作正像一个单一的有机体。原始跳舞的社会意义全在乎统一社会的感应力。他们领导并训练一群人,使他们在一种动机,一种感情之下,为一种目的而活动(在他们组织散漫和不安定的生活状态中,他们的行为常被各个不同的需要和欲望所驱使)。它至少乘机介绍了秩序和团结给这狩猎民族的散漫无定的生活中。除战争外,恐怕跳舞对于原始部落的人,是唯一的使他们觉着休戚相关的时机。它也是对于战争最好的准备之一,因为操练式的跳舞有许多地方相当于我们的军事训练。在人类文化发展上,过分估计原始跳舞的重要性,是一件困难的事。一切高级文化,是以各个社会成分的一致有秩序的合作为基础的，而原始人类却以跳舞训练这种合作"。舞的第三种社会功能更为实际。上文说过，主观的真与客观的真，在原始人类意义中没有明确的分野。在感情极度紧张时，二者尤易混淆，所以原始舞往往弄假成真，因而发生不少的暴行。正因假的能发生真的后果，所以他们常常因假的作为钩引真的媒介。许多关于原始人类战争的记载，都说是以跳舞开场的，而在我国古代，武王伐纣前夕的歌舞，即所谓"武宿夜"者，也是一个例证。

原载 1944 年 3 月 19 日《生活导报》第 60 期

戏剧的歧途

闻一多

近代戏剧是碰巧走到中国来的。他们介绍了一位社会改造家——易卜生。碰巧易卜生曾经用写剧本的方法宣传过思想，于是要易卜生来，就不能不请他的"问题戏"——《傀儡之家》《群鬼》《社会的柱石》等等了。第一次认识戏剧既是从思想方面认识的，而第一次的印象又永远是有威权的，所以这先入为主的"思想"便在我们脑筋里，成了戏剧的灵魂。从此我们仿佛说思想是戏剧的第一个条件。不信，你看后来介绍萧伯纳，介绍王尔德，介绍哈夫曼，介绍高斯俄绥……哪一次不是注重思想，哪一次介绍的真是戏剧的艺术？好了，近代戏剧在中国，是一位不速之客；戏剧是沾了思想的光，侥幸混进中国来的。不过艺术不能这样没有身份。你没有诚意请他，他也就同你开玩笑了，他也要同你虚与委蛇了。

现在我们许觉悟了。现在我们许知道便是易卜生的戏剧，除了改造社会，也还有一种更纯洁的——艺术的价值。但是等到我们觉悟的时候，从前的错误已经长了根，要移动它，已经有些吃力了。从前没有专诚敦请过戏剧，现在得到了两种教训。第一，这几年来我们在剧本上所得的收成，差不多都是些稗子，缺少动作，缺少结构，缺少戏剧性，充其量不过是些能读不能演的 closet drama 罢了。第二，因为把思想当作剧本，又把剧本当作戏剧，所以纵然有了能演的剧本，也不知道怎样在舞台上表现了。

剧本或戏剧文学，在戏剧的家庭里，的确是一个问题。只就现在戏剧完成的程序看，最先产生的，当然是剧本，但是这是丢掉历史的说话。从历史上看来，剧本是最后补上的一样东西，是演过了的戏的一种记录。现在先写剧本，然后演戏。这种戏剧的文学化，大家都认为是戏剧的进化。从一方面讲，这当然是对的。但是从另一方面讲，可又错了。老实说，谁知道戏剧同文学拉拢了，不就是戏剧的退化呢？艺术最高的目的，是要达到"纯形"（pure form）的境地，可是文学离这种境地远着了，你可知道戏剧为什么不能达到"纯形"的涅槃世界吗？那都是害在文学的手里。自从文学加进了一份儿，戏剧便永远注定了是一副俗骨凡胎，永远不能飞升了；虽然它还有许多的助手——有属于舞蹈的动作，属于绘画建筑的布景，甚至还有音乐，那仍旧是没有用的。你们的戏剧家提起笔来，一不小心，就有许多不相干的成分粘在他笔尖上了——什么道德问题、哲学问题、社会问题……都要粘上来了。问题粘得愈多，纯形的艺术愈少。这也难怪，文学，特别是戏剧文学之容易招惹哲理和教训一类的东西，如同腥膻的东西之招惹蚂蚁一样。你简直没有办法。一出戏是要演给大众看的；没有观众，也就没有戏，严格地讲来。好了，你要观众看，你就得拿他们喜欢看、容易看的，给他们看。假若你们的戏剧家的成功的标准，又只是写出戏来，演了，能够叫观众看得懂，看得高兴。那么他写起戏来，准是一些最时髦的社会问题，再配上一点作料，不拘是爱情，是命案，都可以。这样一来，社会问题是他们本地当时的切身的问题,准看得懂;爱情、命案,永远是有趣味的,准看得高兴。这样一出戏准能哄动一时。然后戏剧家可算成功了。但是戏剧的本身呢?艺术呢?没有人理会了。犯这样毛病的,当然不只戏剧家。譬如一个画家,若是没有真正的魄力来找出"纯形"的时候,他便摹仿照像了,描漂亮脸子了,讲故事了,谈道理了,做种种有趣味的事件,总要使得这一幅画有人了解,不管从哪一方面去了解。本来做有趣味的事件是文学家的惯技。就讲思想这个东西,本来同"纯形"是风马牛不相及的,但是哪一件文艺,完全脱离了思想,能够站得稳呢?文字本是思想的符号,文学既用了文字作工具,要完全脱离思想,自然办不到。但是文学专靠思想出风头,可真是没出息了。何况这样出风头是出不出去的呢?谁知道戏剧拉到文学的这一个弱点当作宝贝,一心只想靠这一点东西出风头,岂不是比文学还要没出息吗?其实这样闹总是没有好处的。你尽管为你的思想写戏,你写出来的,恐怕总只有思想,没有戏。果然,你看我们这几年来所得的剧本里,不是没有问题、哲理、教训、牢骚,但是它禁不起表演,你有什么办法呢?况且这样表现思想,也不准表现得好,那可真冤了!为思想写戏,戏当然没有,思想也表现不出。"赔了夫人又折兵",谁说这不是相当的惩罚呢?

不错,在我们现在这社会里,处处都是问题,处处都等候着易卜生、萧伯纳的笔尖来给它一种猛烈的戟刺。难怪青年的作家个个手痒,都想来尝试一下。但是,我们可知道真正有价值的文艺,都是"生活的批评",批评生活的方法多着了,何必限定是问题戏?莎士比亚没有写过问题戏,古今有谁批评生活比他批评得更透彻的?辛格批评生活的本领也不差罢?但是他何尝写过问题戏？只要有一个角色，便叫他会讲几句时髦的骂人的话，不能算是问题戏罢？总而言之，我们该反对的不是戏里含着什么问题；若是因为有一个问题，便可以随便写戏，那就把戏看得太不值钱了。我们要的是戏，不拘是哪一种的戏。若是仅仅把屈原、聂政、卓文君，许多的古人拉起来，叫他们讲了一大堆社会主义、德谟克拉西，或是妇女解放问题，就可以叫作戏，甚至于叫作诗剧，老实说，这种戏，我们宁可不要。

因为注重思想，便只看得见能够包藏思想的戏剧文学，而看不见戏剧的其余的部分。结果，到如今，不三不四的剧本，还数得上几个，至于表演同布景的成绩，便几等于零了。这样做下去，戏剧能够发达吗？你把稻子割了下来，就可以摆碗筷，预备吃饭了吗？你知道从稻子变成饭，中间隔着了好几次手续，可知道从剧本到戏剧的完成，中间隔着的手续，是同样的复杂？这些手续至少都同剧本一样的重要。我们不久就要一件件地讨论。

原载 1926 年 6 月 24 日《晨报》副刊《剧刊》第 2 期

诗与批评

闻一多

什么是诗呢？我们谁能大胆地说出什么是诗呢？我们谁能大胆地决定什么是诗呢？不能！有多少人是曾对于诗发表过意见，但那意见不一定是合理的，不一定是真理；那是一种个人的偏见，因为是偏见，所以不一定是对的。但是，我们怎样决定诗是什么呢？我以为，来测度诗的不是偏见，应该是批评。

对于"什么是诗"的问题，有两种对立的主张：

有一种人以为："诗是不负责的宣传。"

另一种人以为："诗是美的语言。"

我们念了一篇诗，一定不会是白念的，只要是好诗，我们念过之后就受了他的影响：诗人在作品中对于人生的看法影响我们，对于人生的态度影响我们，我们就是接受了他的宣传。诗人用了文字的魔力来征服他的读者，先用了这种文字的魅力使读者自然地沉醉，自然地受了催眠，然后便自自然然地接受了诗人的意见，接受了他的宣传。这个宣传是有如何的效果呢？诗人不问这个，因为他的宣传是不负责的宣传。诗人在作品里所表示的意见是可靠的吗？这是不一定的，诗人有他自己的偏见，偏见是不一定对的，好些人把诗人比做疯子，疯子的意见怎么能是真理呢？实在，好些诗人写下了他的诗篇，他并不想到有什么效果，他并不为了效果而写诗，他并不为了宣传而写诗，他是为写诗而写诗的；因之，他的诗就是一种不负责的东西了，不负责的东西是好的吗？这是一个很重要的问题，所以，第一种主张就侧重在这种宣传的效果方面，我想，这是一种对于诗的价值论者。

好些人念一篇诗时是不理会它的价值的，他只吟味于词句的安排，惊喜于韵律的美妙，完全折服于文字与技巧中。这种人往往以为他的态度仅止于欣赏，仅止于享受而已，他是为念诗而念诗。其实这是不可能的事，在文字与技巧的魅力上，你并不只享受于那份艺术的功力，你会被征服于不知不觉中，你会不知不觉的为诗人所影响，所迷惑。对于这种不顾价值，而只求感受舒适的人，我想他们是对于诗的效率论者。

这两种态度都不是对的。因为单独的价值论或是效率论都不是真理。我以为，从批评诗的正确的态度上说，是应该二者兼顾的。

柏拉图在他的《理想国》中赶走了诗人，因为他不满意诗人。他是一个极端的价值论者，他不满意于诗人的不负责的宣传。一篇诗作是以如何残忍的方式去征服一个读者。诗篇先以美的颜面去迷惑了一个读者，叫他沉迷于字面，音韵，旋律，叫他为了这些而奉献了自己，然而又以诗人的偏见深深烙印在读者的灵魂与感情上，然而这是一个如何残酷的烙印——不负责的宣传已是诗的顶大的罪名了，我们很难有法子让诗人对于他的宣传负责（诗人是否能负责又是一个问题）。这样一来，为了防范这种不负责的宣传，我们是不是可以不要诗了呢？不行，我们觉得诗是非要不可，诗非存在不可的。既然这样，所以我们要求诗是"负责的宣传"。我们要求诗人对他的作品负责，但这也许是不容易的事，因之，我们想得用一点外力，我们以社会使诗人负责。

负责的问题成为最重要的了，我们为了诗的光荣存在而辩护，所以不能不要求诗的宣传作用是负责的，是有利益于社会的。我们想，若是要知道这宣传是否负责而用新闻检查的方式，实在是可笑的，我们不能用检查去了解，我们要用批评去了解；目前的诗著作是可用检查的方式限制的，但这限制至少对于古人是无用的；而且事实上有谁会想出这种类似焚书坑儒的事来折磨我们的诗人呢？我想应该不会，在苏联和别的国家也许用一种方法叫诗人负责，方法很简单，就是，拉着诗人的鼻子走，如同牵牛一样，政府派诗人做负责的诗，一个纪念，叫诗人做诗，一个建筑落成，叫诗人做诗，这样，好些"诗"是给写出来了，但结果，在这种方式下产生出来的作品，只是宣传品而不是诗了。既不是诗，宣传的力量也就小了或甚至没有了，最后，这些东西既不是诗又不是宣传品，则什么都不是了。我们知道马也可夫斯基写过诗，也写过宣传品，后来他自杀了，谁知道他为什么自杀呢？所以我想，拉着诗人的鼻子走的方式并不是好的方式。

政府是可以指导思想的。但叫诗人负责，这不是政府做得到的；上边我说，我们需要一点外力，这外力不是发自政府，而是发自社会。我觉得去测度诗的是否为负责的宣传的任务不是检查所的先生们完成得了的，这个任务，应该交给批评家。

每个诗人都有他独特的性格、作风、意见与态度，这些东西会表现在作品里。一个读者要只单选上一位诗人的东西读，也许不是有益而是有害的，因为，我们无法担保这个诗人是完全对的，我们一定要受他的影响，若他的东西有了毒，是则我们就中毒了。鸡蛋是一种良好的食品，既滋补而又可口，但据说吃多了是有毒的，所以我们不能天天只吃鸡蛋，我们要吃些别的东西。读诗也一样，我觉得无妨多读，从庞乱中，可以提取养料来补自己，我们可以读李白、杜甫、陶潜、李商隐、莎士比亚、但丁、雪莱，甚至其他的一切诗人的东西，好些作品混在一起，有毒的部分抵消了，留下滋养的成分；不负责的部分没有了，留下负责的成分。因为，我们知道凡是能够永远流传下去的东西，差不多可以说是好的，时间和读者会无情地淘汰坏的作品。我以为我们可以有一个可靠的选本，让批评家精密地为各种不同的人选出适于他们的选本，这位批评家是应该懂得人生，懂得诗，懂得什么是效率，懂得什么是价值的这样一个人。

我以为诗是应该自由发展的。什么形式什么内容的诗我们都要。我们设想我们的选本是一个治病的药方，那末，里面可以有李白，有杜甫，有陶渊明，有苏东坡，有歌德，有济慈，有莎士比亚；我们可以假想李白是一味大黄吧，陶渊明是一味甘草吧，他们都有用，我们只要适当的配合起来，这个药方是可以治病的。所以，我们与其去管诗人，叫他负责，我们不如好好地找到一个批评家，批评家不单可以给我们以好诗，而且可以给社会以好诗。

历史是循环的，所以我现在想提到历史来帮助我们了解我们的时代，了解时代赋予诗的意义，了解我们批评诗的态度。封建的时代我们看得出只有社会，没有个人，《诗经》给他们一个证明。《诗经》的时代过去了，个人从社会里边站出来，于是我们发觉《古诗十九首》实在比《诗经》可爱，《楚辞》实在比《诗经》可爱。因为我们自己现在是个人主义社会里的一员，我们所以喜爱那种个人的表现，我们因之觉得《古诗十九首》比《诗经》对我们亲切。《诗经》的时代过去之后，个人主义社会的趋势已经非常明显了。而且实实在在就果然进到了个人主义社会。这时候只有个人，没有社会。个人是耽沉于自己的享乐，忘记社会，个人是觅求"效率"以增加自己愉悦的感受，忘记自己以外的人群。陶渊明时代有多少人过极端苦难的日子，但他不管，他为他自己写下他闲逸的诗篇。谢灵运一样忘记社会，为自己的愉悦而玩弄文字——当我们想到那时别人的苦难，想着那幅流民图，我们实实在在觉得陶渊明与谢灵运之流是多么无心肝，多么该死——这是个人主义发展到极端了，到了极端，即是宣布了个人主义的崩溃，灭亡。杜甫出来了，他的笔触到广大的社会与人群，他为了这个社会与人群而同其欢乐，同其悲苦，他为社会与人群而振呼。杜甫之后有了白居易，白居易不单是把笔濡染着社会，而且他为当前的事物提出他的主张与见解。诗人从个人的圈子走出来，从小我而走向大我，《诗经》时代只有社会，没有个人，再进而只有个人没有社会，进到这时候，已经是成为了个人社会（Individual Society）了。

到这里，我应提出我是重视诗的社会的价值了。我以为不久的将来，我们的社会一定会发展成为 Society of Individual, Individual for Society（社会属于个人，个人为了社会）的。诗是与时代同其呼吸的，所以，我们时代不单要用效率论来批评诗，而更重要的是以价值论诗了，因为加在我们身上的将是一个新时代。

诗是要对社会负责了，所以我们需要批评。《诗经》时代何以没有批评呢？因为，那些作品都是负责的，那些作品没有"效率"，但有"价值"，而且全是"教育的价值"，所以不用批评了

（自然，一篇实在没有价值的东西也可以"说"得出价值来的，对这事我们可以不必论及了）。个人主义时代也不要批评，因为诗就只是给自己享受享受而已，反正大家标准一样，批评是多余的；那时候不论价值，因为效率就是价值（诗话一类的书就只在谈效率，全不能算是批评）。但今天，我们需要批评，而且需要正确而健康的批评。

春秋时代是一个相当美好的时代，那时候政治上保持一种均势。孔子删诗，孔子对于诗作过最好的、最合理的批评。在《左传》上关于诗的批评我认为是对的，孔子注重诗的社会价值。自然，正确的批评是应该兼顾到效率与价值的。

从目前的情形看，一般都只讲求效率了，而忽视了价值，所以我要大声疾呼请大家留心价值。有人以为着重价值就会忽略了效率，就会抹煞了效率。我以为不会。这种担心是多余的。我们不要以为效率会被抹煞，只要看看普遍的情形。我们不是还叫读诗叫欣赏诗吗？我们不是还很重视于字句声律这些东西吗？社会价值是重要的，我们要诗成为"负责的宣传"，就非得着重价值不可，因为价值实在是被"忽视"了。

诗是社会的产物。若不是于社会有用的工具，社会是不要他的，诗人掘发出了这原料，让批评家把它做成工具，交给社会广大的人群去消化。所以原料是不怕多的，我们什么诗人都要，什么样的诗都要，只要制造工具的人技术高，技术精。

我以为诗人有等级的，我们假设说如同别的东西一样分做一等二等三等，那么杜甫应该是一等的，因为他的诗博、大。有人说黄山谷、韩昌黎、李义山等都是从杜甫来的，那么杜甫是包罗了这么多"资源"，而这些资源大部是优良的美好的，你只念杜甫，你不会中毒；你只念李义山就糟了，你会中毒的，所以李义山只是二等诗人了。陶渊明的诗是美的，我以为他诗里的资源是类乎珍宝一样的东西，美丽而没有用，是则陶渊明应列在杜甫之下。

所以，我们需要懂得人生，懂得诗，懂得什么是效率，懂得什么是价值的批评家为我们制造工具，编制选本，但是，谁是批评家呢？我不知道。

原载《火之源丛刊》第 2、3 集合刊，1944 年 9 月 1 日

戏剧与趣味

熊佛西

一

吃饭要有味，读书要有趣，做人要有意思。这是人情。除了悲观主义与禁欲主义者以外，趣味的贪求可以说是人类的共同点。唯各人的教育不同，趣味的标准则因之而异。甲所谓有趣者，未必乙谓之有味；丙认为有味的，未必甲又认为有趣。所以什么样的教育，产生什么样的趣味。学工程的当然对于工程有趣。攻文学的必是对于文学有趣。谭鑫培学戏，谭小培亦学戏，谭富英又学戏，这当然是因为谭家的教育是戏的教育，所以三代都富于戏剧的趣味。当然亦有例外，学戏而对于戏剧毫无趣味，研究科学而对科学毫无趣味的，亦大有人在。

教育是有等级的（指人之智愚而言，非指机会而言），所以趣味亦是有等级。人类有贤愚的分别，教育因之便有限制，趣味因之而有高低。高级趣味者爱读《红楼梦》，低级趣味者则爱看《灯草和尚》（民间流行的一种淫书）。高级趣味者对于唐宋名画欣赏不已，低级趣味者对于街头巷口匠人之涂抹津津有味。虽然我们不愿意将趣味列成等级，但是事实上趣味是有等级的。要打倒政治、教育、经济之畸形机会不难，要想人类的趣味统一却不容易。

经济是具体的，不平等的，可以用人类的"治力"来打倒，来支配。趣味是抽象的，虽是教育的而终是人性的，所以非任何力量所能支配。或者说只要教育办得好，趣味就可以统一，其实教育的力量只能将趣味提高，而不能使趣味统一。因为前面已经说过，人的智慧是有等级的。智者教之可以提高，愚者教之亦能相当的提高，但决不能提到与智者一般高。所以要使人类的趣味统一而无等级，最好先打倒人类的智愚！

二

根据上面的原则，再来研究戏剧的途径。

戏剧的说法很多。有的说它是人生的表现，有的说它是教育的工具，又有人说它是纯美的创造，近来还有人说它是无产阶级意识的呼号。这些说法都有道理，只要它们的表现富于趣味。任何派别的剧本，只要其中蕴蓄着无穷的趣味，即是上品。因为戏剧是以观众为对象的艺术。无观众即无戏剧。无论你的剧本艺术是何等的高超或低微，假如离开了观众的趣味与欣赏力，其价值必等于零，等于无戏，等于有戏而无观众。

那么我们究竟需要什么样的戏呢？简言之，大多数的人看得懂，大多数的人看得有趣味的戏剧，就是我们需要的戏剧。哭有哭的味，笑有笑的趣。我们的民众今日太麻醉了，不知哭，不知笑，当然不知哭笑里面的趣味。我们不敢希望人人对于戏剧发生趣味，因为这是事实上办不到的，但是我们希望大多数的民众能领略戏剧中的趣味。

现在戏剧界有三派势力：一曰歌剧，二曰话剧，三曰电影。以歌剧资格最老，话剧次之，电影则为近二十年的后起。这三派势力各有各的内容与形式，各有各的诽者与捧者。换句话说，各有各的趣味。爱歌剧者未必爱话剧，爱话剧者未必爱电影。我常说："萝卜白菜，各有所爱；爱萝卜者未必爱白菜，爱白菜者未必爱萝卜。"当然亦有爱萝卜而兼爱白菜者，但此终属少数。故任何派别的艺术，只要它能引起人的趣味，即能存于人类。此等富于趣味之艺术，虽用炮轰弹击，亦不能倒，徒呼"打倒"口号，更是无益。

三

中国剧界亦为上面所举的三派势力把持着。电影的势力最大，旧剧次之，话剧更次之。旧剧虽然比较的缺乏现代性，因有悠久的历史，故其势力仍存。电影在中国的日期虽不长，因其表现的范围较大且具体，尤其在观者的视觉方面，故一般观者对之趣味极厚。话剧呢，在中国只是一个十几岁的小弟弟，其势力虽不如电影与旧剧，只因是新兴的，向上的，前进的，加之几年来一般同志的努力研究与提倡，其势力亦有一日千里之势，前途万分伟大光明。话剧是表现时代最方便而有力的工具，所以话剧充满了现代精神——现代人的痛苦与悲哀，现代人的快乐与希望。这是当然的，现代的民众欢喜看有现代精神的戏剧。

我在前面已经说过，趣味是很难一致的。话剧虽然充分的表现时代精神，但它想压迫电影，驱逐旧剧一时是办不到的。因为人是怪物：有激烈的，有和平的，有冲锋的，有倒行的，有极端维新的，亦有极端守旧的。况且旧剧电影亦有它们的行道，主顾，趣味。假如旧剧在形式和内容上都达到了完美地步，那是任何力量不能驱逐的。倘若它不改革——当改革的不改革，不应改革的乱改革——老是违背时代性倒行逆施，那么就是没有压迫，它本身也会灭亡。例如秦腔在四十年前颇极一时之盛，现在则衰落不振，这固由于乱弹的压迫，然而它为什么甘心情愿接受乱弹的压迫呢？这当然是因为它本身有欠缺，在艺术上没有乱弹完备，所以一般人才将昔日爱练秦腔的兴趣转移到乱弹身上。昆曲亦是如此。这是天演公例。但今日乱弹的兴盛决不是偶然的，是多年教育训练——艺术的训练，趣味的训练——而成的。

不过我们从另一方面着眼，多数人爱看的，不见得就是顶好的，高级趣味的；少数人爱看的，亦不见得就是极坏的，低级趣味的。艺术史上的事实可以证明。文明戏当年非常盛行，为什么？是它的艺术高超吗？不是。完全是因为它能迎合一般人的低级趣味。也可以说它能诱惑一般人的弱点。例如它所表演的不是少女调情，便是姨太太吊膀子争风吃醋。又如年来国内画报的风行正像雨后春笋，这是因为民众爱好艺术么？也不是。这是由于画报爱登裸体写真与少女的相片，所以销路特别广大。那些真正提倡艺术的画报，例如《故宫周刊》《艺林旬刊》，反倒没有人看。如此种种都足以证明在今日中国高级趣味的人少，低级趣味的人多。

我们现在提倡的新兴戏剧也是这样，观众虽没有旧剧和电影的多，势力也可以说没有它们的大，但是其中的趣味却比它们高。比较有高级趣味的民众才来看我们的戏，才能欣赏其中的趣味。但有一事不可误会：有高级趣味的人不见得是资产阶级，虽不敢说尽是无产阶级，但敢断定无产阶级要多过有产阶级。我有事实为证。我们平常演戏，剧场门口向来没有停着汽车马车，而梅兰芳、杨小楼演戏时或真光演电影时，汽车总是盈门。所以有高级趣味的民众不见得就是资产阶级。

四

中国艺术界现在有一种通病：老想灭亡别人，不知建设自己；总想诽谤别人，不愿反省自己。这真是害人损己的办法。作者自愧不才，滥竽新兴戏剧运动有了十几年，关于此点却看得很清楚，故常对同志们说："我们不要攻击别人，应该努力建设自己；不要尚空谈，应该脚踏实地地去做！"现在我还要乘此机会用同样的话来勉励未来的编剧家，导演家，及一切忠实于新兴戏剧的同志们。

倘若希望我们的戏剧成功，我们应该在作品中处处使观众发生趣味，发生高级的趣味。要达到我们的目的，唯一的方法是研究观众的心理。他们干些什么，想些什么，希望的是什么，痛苦的是什么，爱什么，恶什么，一句话，对于他们的各方面应该彻底去研究。同时要拿出我们自己的见解来，使他们为我们所动，为我们所感，为我们笑，为我们哭，为我们发生大而且高的趣味。

这是成功一个戏剧家唯一的秘诀。

原载熊佛西著《写剧原理》，中华书局1933年版

写意与写实

熊佛西

许多人以为中国戏是写意的,西洋剧是写实的。这种见解不无讨论的余地。

亚里士多德说一切艺术都是人生的摹仿,但摹仿不是抄袭。摹仿人生不是抄袭人生。关于这一点亚氏在他的《诗学》第二章说得很清楚:他说悲剧的人格应该较一般的人格更伟大,更完美。这很可以看出亚氏对于"摹仿"的意义,不是指抄袭,而是指创造。近几百年来因为受了科学昌明的影响,万事都求真确,艺术亦是如此,发生了所谓写实主义。于是画求像,戏求实,一切艺术求真确。"写实"之风,极盛一时。摹仿人生一变而为抄袭人生矣。

其实抄袭与摹仿有别。抄袭是客观的,摹仿是主观的。抄袭的目的在真像,分寸不能苟,毫厘不能差。摹仿的目的在挑拣其精华而美化。既挑拣,当然不能真;既美化,当然不能像,自然而然的与摹仿的对象宣布独立了。譬如甲乙同画一株古松。甲抄袭,乙摹仿。抄袭者自然一株不少,一针不短,无株不像,无针不真,结果画上之松与自然之松,毫无差异。摹仿者自然先挑拣,继补造,结果画上之松与自然之松,迥然不同。乙的作品中有他的人格,有他自己独到的见解,是艺术;是自然的摹仿,而非自然的抄袭。甲的作品中没有他的个性，没有他自己的灵魂，不是艺术；只是自然的抄袭，而非自然的摹仿。所以抄袭是死的，摹仿是活的。摹仿中含有创造，抄袭里没有摹仿。

不幸一般人把抄袭当着写实，把创造当着写意，这实在是冤枉、无聊。我不是说艺术中不应该有"实"。应该有"实"。应该有生命之源之"实"，不应该仅仅有抄袭生活之实。明乎此，写实写意之称，根本不能成立。

戏剧是人生的摹仿，是创造人生的艺术，不是抄袭人生的技术。戏就是戏，不管中国戏外国戏，不应该有写实写意之分。我们应该把艺术与技术的程式划分清楚，虽然二者是很难划分的。中国舞台的程式是近于臆造，我们是承认的。由此就断定中国戏剧艺术是写意的，我们是绝对不敢承认的。假如中国戏剧是写意的，西洋戏剧是写实的，那么《桃花扇》《琵琶记》《汾河湾》《三娘教子》《庆顶珠》《打花鼓》《游龙戏凤》与西洋戏剧中的《俄狄浦斯王》《哈姆雷特》《玩偶之家》，有什么分别呢？《天女散花》《游园惊梦》与《青鸟》《潘彼得》在风格上又有何不同呢？

在世界艺术史里有"写意""写实"的名词存在，我们不否认，至于说艺术的本质上有写意、写实的区别，不无讨论的余地。说中国戏剧有"中国性"，西洋戏剧有"西洋性"，我们亦不否认，至于说中国戏剧是写意的，西洋戏剧是写实的，我们是绝对以为不可的。

原载熊佛西著《佛西论剧》，新月书店1931年版

体验与艺术

滕 固

梅雨一天天的连绵而下；阴湿之气包围了西溪草堂，抽出几卷先人的遗书来消遣。这次回到故乡不异前年。前年我抱病在草堂，偶然翻出几种画的书，以为我第一次触着艺术的真谛。后来这些书都带往东京去了，只有二三种剩在这里。

《黎洲集》（黄宗羲）中有篇《柳敬亭传》，暂且抄几段以为这篇小论的楔子。柳敬亭是明末的一个风动一时的说书先生，传中说："云间有儒生莫后光，见之曰：此子机变，可使以其技鸣。于是谓之曰：说书虽小技，然必拘性情习方俗，如优孟摇头而歌，而后可以得志。敬亭退而凝神定志，简练揣摩，期月而莫生，生曰：子之说，能使人慷慨涕泪。又期月，生谓然曰：子言未发而哀乐具乎前，使人之性情不能自生，盖进乎其技矣。"

后来他浪游各地，又到宁南军中做幕僚；参与机密。最后传中说："亡何国变，宁南死，敬亭丧失其资略尽，贫困如故时；始复于街头理其旧业。敬亭既在军中久；其豪猾大侠，杀人亡命，流离遇合，破家失国之事莫不亲身见之。且五方士音，乡俗好尚，习见习闻；每一发声，使人闻之，或如刀剑铁骑，飒然浮空；或如风号雨泣，鸟悲兽骇；亡国之恨顿生，檀板之声无色；有非莫先生之言可尽者矣。"

这位伟大的艺术家，始而凝神定气简练揣摩，继而身历惨难之境；他受过了这层体验的洗礼，终于完成他的艺术。所谓体验，不管学问上义解分歧，以我看来，一个艺术家聚精会神去咀嚼一切，体会一切，一切都被艺术家人格化了，这就称体验。柳敬亭的说书，下了这一番工夫，借历史传说中主人公的歌哭，发他自己要歌哭的；他的一歌一哭，就是他全人格的流露。像柳敬亭的艺术，恰是所谓"苦闷的象征"；他生当乱世，身遭亡国破家，于是没入苦闷的旋涡中，在历史传说的主人公中，发见了自己，接触着真的人生，那末形之于色，发之于言，他的艺术也成功了。司马迁做屈原贾生列传，他在屈贾中发见自己，贾谊吊屈原，他在屈原中发见自己，这是一例的。

Anatole France 说：一切小说实不出乎自传。我以为一切艺术也不出自传的一种。并非过言，所谓自我觉醒，主观复活，的确是近代的精神。艺术家于是也在一切中发见自我，在自我中发见一切；发见了自我，然后可创造我的个性，我国从前的艺术家，早有这种精神；如石涛和尚的画语录中有一段说："……借笔墨以写天地万物，而陶咏乎我也；今人不明乎此，动则曰某家；纵逼似某家，亦食某家残羹矣，于我何有哉！我以为我，自有我在；古之须眉不能生在我之面目，古之肺腑不能安入我之腹肠；我自发我之肺腑，揭我之须眉。……"

谢赫立出绘画批评的标准凡六：就是世称六法。第一"气韵生动"，这不但适用于绘画，也可当做求一切最高艺术的标准。

据我看来，气韵生动这四字，无非指天地间鸿蒙的气体，微妙的韵律，万物生生不息的动态。艺术家将天地间的气体，绵缦于自己的胸中；将韵律震荡于自己的心中；万物也生动于自己的脉络中；于是发于楮墨，发于丝竹，发于色彩，无往而非大艺术品了。董其昌说："画家以古人为师已自上乘，进此当以天地为师。"王石谷说："画家六法，以气韵生动为要；人人能言之，人人不能得之；全在用笔用墨时，奇取造化生气，惟有烟霞丘壑着癖者，心领神会。"在这里我们可以晓得先代艺术家，在大自然中发见自我，以有深刻的体验自然；那末 Rodin 忠于自然的体验工夫，我国先代艺术家早有此精神。就是现代后期印象派的精神，要把捉潜在自然背后的神灵；我国先代艺术家也早有此精神了。

希腊人所谓 Macro-cosmos（大宇宙）与 Micro-cosmos（小宇宙）；在这里自然就是大宇宙，自我就是小宇宙；潜在自然背后的神灵，——造化生气——反映出潜在自己内面的精灵；宇宙的一切的美，岂非证明了柏拉图所谓的 Idee？

本来气韵生动说，也是一种泛神论的遗意；自艺术家发见了"神即我"，"我是人"，又触到了生之苦闷；先代画家的放于林壑，出群拔俗，同时他们都有忧郁病的苦闷。他们深深地体验自然，便是深深地体验人生；艺术的价值由此奠定，所谓个性的创造，生命的表现；无非全人格的反映。

现在我们所求的艺术，不在何派何主义的臭气；在把自我装入的艺术。我们若是不跃入苦闷的旋涡，怕不会发现真艺术吧。

7月4日　月浦

原载 1923 年 7 月 21 日《中华新报·创造日》创刊号

艺术之节奏

滕　固

节奏，Rhythm 并非起自艺术，而艺术完成节奏。宇宙运行，即存有此自然而然的节奏。人生感应宇宙运行的法度，而作周旋进展的流动，亦存有自然而然的节奏。艺术体验宇宙与人生的生机，而表现于作品上，更具有自然而然的节奏。艺术中的音乐，最能实现这种自然而然的节奏。所以 Pater 说："一切艺术，常归趋到音乐的状态。"换一句话说：一切艺术都要保持音乐的状态，而完成这种自然而然的节奏。

宇宙运行，是怎么样的？我敢借《易经》上的话来说明。《系辞》所称："富有"，"日新"，"生生"，"成象"，"效法"，"极数知来"，"通变"，"阴阳不测"，这就是宇宙运行的体相。其文曰："富有之谓大业，日新之谓盛德。"张子注："富有者，大而无外；日新者，久而无穷。"曰："生生之谓易。"戴东原注："生者，至动而条理也。"曰："成象之谓乾，效法之谓坤。"这是宇宙由于伟大无穷，而生产万物，有象有法。曰："极数知来之谓占，通变之谓事。"这是宇宙既有象与法，只限于过去的陈迹，与现在的样态。而未来的象与法，又变化不穷。人事可推测其变化，而顺应之。曰："阴阳不测之谓神。"这是我们既能推测变化，然其所以变化致此，又至不可测的事，所以叫做神。神就是实在，就是宇宙的根极。宇宙运行，变化不测，产生万物，动而有条理；由条理成相成法。在这生成行动的当儿，一种自然而然的节奏生起了。

其次，人生的流动，何以要说感应宇宙运行的法度而来的？《易经》上说："天行健，君子以自强不息。"这是宇宙运行，不废江河万古流的；人生感应了这种法度，自己努力为生，也作不息的流动。曰："是故天生神物，圣人则之；天地变化，圣人效之。"凡是大智大能的人，最先发现宇宙运行的法度，所以则之效之，为人群的先觉。曰："夫大人者，与天地合其德，与日月合其明。"这是人类努力向上的生活，作不息的流动，合于宇宙运行的法度。人生与宇宙的体相，可说是一样的。希腊人称天地森罗万象，曰大宇宙。人生活动样态，曰小宇宙。未尝不是这个意思呢。所以人生流动之际，就应有这种自然而然的节奏。

复次，艺术的表现，何以要说体验宇宙与人生的生机？《虞书》说："诗言志，歌永言，声依永，律和声。"这是说诗是人生热情的表出。（此次"志"字我敢作热情解，包含喜怒哀乐之情以及向上生活的欲望。旧解"心之所以之"，在此地未免晦涩。）歌谣把诗留以传唱，音乐把歌谣谱成曲调。由诗进而成歌谣，由歌谣而成音乐。《乐记》说："乐者，天地之命。中和之纪，人情之所不能免也。"音乐艺术，是受命于天地，发自人情所不能忍；所以叫做体验宇宙与人生的生机。《中庸》说："喜怒哀乐未发之谓之中，发而中节谓之和；致中和，大地位焉，万物育焉。"此处所谓："中和之纪"与"致中和"，都是艺术上的节奏。节奏起了，宇宙变化有常，万物生生不息；所以艺术完成宇宙与人生的节奏。《诗》序说："诗者志之所之也，在心为志，发言为诗；情动于中而形于言；言之不足，故嗟叹之；嗟叹之不足，故永歌之；永歌之不足，不知手之舞之，足之蹈之也。"这是诗歌、音乐、舞蹈三种艺术，同一渊源，愈演进而愈变其形的一证。但这三种艺术同样是完成那种自然而然的节奏，这不言而可喻的了。

艺术之节奏，为近今流行之新语；我援引古籍上的话来伸说，在科学昌明之今日，有人必认我为谈玄。不得已，请举西方学者一二家来证实，以告无罪。自希腊古哲 Herakleitos（B.C.535—B.C.475）以至近今法哲 Bergson 其宇宙运行之理，人生流动之相，阐明已久。其问艺术之节奏肇自宇宙与人生；文艺批评家以及美学家，又同声而倡导的了。有 Edwin Blorkmann 的主张，最为精当；他以为宇宙的节奏，就是人生的节奏。他说："到处人生努力于上进与圆满，其最近目的，是使我们对于世界上的法则及趋向日益亲密，而使我们能适合于我们所占之世界。世界上法则中其重要者，无有如一切进步的建设的创造的运动，必须有节奏！若此培养我们的美感——所谓美感，质言之：即是节奏之感觉之强有力近于催眠的——人生，可说是永久的奋力于得'与宇宙相冥合'的地位而无疑义了。"我们看了这一节话，那么我上文所说的话在这里一齐有了。他是主张万物生生不息的，我再举他的话来补足。他说："所以我敢至诚至快的喊道：太阳之下必有新异！苟日新，世界又日新，……新益加新，以至陈者渐萎谢而无遗，——即太阳本身或亦能更新，而成一有精神有自觉并有灵魂的太阳，此太阳与现有的太阳相去，正像吾们人类与盲目麻木的无机物之素质之悬殊呢。"他这种主张，好像很离奇的；但我们想到万物有生机的，这太阳当然也有生机的，而且最能代表宇宙一切的生机呢。那末他的主张，并又离奇了。

有人以为节奏这一辞，单指诗的字面上之韵脚，或音乐的曲谱上之符号；这是误解的了。近今西方学者，在艺术的起源上，追求艺术的本质；据他们的报告：以为节奏在太古人文未发育的时代已有了。例如未有言语的原始民族，因树木等的节奏，而人们的意志与之交通，在人心的深处潜在的一种自然动机。其表现于外，则为诗与音乐与舞蹈。原始人唯一的艺术，就是这三者。所以又称做内在节奏（Inner Rhythm）。由于大自然而摄入我们的心髓，甚至紧接于我们生理方面的呼吸与脉搏。学者便也由形上的研究，渐进而为形下的研究。如 Herbart，Spencer，Meumann，Wundt 等作心理学与生理学上的研究了。

由纯艺术诗歌音乐舞蹈分化出去，有所谓造型艺术绘画、雕刻、建筑，各自成一独立的境界，而又归向到混同的境界。泛泛地看来，除去诗歌音乐舞蹈以外，其他艺术没有节奏可言；这又差了。中国人最先发见绘画中有诗的音乐的素质，——节奏——谢赫所提出的最高目标是"气运生动"；苏东坡赞扬王维的作品是"诗中有画，画中有诗。"Pater 说："多数世评的谬误之处，诗歌音乐绘画等凡艺术的种种作品，以为想象力的思想之同一固定的数量，不过以相违的言语来翻译；在绘画为色彩，在音乐为声响，在诗歌为节奏的，以所定专门的性质来补足的一点。"这段话中的意味，也不过说明各艺术内容是一元的，不能以形类来制定歧异之处。近代德国批评家以为各种艺术，其间精纯的力点，总是船水相助，形影相借的，即所谓 Andrs-streben。音乐借助绘画，建筑借助绘画雕刻诗歌，雕刻借助色调，其所谓相互依借的助力就是节奏之力。Yoats 说："节奏之力，殆在于延长沉思之刹那。这刹那是在于吾们梦醒状态的刹那，也是创造的一刹那，由于蛊惑的单调使我们宁静，这单调由于变化而使我们醒，使近于梦幻的状态，这种梦幻状态的心，要免去抑制的压迫，于是在象征中表出。如其感性锐敏的人，听到怀中时计的声响，或凝视单调的光闪，必陷于催眠的恍惚。而节奏，就像和着时计的声响，定要静静的倾听，人若失了记忆不倦的倾听，比时计的声响更变化。"凡艺术都能放出吸引力来，吸收我们；使我们陶醉而不自觉，自觉而复自陶醉。故曰："一切艺术，都归趋到音乐的状态。"

艺术失了节奏，不成其为艺术。人生失了节奏，不成其为人生。宇宙失了节奏，不成其为宇宙。在这一点上，我敬仰 Nietzsche 的高唱音乐的文化，我们都读过他的著作，那末我可搁笔了。

原载 1926 年 1 月《新纪元》第 1 号

诗书画三种艺的联带关系

滕 固

倾聆许裴伊瑞（W，Speiser）和汪少伦两先生关于中国艺术的讨论，辞精义粹，至为钦迟，他们会屡触及诗和画或书和画的问题，这诚是领会中国艺术的重要关键，我愿意对此问题，就一时涉想所及，简单提出我的意见，一方面聊为许汪两先生论旨的注脚，他方面对于那些暧昧莫胡的见解，试作平易近情的整理。

在中国古代，诗歌音乐舞蹈三者，已认为有其共性而联结不分。《尚书·舜典》说："帝曰夔，命汝典乐，教胄子，……诗言志，歌咏言，声依咏，律和声；八音克谐，无相夺伦，神人以和。"在这里指示出诗歌和音乐同一渊源而无异致。孔子搜集各地民歌、乐章舞曲而编为《诗经》，他的门人子夏在诗序中说："诗者志之所之也，在心为志，发言为诗。情动于中逐为言，言之不足，故嗟叹之；嗟叹之不足，故咏歌之，咏歌之不足，故手舞而足踏之。"（舜典和诗序的伪托问题，此时暂不讨论，这种见解，总是起源很古）。这里又进一步指示歌诗音乐舞蹈三者，在一条沿线上发展的，这三者可谓关节相通，首尾相衔。而后之论诗乐舞者，奉为黄金之律，莫敢非难。

我们就这三种艺术的起源和性征而论，虽在艺术科学（Kunstwissenschaft）热忱开发的今日，非不但否认其间有亲属的关联，且有许多学者更从而修理之，证明之。我们的教授待索阿（Max Dessoir）先生在其有名之著作《美学与一般艺术科学》中，也将俳优（Mimik）诗歌和音乐三者纳入于同一范畴：这个范畴叫做《音乐的艺术》（见该书253至263面），可见古人的智慧和今日科学考察的结果，也有不谋而合的地方。

到了后代有诗书画三种艺术的结合，这种思想在欧洲是不会发生的，在东方也只有在中国（日本从中国流传过去的）可以找到，凡讨论中国艺术，对于这个问题是不能忽略的。

唐玄宗赞扬郑虔诗书画三绝（见朱景玄《唐朝名画录》），以后诗书画三个字就很容易的联在一起，玄宗的意思浅言之，似乎指郑虔有多方面的才能，能诗，能书，能画，正像欧洲人说米凯朗基罗在建筑雕刻和绘画的三方面都有很高的地位一样。诗书画，各有各的领域，固不必一人能兼，然因其时代艺术生活的高超，艺术家基于多方面的素养而其造诣也就达于多方面。表面的事实如此，而其真义又似不止此。在中国诗和画或书确有不可想像之关联；惟其关联不必如诗乐舞三者之基调相同耳。今试为陈述者，一是书与画的关系，二是诗与画的关系。

晚唐艺术史家张彦远论书画的关系："顾恺之之迹，坚劲连绵，循环超忽，格调逸易，风趣电疾，意存笔先，画尽意在，所以全神气也。昔张芝学、崔瑗、杜度草书之法，因而变之，以成今草书之体势，一笔而成，气脉相通，隔而不断。惟王子敬明其深旨，故行首之字，往往继其前行，世上谓之一笔书。其后陆探微亦作一笔画，连绵不断，故知书画同法。……张僧繇点曳斫拂，依卫夫人'笔阵图'，一点一划，别是一巧，钩戟利剑森森然，又知书画用笔同矣。国朝吴道玄古今独步，前不见顾陆，后无来者，受法笔于张旭，此又知书画用笔同矣。"要究明书和画的关联，我们可以举出下列几个观察：

一、书法在中国很早时代就由实用工具演化而为纯粹的艺术。

二、书和画所凭的物质材料笔、墨、纸、绢是同样的。

三、书和画的构成美同托于线势的流畅和生动。

四、书法的运笔的结体为绘画之不可缺的准备工夫（基本练习）。

有此几种理由，张彦远便很伶俐地比照书法的发展而论绘画的发展，他的艺术史（绘画史）见解，可名叫做"书法风格的艺术史观"；于是他的结论说："夫物象必在于形似，形似须全其骨气，骨气形似皆本于立意，而归乎用笔；故工画者多善书。"（俱见《历代名画记》）一切艺术，虽种类各异，追溯渊源，必能牵合到同一的亲属，书和画何尝不可如此，但我此时不欲推深论旨，原就近处着眼。这里书和画的联结状态，不是书要求于画，而是画要求书，就是书为画的前提。这一点，与邃古之世若干国家的像形文字，"书要求画，画为书的前提之情形"，适成一反对。此无他，实用工具与艺术表现之不同耳。抑又言之，中国艺术的发展上，每倾向于人格表现，超脱自然而不屑为逼近自然，因这个原故，书与画的联结，自晋以来，互流于绘画的全史。

到了宋代，人们又努力使诗与画相结合，但其情形和书面的结合又有多少的不同，兹举若干观察如下：

一、自唐以来，山水画日渐发达而为绘画的本流，同时诗歌中赞美自然的热忱，和画相互影响。苏东坡称扬山水画家兼自然诗人王维说："味摩诘之诗，诗中有画，观摩诘之画，画中有诗。"

二、特别自北宋以来，墨戏画在士大夫趣味相投的空气中发达，此等山水竹石墨戏作品，由感受的压迫作刹那间情绪的倾吐，与抒情诗的要素相同。苏东坡诗："诗画本一律，天工与清新。"又："古来画师非俗士，妙想实与诗同出。"

三、凡画家而又为诗人，其画必能得更高之评价，所谓"画师非俗士"。

现在很明白，书与画的结合，不能说没有本质的通连，然多分是技巧和表现手段（工具）的相近；而诗与画，一用文字与声音，一用线条与色彩，故其结合不在外的手段而为内的本质。诗要求画，以自然物状之和谐纳于文字声律；画亦要求诗，以宇宙生生之节奏，人间心灵之呼吸和血脉之流动，托于线条色彩，故曰此结合在本质。

由书画的结合和诗画的结合，后来许多画家在这种特殊的空气里养成兼能诗工书的习惯。画好一张画，便写上一首诗，诗的内容和画的内容通常都是相适合的，同时其所写之诗，在书法上说亦有异常之技巧，这样便成一张完美无缺的画。若其人但能画而不能诗不工书，其评价立刻低落，如董其昌的渺视仇瑛即其一例。在这个关系上，诗人不必能画能书；书家也不必能画能诗；而画家却要能诗工书。诗与书常常成为装饰画的必要辅助物，变本加厉，倘若画之与装潢，这种风气，自明以来，尤为盛行。于是不能书的画家，题款时要请人代笔，不能诗的画家也要勉抄几首诗（当然，有些名家也常抄前人诗作题，我于此间只指不懂诗而硬要写诗的画家），这种颓废的风气已不是上面所示的诗书画的结合，而是积久弊生的坏习惯。然而我们因此可以知道：在中国做一个完善的画家，何等困难，绘画名作所历的阶层又何等奇特，而我们欲理解绘画，也就不能不兼究书法与诗歌。

此文底稿作者用德文写的，原系1932年7月20日，在柏林大学哲学研究所待索阿教授的美学讨论班上宣读的。今译载于此，自知浅陋，望读者教之。

原载滕固编《中国艺术论丛》，商务印书馆1938年版

有用与美

徐蔚南

劳动快乐化了，才不愧为名副其实的生活。但是实现了"生活的艺术"，把生活来艺术化美化的时候，敢问从这生活美化里生出来的人生之效果，究竟是什么呢？

加本探说从劳动快乐化里带来的利益有二种：一种是劳动者跟着自己表现，自己解放而来的自身的快乐。换言之，就是创造的欢乐。其他一种，就是从创造的欢乐里制出来的东西的价值。换言之，制造出来送到市场上或商店里去出卖的或交换的物品，因其是从欢乐里造成之故，在那物品里所以吸收着制造者的精神的；购买这种物品的人，使用这种物品的人也反映着相同的精神。说得通俗一点，就是靠了劳动的快乐化，劳动者自身享受着创造的欢喜，使用从这种劳动里产生的物品的人也分得创造的欢喜。制造者与使用者大家得着欢喜，幸福的世界即依此涌现。这便是劳动快乐化生活美化的社会的意义了。莫利史说民众艺术，是"靠了民众，为了民众而制造的，制造者与使用者均得幸福的艺术"，不外是我们上面说明的意味。

然而我们怎样在劳动里找求快乐呢？我们怎样把生活来艺术化、美化呢？劳动快乐化与生活的艺术化的条件，已经说过了的，把我们内在的所有活动，缩到最少限度的活动，把我们的创造的冲动扩充到最大的活动。但是现在问题便要转换了。就是为了实现那尽量伸张，扩充我们的创造冲动的条件，要如何才可以成功？

那是很明白的事，我们来把那所有冲动具体化的近代商业主义之跋扈扑灭了，造成一个能容各个人尽量发展创造冲动的新社会就成功了。

造成近代劳动生活根本的弊害，是商业主义之跋扈，资本主义之横暴。商业主义资本主义，极端地发挥了所有本能，形成了一种错误的财富。结果，人类的劳动便与商品一样买卖起来了。买劳动的人是资本阶级，他们自己一点也不劳动，而专以财富来买他人的劳动。卖劳动的人便是劳动阶级，他们为了非卖去劳动不可生存之故，于是不能不叛逆了自己的意志，去依从买主（资本家）的意志了。从事劳动的劳动阶级中人，于是便不得不如莫利史所云："他们生活的兴味已从劳动的中心游离开了，他们的事务只是一种苦役；跟着别人的意志而得活计，简直只是一个机械罢了。他们是成为毫无一点意志的人了。"那种劳役，完全是单为了生活而劳役，为了劳役而生活的奴隶状态。

但是这种奴隶状态，不仅从事于劳动的人如此，就是使用购买那种劳动里所产的物品者何尝不是如此呢？我们要知道，近代的商业主义把那具有买卖才能的购买者变成为市场的奴隶了。"市场不是为了人类而有的，人类为了市场而有的"，是近代商业主义的标语。这种样子，自然不论在劳动者方面，使用者方面，都浪费了许多的精力，而毫无一点幸福了。

如果要改革这种状态，应当如何着手呢？那就是莫利史所说的，劳动者要有"非造真正有用的东西不可"的觉悟。有用的东西是什么东西呢？就是劳动者自己与邻人均认为"必要"的东西。近代，劳动者的"必要"，与使用劳动生产品的人的"必要"，完全不同。现在为便利起见，即就日常用品说一说，制造日常用品的人，对于制造出来的物品，简直毫不觉得"必要"，然而要当作"必要"一般的工作着。在使用者的一方面呢，对于所用的物品完全不知道怎样造成的。因此，使用者与制造者之间，不论在使用那物品上，制造那物品上，都没有一点同感。如果要得到同感，最好使用者与制造者互相帮忙做。例如，一个木匠，一天做一只箱子来给一个铜匠；另一日，那个铜匠做一只杯子来给木匠。这样，二人的工作便有同感了。因为木匠的箱子，是像做给自己用的一般，去替他的朋友铜匠做的；铜匠的杯子也是像做给他自己用的一般，去替朋友木匠做了。彼此之间，大家觉得"必要"才工作，那种工作才是快乐的工作，那种物品才是真正有用的物品。

离开了那"必要"，便没有了"有用"的意义。把自己与邻人的"必要"置之度外的都不过是服从商业主义的命令的劳动罢了。这种劳动所产生的物品，不是游惰阶级的奢侈品，便是只为供给市场上出卖的粗制滥造品。生产品与生产者的生活毫无一点必然的关系，所以那种劳动毫不带着一点创造的快乐，只是苦役罢了。

上面所说的有用的工作，如果我们要格外做得好一点，应该怎么样呢？莫利史对于这个具体的问题举出三个条件来。第一要工作有变化，打破工作的单调。我们如果被强迫着，每天做同样的工作，没有一点变化的希望，也没有免除不做的一天，我们的生活不是像关在监牢里拷问一样吗？假使说我们应该如此的，那不过表示商业主义的暴虐罢了。凡是一个人至少应有三种职业，有的是坐在室内做的，有的是在露天去做的。不仅做强健精神的工作，并且也要做强健身体的工作。譬如把我们生活的一部分，放到一切工作中最为重要最为愉快的工作（像种田）里经营，我想总没有人会不欢喜的。所以用工作的变化来破除单调的弊端，决不是不可能的。

为要把有用的工作更加做得好一点的另一条件，便是劳动生活的环境的改造。所谓环境的改造，意思不外乎要把劳动生活的环境变成为快乐的罢了。莫利史说，我们文明人，看见凄惨的污秽的劳动生活，竟毫勿动心，仿佛劳动生活里应该有龌龊，应该是凄惨的一般，正合富有之家总有相当的龌龊一样，社会上的人看去以为是必然的。但是，假使有个富翁在会客室里，堆了一大堆的煤渣，当作弗看见；在饭厅旁边筑了一间茅厕，漂亮的庭中堆积着小山般的垃圾，床上被褥永不洗濯，台毯也永不替换，一家五六口一起睡在一张床上，这个富翁果真这样做，他一定是癫狂的东西，不癫狂，那里会如此！但是劳动生活的凄惨、污秽，现在我们的社会却视若无睹，甚会以为是当然的，毫勿介意，我们不是头等的狂夫了吗？不改革劳动生活的环境，我们简直是无从辩白的独夫。要改革，便得将工厂制度改良起来，把工厂变成理智活动的中心，交际的场所；在工厂里涌现出如在家中一般安慰与欢乐，那末才行！

原载徐蔚南著《生活艺术化之是非》，世界书局1927年版

艺术对于人生的价值

徐蔚南

从前，我们对于艺术，只有所感，"有所感"只是一件本能的职务，并不是推理。我们对于艺术虽有崇敬或尊重之念，但是我们说不出崇敬与尊重的理由来。如今我们能够证明我们的赞美，能够指出艺术在人生之间的地位了。——从许多点考察所得，人是努力抵抗自然，抵抗旁人而防御自己的动物。人是需要食物、衣服、住居，以防不良的季节、困穷与疾病的。因此，于是有耕田、航海，以及种种商业的经营了。——更进一步，人还需继存他的种子，防止他人的暴行的。因此，于是有家庭与国家的组织了；于是有法官、官吏、宪法、法律、军队的设备了。有了许多的发明，经过了许多的劳作之后，人还不能脱出最初的范围，就是人还是个动物，只比了别的动物，有较好的食粮、较好的防御罢了；人还是只能想到他自己，想到他的同类而已。——到这时候，一种优越的生活展开了，就是展开了瞑想的生活。有了这种生活之后，人才对于恒常基本的原因（自己的存在和同类的存在，都悬于这原因上的）有兴趣，人才对于那主要特性（支配着各种集合，甚至在最小部分也留着其痕迹的）有兴趣。为要达到这种生活，人有二条道路：其一就是科学，根本的原因及法则即由科学而生，人靠了科学，便得以正确的方法、抽象的言语，来表现那根本原因以及法则；其二就是艺术，人又靠了艺术来表现这种根本原因以及法则，但是那表现的方法，不是用那乏味的、民众所难懂的，只有一部分专门家所能了解的定义，却是用一种可以感觉的方法来表现的，这种方法不仅诉诸理智，且诉诸极寻常人的心与感觉的。艺术在这点上就显示其特性了，那就是一方面是高级的，同时一方面又是民众的：艺术是表现最高远的东西的，而向着大众表现的。

原载徐蔚南著《艺术哲学ABC》，世界书局1929年版

论触景生情

许君远

文学作品离不开时代性，离不开地域色彩，更离不开季节天时的自然变化。

一般说来，文人是多愁善感，寒来暑往，影响他的心情；朝云落日，启发他的幻想。我不是说凡属佳作全是吟风弄月，不过春宵秋夕，的确能够勾引文思。

任何一种作品，全不能消灭季节的分野，小说、戏剧、散文、诗词歌赋都是如此。春日怀人，不期而然地写出："去年花里逢君别，今日花开又一年；世事茫茫难自料，春愁黯黯独成眠。"（韦应物《寄李儋元锡》）秋日送别，只能低徊往事地高唱："鸿雁不堪愁里听，云山况是客中过？关城曙色催寒近，御苑砧声向晚多。"（李颀《送魏万之京》）

写小说更不能忽略时间的因素，林黛玉在春天写成《葬花词》，在秋天写成《秋雨词》；贾探春在秋天结成"海棠社"；凤姐在冬天吟出"一夜北风紧"。《西厢记》《长亭送别》，开始便用"碧云天，黄花地，西风紧，北雁南飞；晓来谁染霜林醉？总是离人泪。"一曲《端正好》点破了秋深天气。《牡丹亭·游园》的名句："原来是姹紫嫣红开遍，似这般都付与断井颓垣。良辰美景奈何天，赏心乐事谁家院！朝飞暮卷，云霞翠轩，雨丝风片,烟波画船,锦屏人忒看的这韶光贱"则又活活画出暮春烟景,让每个人为之心醉神怡。

人的感情往往随着时节的变化而发生着波动,"女子怀春,男子悲秋",都在说明着感情流露的痕迹。的确,经过严冬苦寒,枯寂生涯,目睹草木萌动,万卉争荣,谁的精神也会为之一爽,志气为之勃发。待到秋风飒飒,黄叶飘零,一股凄凉萧瑟之念,悠然侵上心头,使你发生岁月悠悠,好景不常之感。在豆棚瓜架下,你不会诌成一篇《炉边闲话》;在白雪压庐,你很难想象暑天西瓜的可口。这并不是说冬天不能发生夏天的感觉,而是说纪实篇章绝对离不开寒燠的背景。没有"残照西风",王渔洋写不出《秋柳》名作;没有"爽气西山",黄仲则想不到《九月衣裳》。节序唤起你的回忆,阴晴刺激你的情绪,花月惹你留恋,晨昏导引你的动止。

但是一般描写春秋的作品,很够得上汗牛充栋,描写冬夏的作品,则相形而见绌。像《仲夏夜之梦》(莎士比亚)那样烟云浩渺,像《答苏武书》(李陵)那样朔风凛冽的胡地风光,毕竟不能多见。这正可以看出文人感情的脉络,春花秋月委实足以把蕴含五内的遐思激荡出来。

季节的刻画都免不掉借助于动植物的象征,而这些象征独以春秋为最多,夏冬为最少。检点诗词,点缀春天的动物是莺、燕、杜鹃和蜂蝶;植物是桃、杏、柳、樱桃、蔷薇、梅子、荼蘼、飞絮和榆荚。陪衬秋天的是桂、菊、海棠、梧桐、枫叶、芦花、茱萸和蛩蜇、鸿雁。雕绘冬天的是"淡香疏影";渲染夏天的是"菡萏浮水"。秋千最适于三春,而词曲中的秋千,真是最能动人心弦的点缀。为了注释本文,我且把关于有这类描写的长短句试举几首：

　　花褪残红青杏小；燕子飞时，绿水人家绕。枝上柳绵吹又少，天涯何处无芳草。

　　墙里秋千墙外道；墙外行人，墙里佳人笑。笑渐不闻声渐悄，多情却被无情恼。

　　　　　　　　　　——苏轼《蝶恋花》

　　堤上游人逐画船，拍堤春水四垂天，绿杨楼外出秋千。

　　白发戴花君莫笑，六幺催拍盏频传，人生何处似樽前。

　　　　　　　　　　——欧阳修《浣溪沙》

　　庭院深深深几许？杨柳堆烟，帘幕无重数。玉勒雕鞍游冶处，楼高不见章台路。

　　雨横风狂三月暮；门掩黄昏，无计留春住。泪眼问花花不语，乱红飞过秋千去。

　　　　　　　　　　——欧阳修《蝶恋花》

　　听风听雨过清明，愁草瘗花铭。楼前绿暗分携路，一丝柳，一寸柔情。料峭春寒中酒，交加晓梦啼莺。

　　西园日日扫林亭。依旧赏新晴。黄蜂频扑秋千索，有当时，纤手香凝。惆怅双鸳不到，幽阶一夜苔生。

　　　　　　　　　　——吴文英《风入松》

　　蹴罢秋千，起来慵整纤纤手。露浓花瘦，薄汗轻衣透。

　　见有人来，袜刬金钗溜。和羞走，倚门回首，却把青梅嗅。

——李清照《点绛唇》

像这种适合节令的游戏（或其他），当然不只荡秋千、飞纸鸢、踢毽子，都是属于春天的范围。有些尽管失却了它的时代性，然而还保持着一种传统的象征影响，如秋千便有走到没落路上的倾向。不过提到这两个字，你就会想到"雅戏何人拟半仙？分明琼女散金莲"的笑语生喧、深闺暇日的热闹。这是一种逼近妆阁的设备，贵家园亭，绝非纨绔子弟所能涉足一窥，越是神秘，越能引动诗人的深思："黄蜂频扑秋千索"，只为"纤手香凝"；这是诗人的想入非非，恨不得变成一个小动物，一亲芳泽。"墙里秋千墙外道"说来原也平常，但是惹得东坡先生热情进发了。

触景生情是写作的基本道理。既然触景生情，那就不是单纯的"夭桃秾李"，或者单纯的"落絮飘红"，景中要有情，情中要有物，情与物融和凝结，然后才不是一篇死东西，不是一篇了无生气的摄影。我这里再试以散文为例，徐志摩的《我所知道的康桥》，描写春天到来以后的康桥风光，尽管他所列举的都是平凡的乡村野色，平凡的事物中却掩映着浓厚的感情，最后还以"我只想那晚钟撼动的黄昏，没遮拦的田野，独自斜倚在软草里，看第一个大星在天边出现"结尾，画龙点睛，无限烟波浩渺。这篇文章虽然不是写在康桥，但是在春天来了的时候，谁也会想到过去的优悠快意生活，从这里你可以悟出"触景生情"的道理。

我常拿《徐霞客游记》和《甲行日注》作比较，同是游记，前者总不及后者生动，原因是徐霞客只顾及山水之本身，而那位"孤臣孽子"却把郁愤寄托在松涛月色，遂使山灵生辉。譬如

"山抹微云，寒黏衰草"，原是死物，但是一经加上"斜阳外，寒鸦数点。流水绕孤村"，便宛然如见炊烟，如闻人声。至于"东风且伴蔷薇住，到蔷薇，春已堪怜"；和"是他春带愁来，春归何处？却不解带将愁去！"已经不是单写春光，而是写透春情，是把"春"人格化（Personified）了。

风花雪月为战时文艺所摈弃，尽管如此，这些都是诗人思想的源泉，而为任何作品所不能缺少的点缀。一间竹木茅舍尽能表现它的朴实素雅，涂上一些油饰，也许更能焕发它的光彩。自然风物在文学里的价值便是等于油饰，最时下的作品如史坦培克（John Steinbeck）的《月落》，还离不开雪夜鸟啼月落的景色，自此以上当然不用说了。莎洛蒂布朗第（Charlotte Bronte）没有一本作品不在充分利用月光。格莱葛丽夫人（Lady Gregory）的《月亮上升》全部在优美的月下演出，而月更成为话剧舞台上的最容易运用的配景。"待月西厢下，迎风户半开。隔墙花影动，疑是玉人来"，宛然是一个设计完整的舞台场面。而"梵王宫殿月轮高，碧琉璃瑞烟笼罩"，更写尽了良辰美景。张若虚的"春江花月夜"极幻想之能事，"谁家今夜扁舟子，何处相思明月楼？……玉户帘中卷不去，捣衣砧上拂还来"，成为千秋咏月的绝响。新月同残月尤为诗人所崇爱，冯延巳的"黄昏独倚朱栏，西南新月眉弯"，韦庄的"残月出门时，美人和泪辞"，都是好句。王伯谷给马湘兰小简，以"残月在马首，知君尚未离巫峡也"开始，冷隽可爱，不愧才子之笔。

风声最适用于话剧舞台，在中国文学里常把她当作性格温柔的"十八姨"，至多也不过向着百花肆虐。花同雪当然也能给文人浓厚的"烟士披里纯"，不过不及雨的清幽有致。"清明时节雨纷纷，路上行人欲断魂"是春雨；"黄梅时节家家雨，清草池塘处处蛙"是夏雨；经大观园诗人所评骘过的"留得残荷听雨声"是秋雨。说不爱宿雨初收的阳春烟景？而"雨打梨花深闭门"，的确是不可想象的清幽雅丽的境界。《长恨歌》的"行宫见月伤心色，夜雨闻铃肠断声"，成为一般关于唐明皇传奇的发源，《梧桐雨》中的一段"三煞"，便写尽了凄凉雨色。原文是：

润蒙蒙杨柳雨，凄凄院宇侵帘幕。细丝丝梅子雨，湿点江干满楼阁。杏花雨红湿阑干，梨花雨玉容寂寞，荷花雨翠盖翩翻，豆花雨绿叶萧条。都不似你惊魂梦破，助恨添愁，彻夜连宵，莫不是水仙弄娇，蘸杨柳，洒风飘？

借雨写胸中愁苦，同贺方回的"一川烟草，满城风絮，梅子黄时雨"如出一辙了。

总之，季节天时的变化，自然景色的兴发，全能够激荡诗人的胸怀，写成触景生情的篇章。然而也唯有诗人能够如此，一个栉风沐雨的牧童，绝不能了解领略春秋佳景，因而王伯谷"观道旁雨中花，仿佛湘娥面上啼痕耳"之句，实在蕴含着诗人的深情，也正是诗人的得天独厚处。黄梨洲说道："诗人萃天地之清气，以月露风云花鸟为其性情，月露风云花鸟之在天地间，俄顷灭没，唯诗人能结之于不散。"而任何一种作品，都应该洋溢着这种"清气"，有清气才会有"品"，有"格"，有超脱的"意境"。

原载 1943 年 9 月《东方杂志》第 39 卷第 14 号

论意境

许君远

意境是一个不受时代的和地域限制的艺术因素，对于文学的每个部门都能适用。它是一个非常抽象几乎可以意会不可言传的名词，人称王摩诘"诗中有画，画中有诗"，很可以从这两句话里悟出意境的道理。

意境是作品的灵魂，是作者天才的最大表现。它的由来多半发自偶然的灵感（Inspiration），脑海中的海市蜃楼，稍纵即逝，在写作的时候如果能够抓住这个内发的火花，沉闷的局面立刻呈现出美丽的花园。

然而意境不一定实有其地，不一定实有其人，如《红楼梦》的大观园，如潇湘馆的林黛玉，如希尔敦的西藏桃园（Shangri la），如迭根斯的小耐儿（Little Nell），全是作者幻化出来的人与物。这例子在剧曲中尤为多见，如柳耆卿的《雨霖铃》："今宵酒醒何处？杨柳岸晓风残月……"；秦少游的《满庭芳》："伤情处，高城望断，灯火已黄昏"；张子野的《青门引》："那堪更被明月，隔墙送过秋千影"；晏同叔的《浣溪沙》："无可奈何花落去，似曾相识燕归来"，朱淑真的《眼儿媚》："何处唤春愁？——绿杨影里，海棠亭畔，红杏梢头"；李清照的《醉花阴》："莫道不消魂，帘卷西风，人比黄花瘦。"这些似乎是言之有物，又似乎言之无物，耐人咀嚼寻味，使读者想到塞外秋风，忆起江南春雨，简单的诗句，却蕴含着丰美的思致，这便是意境的妙用。

画人难，画鬼易，幻化出来的意境往往比写实更为引人入胜。不过我并不是说写实作品不会有好的意境，王摩诘的《山中与裴秀才书》，苏东坡的《赤壁赋》，杜工部的《登岳阳楼》，白香山的《长恨歌》，温庭筠的《过陈琳墓》，萨都剌的《金陵怀古》，吴梅村的《鸳湖曲》，黄仲则的《都门秋思》，全非空中楼阁，而是实在情形的超实际化。在香港的太平天国文献展览会中，见到一个常熟发掘的石碑，上面镌满对太平军歌功颂德的文字，其中有"春树万家，喧起鱼盐之市；夜灯几点，摇来虾菜之船"之句，诗意充盈，二十个字写尽了江南风物，同"杂花生树，群莺乱飞"一样能够深深动人遐思。

《红楼梦》之妙处大半靠着新奇的意境，其中黛玉葬花，椿龄画蔷，全是神来之笔，痴情憨态，呼之欲出。《牡丹亭》的游园惊梦，《西厢记》的琴挑、拷红，妙绪泉涌，情词并茂。《聊斋志异》有好多篇意境新颖的文字，《连锁》清幽有鬼气，《香玉》芬芳有山野气。《陶庵梦忆》和《浮生六记》都是善于运用意境的代表作，其中包含着不少秀丽的画图。

西洋伟大作品的例证尤多，先从戏剧说起，莎士比亚的《仲夏夜之梦》烟云缭绕，宛然神仙境界。格莱葛丽（Lady Gregory）的《月亮上升》，夜景清深，令人心旷神怡。其他如王尔德的《莎乐美》，辛吉（John M. Synge）的《海上骑士》，梅特林克的《青鸟》，伯利（Sir James M. Barrie）的《彼得潘》，欧奈尔的《天外》，把握意境，恰到好处。除了《仲夏夜之梦》，我们还不应该忘记《罗密欧与朱丽叶》，楼头密约，两情缱绻，她的恩义海样深，她的爱情海样辽阔。天鹅报晓，还希望夜莺晚啼，东方发白，怪它不是残月微茫。把这一幕的对白同《西厢记》的长亭送别作个参照，"恨成就得迟，怨分去得疾，柳丝长，玉骢难系。恨不倩疏林挂住斜晖！"正是意境全同，思路也并无二致。

关于西洋小说，我愿意占去较多的篇幅。迭根斯的《古玩商店》，小耐儿抓住了千万读者的心，所以在她同祖父避难他乡，教堂卧病，多少人给作者写信，要求莫使小天使的生命夭折；但他宁愿让她魂归天国，让举世涕泪纵横。我们可以想象作者对于这一幕的安排，费过多大的苦心。《块肉余生述》的主角达卫，同样度着一个悲欢离合的童年，父亲死了从学校里叫回家中，母亲改嫁使他投奔姑母，仁慈的女仆柏高梯，聪明剔透的爱弥儿，一本书包含着多少可歌可泣的场面！

乔治爱利亚特（George Eliot）的《溪上磨房》(The Mill on the Floss)，也是从小孩生活叙起，乡村景色，摇曳生姿，全书以汤姆和他的妹妹玛吉为骨干，池边争糕斗口，家贫罢学归来，以及后来驼背孩子的闯入，玛吉的受骗私逃，处处使读者神游异国，低徊往事。她的另一部小说《艾达姆毕德》(Adam Bede)，价值不稍逊于前者，写森树林中的爱恋，情意殷殷，荡人心魄；结尾烟云浩渺，尤觉意味深长。莎洛蒂布朗第（Charlotte Bronte）半自传式的《琴艾尔》(Jane Eyre)，和爱弥尔布朗第的《咆哮山庄》，都应该归入我这个题目之内，前书将告结尾的一章，曾博得全世界批评家的称美，琴艾尔长的非常平凡，但是她也能如白雪公主，辛德里拉（Cinderella）或者海伦（Helen of Troy）等人在爱情场中获得胜利。

其实在英国小说家中最能表演意境的还算汤麦斯哈代，他的十几部著作没有一本没有清新的意境！从最短的《在绿树阴下》到最长的《还乡》，都无例外。《还乡》《嘉斯特桥市长》《苔丝》《林中居民》《离群》（Far from the Madding Crowd）《一双蓝眼睛》……全以卫塞克斯（Wessex）为背景，但是同一地方的景物也是千变万化，毫不单调雷同。读哈代作品的人，对于他所描写的乡镇村庄，谁不日夕思慕，心向往之？所以在这位一代大作家逝世以后，多少人特地跋涉远道，凭吊经过私人笔下的"仙乡"。但是他们所发现的不过是一片荒原，点缀着牛羊三五，看不到苔丝避难的庙宇，看不到嘉斯特桥的风光。郁达夫批评哈代，推崇备至，他特别指出在《苔丝》里作者的匠心独具，他说天气的阴晴能够影响到情人的心境！没有文学修养的人，很难体会到这种意味，一语道着痒处的。

哈德逊的《绿厦》（The Green Mansions）是以秘鲁的森林为背景，女主角是一个超人的人物，鸟语花香，风光旖旎，新奇的手法，使着读者发生出尘之想。本奈特（Arnold Bennett）的《老妇谭》（Old Wive's Tale），二十世纪初叶文坛怪杰劳兰斯（D. H. Lawrence）的《儿子与情人》，所以能够成为最大杰作，每一个读者会能了解其真正原因。

美国作家如伊尔文（Washington Irving）的《李伯大梦》（Rip Van Winkle）、哈特（Bret Harte）的《密吉尔斯》（My metamorphosis）、马克颓殷（Mark Twain）的两部顽童小传，正适合我们的征引。加兹开尔的山色湖光，密西西比的朝云落日，意味悠扬，绝非一幅着色图画之所能尽。安德森（Sherwood Anderson）的一本介乎长篇小说和短篇小说中间的《威茵斯伯·欧海欧》（Winesburg

Ohio），完全写乡村的琐事，春花秋月，了无尘嚣气息。

《茵梦湖》是一部尽人皆知的名著，它的动人处还不是靠着那章充满春意的郊游，和将告结束时田庄的造访？烟波浩渺，令人黯然神伤。法国小说应该列举的实在不少，我最爱好高第叶（Theophile Gautier）的《毛斑小姐》，全书充满着诗情，充满着画意。

西班牙的政治小说家易班乃士（Blasco Ibanez）的《血与沙》和《我们的海》，除掉人物的刻画，便是他能把意境运用到最高峰。几个斗牛场面，宛如亲临其境，读者会随着牛的颠扑奔踬而喘息，随着主角的成功失败而悲喜。后一本的女主角佛莱亚正是德国美丽女间谍玛达哈里的化身，无数人为她颠倒，无数人为她杀身。她虽然铁石为心，但不能摆脱情魔的缠绕，终于在客舍中着上男装投入爱人的怀抱；事后洒然言别，不落痕迹，然而枕上余芳宛在，一切宁在梦中？

童话的写作尤其着重意境。儿童们所能了解的不是玄之又玄的男女爱情，也不是突兀离奇的穿插。它的最重要的条件就是意境。《白雪公主》《快乐王子》和安徒生，格里姆（Grimm）兄弟的许多篇作品，都是好的例子，而《白雪公主》之所以被狄斯耐作为卡通的蓝本，当然还是以意境为主。儿童文学之创作，写到星球月球上都不要紧，但是最不能忽略的就是一个虚无缥渺，引人人胜的境界。我觉得中国的文学很有显著的进步，童话的生产则寥如晨星。叶绍钧的《稻草人》，算是少数中的一本，不过除了《稻草人》那一篇尚能粗具童话的规模，其余全是糟粕。中国尽有儿童故事，这些故事很多可以改编成美丽的童话，独惜从来不曾有人在这一方面下过工夫。训练创造意境，最好的方法便是试写童话；体裁不一定如安徒生他们那样谨严，像《阿丽斯漫游奇境》《彼得潘》《小妇人》《汤姆沙依儿》《爱的教育》等，都不曾越出儿童文学的范畴。

神话在西洋文学中佔着重要的位置，亚瑟王的传说成为诗人的歌咏对象。荷马的《伊亚德》《奥德赛》、史宾莎的《仙后》，一直到歌德的《浮士德》，多多少少地都沾染着超现实的气氛。通篇怪诞不经、然而随处都是快人的意境。尽管二十世纪作家给神话和"武士文学"敲了丧钟，它们的真正价值未可一概抹杀。这一部门的著作在我们的古籍中可发现不少的宝藏，不过不曾被人好好利用。许多齐东野语式的传奇，反而借着旧剧替他们保存，像"嫦娥奔月"，像"织女牛郎"……都是实在的例证。许多作家在"改"《水浒》，"翻"《红楼梦》，他们倒忘却这许多现成美丽的民间故事，说来宁不是同儿童文学的埋没一样可惜？

为了说明意境在文学作品中的价值，不惜征引了这样多的实例，其实所列举的不过沧海一粟，尤其对于最重要的西洋诗歌，只字未曾提及。对于这一点倒想替自己辩解：我觉得意境便是诗的普遍化，把"诗"的因素播散到任何一种文学的部门，全可以成为最上乘的意境；而诗人本身更不能须臾离开意境。写《古舟子咏》的古立治（Samuel Taylor Coleridge），在鸦片烟吃足大睡之顷，忽然梦得《忽必烈汗》的零句。醒案执笔，兴会淋漓，但不幸被打断了，一生续不成篇。关于王子安写《滕王阁序》也有很多的附会，然而"落霞与孤鹜齐飞，秋水共长天一色"确是神来之笔，一刹那的灵感，成为千古的绝唱。

不过意境同作者的品格（Personality）有着密切的关联，没有广阔的胸襟，绝不能创造高越的意境。"太史公阅览名山大川，故其文有奇气"，孟子也说他善养浩然之气。这全是"品格"的培养、没有意境的作品，原因是不曾在这方面做过工夫。近人徐志摩和周作人的散文，独具风格，和阅历修养有着很大的关系。目下出版物尽管汗牛充栋，够得上标准的十不及一。尤其是风靡一时的话剧，大半毫无技巧，毫无意境，专凭布景炫人，靠着有经验的演员支撑场面，我实为观众的时间金钱叫屈。然而曹禺的《雷雨》，郭沫若的《棠棣之花》是值得赞扬的，仔细品味两剧的优点，还不是以意境取胜？

大自然就是取之不尽、用之不竭的意境的源泉。一棵绿草，一枝红花，西天的云霞焕彩，入晚的月落星横，只要运用得当，都能成为尽美尽善的意境。意境不一定存在于高尚生活或象牙之塔，对于十字街头的洋车夫，郁达夫不是写过一篇美丽突兀的《薄奠》吗？

中国作家惯好在开始的时候写一首"西江月"，西洋作家惯好写一首序诗。文章结束了，我愿引《三国演义》的《西江月》来作个"殿后"：

滚滚长江东逝水，浪花淘尽英雄，是非成败转头空。青山依旧在，几度夕阳红？

白发渔樵江渚上，惯看秋月春风。一壶浊酒喜相逢，古今多少事，都付笑谈中。

以意境论，我应该效法金圣叹批六才子，连呼"妙！妙！"。

原载1943年9月《东方杂志》第39卷第7号

谈"本色的美"

江寄萍

林语堂先生在《文饭小品》第六期中,有一篇文章谈到"本色的美",我以为他的话总未说尽,所以在这里给补充一点,虽然也仅是一点点而已。

我以为文章一经称之为文章,便甚少好的作品,所以文人的集中便很难觅得出几篇令人满意的东西,这大概他们是有意作文的缘故。好的作品往往在不令人注意的地方发现了,我们费尽千方百计才找得了作者的姓名,这种事很多。那个作者作这篇文章的目的不是为沽名钓誉,也不是为传留给后世,所以里面偏多真实的事偏多本色语。一般人都以为名作家的文集中一定多有好文章,那是傻话,韩愈的文章我最厌看:"国子先生晨入太学,召诸生立馆下,诲之曰:业精于勤荒于嬉,行成于思毁于随。"文句凑得齐齐整整的,说起话来板着面孔,文绉绉的一脚踢不死的劲头,真有点教人难受。他的那些什么"含英咀华""刮垢磨光"的话,我以为反不如柳子厚的"叫嚣乎东西,隳突乎南北"来得自然,虽然金朝的王溥南却极贬子厚而推崇韩愈,他说:"《捕蛇者说》云:'叫嚣乎东西,隳突乎南北。'殊为不美,退之无此等也。"就因为退之无此等,所以他的文章才令人读了厌倦。韩愈的文章之坏,就坏在他自命是儒家正统的上面了。孟子也是儒家，为什么不像他那样，孟子说："齐人有一妻一妾，而处室者……"说："……月攘一鸡，以待来年何如？"这不过是说了一个无赖的男子，同一个偷鸡的事，如同乡下的老太婆说笑话一般，而这笑话之中，有的含着哲理，有的是讽刺政事的，一般人也许以为孟子这大儒说出这样不庄重的话来，是有失身份的，但孟轲自己倒不觉得怎样。我想他说这话的时候，一定是很随便的，一点做作气也没有的，只要这样的比喻可以表明这件事的道理，他便不假思索的说出，所以他说的话颇多本色的美。再看这："逾东家墙，而搂其处子，则得妻；不搂则不得妻。则将搂之乎？"这是何等富有自然的美的文章，道学先生恐怕早已舌拆不下了。韩愈自命为承继儒家正统的学者，不知作梦曾梦到孟子的这种文章否？

作文章、作诗词都是一样，只在乎思想与性灵，性灵便是英文的"阴士匹里纯"，有性灵便有思想，有思想也便有性灵，两个是相辅而行的。东坡说他的文章是滔滔汩汩，不择地而出，常行于所当行，常止于不可不止。所谓滔滔汩汩，不择地而出，正是思想汹涌澎湃，如海水之一泻千里，恨不得振笔急书，一挥而就，哪里有工夫细细的雕琢字句。"常止于不可不止"，正是意见完了，没有思意，即可停笔，再写也是废话。诗词也是一样，没有意思便可不必作。唐诗人祖咏的《终南山望余雪》："终南阴岭秀，积雪浮云端；林表明霁色，城中增暮寒。"本当为八句，旁人问他为何不作了？他说"意尽"。这种道理是作文章的人所应当知道的。

我以为只要性灵来叫你的门的时候，虽然不是什么大名家，作出来的东西，也一定是坏不了的，因为他有真挚的情感，虽然是很普通的话，也是动人的。看三百篇中哪个是大名家，哪个有姓氏，然而好作品却多，差不多都富有本色的美。《郑风》中的这一首：

> 子惠思我，褰裳涉溱；
> 子不我思，岂无他人！
> 狂童之狂也且！

这是何等没有文藻的诗句，然而它是美的，它是动人的，这里充满真挚的情感。又如无名者之句之"唤船船不应，水应两三声"。这便是天籁，便是本色的美，辞藻美的诗句，是可以学得来的，唯有这本色美的句子，是学不来的。

我平时有个怪脾气，不大爱读正经文人的诗集，却喜欢读七零八碎的笔记中所载的题壁诗，或在旅店的题诗，大概在出游或旅店时，是最容易引起文人的性灵的时候，所以这种诗颇多有本色美的。《随园诗话》中有一段云：

> 壬申春余过良乡，见旅店题诗云："满地榆钱莫疗贫，垂杨难系转蓬身，离怀未饮常如醉，客邸无花不算春；欲语性情思骨肉，偶谈山水悔风尘，谋生消尽轮蹄铁，输与成都卖卜人。"末亦无姓氏，但书"篁村"二字。余和其诗，有"好叠花笺抄稿去，天涯沿路访斯人"之句。

这诗虽不能算十分好，然而颇多本色语。是心里要说的话，便把它说出,不管人家的批评,人家说好不必理他;说不好,也不管,只是我要有感慨,有意见便直截了当的说出,这时不求其美,而那种本色的美已经很能够动人了。

原载 1935 年 10 月出版《人间世》第 35 期

诗人与诗

江寄萍

《随园诗话》中有一节论诗人的,非常奇怪,也非常有道理,云:"王西庄光录为人作序云:所谓诗人者,非必其能吟诗也,果能胸境超脱,相对温雅,虽一字不识,真诗人矣。如其胸境龌龊,相对尘俗,虽终日咬文嚼字,连篇累牍,乃非诗人矣。"这段话非常的道理。诗人不是随便可做的,而做这种诗人,尤其难,诗是人人可以做的,而天才却不是人人能有的。而所谓天才,其中又包涵许多成分,如眼光锐敏,感情丰富等等皆是。如果要谈到如何谓之眼光锐敏,恐怕一时也说不完,看云是一种很普通的事,人人俱能看到,而诗人眼中之云,却与常人不同,他能由云中能幻想出许多妙东西来。下雪时候的景象,是人人得见的,别人只以为天不过是在下雪,宇宙一切都是白的,仅此而已,而在诗人的眼中却不同。古人有两句形容下雪的打油诗云"江上一笼统,井口黑窟窿"。看来似极平淡,其实形容雪景是非常佳妙的,我们如果到乡间去,在下大雪的时候,出门来看一看便知这两句诗的妙处了。这是人人能见的,而旁人却不知这可以作诗料,好的诗却往往是很平凡,人人尽知,而人人皆未道出的。天下之一事一物未有不堪入诗者,如门口的卖硬面饽饽的,在夜间总来吆喝,平常人听了,无甚感触,而诗人听了,却能想到那卖硬面饽饽的总有一天要不能做买卖的,于是便幻想出有一个天天买硬面饽饽的小孩子,忽然因为某一天没有听见卖硬面的在门口吆喝,那小孩便猜着他也许是老死了,也许是走在马路上不小心被电车轧死了,也许是他病了,因为卖硬面饽饽的曾对小孩子说过,他这样大岁数,没有儿子的。于是这小孩子又幻想他也许是病在床上,而没人去给他买药。这首诗由小孩子买不着饽饽吃,而在反面衬托出卖硬面饽饽的老头儿的悲哀,是非常动人的。还有一首诗,也是形容一个卖硬面饽饽的,作者是徐訏先生,大意说,现在谁家不买洋点心,谁还来买硬面饽饽。仅仅这两句便烘托出中国小手工业的落伍,无产阶级的悲哀。这是另有一种妙处的。还有一首诗,是形容一个乳娘,这诗曾在《自由谈》上刊登,作者我记不清了,说一个乡下妇人把自己的孩子牺牲了,却到城市里来把乳液供给富人的孩子。我看来当时非常感动,这也是一首好诗。所以作诗,一方面是须要眼光锐敏,见人所未见,一方面是要情感丰富,以上所举的例,都是很平凡的事,而经过诗人胸襟一融化,便是很美很动人的东西。诗,这种东西,不必满处去找,只在眼前就有,可是只看你有诗人的天才没有。不必死翻书本,也不必到各处去寻美景,有的人在冬令要踏雪寻梅,在秋天非要望月,然后才能有诗,那都不是诗人。明陈明卿云:"天地间一种现成文字,如云物之暖淡,河海之倾泻,怪木奇鸟之种种于目前,恣我斟酌的把玩,遗物殊不贫,亦不吝。"所以说诗境是很宽的,也许有学者,读破万卷书,终日作诗,亦无一首好诗,而于村寺工人的口中却能流露出极美妙的诗句来。现在有许多人颇喜读歌谣,便是这种缘故。

除此之外,我认为诗还须美,我所说的美,乃是自然的美,而不是雕琢字句的美，如唐人的诗："停车坐爱枫林晚，霜叶红于二月花。"在字句上却不见得如何美，而在意境上却非常的美，这便是自然的美。如果雕琢字句，绝不会有这样美的诗意，我们读古人的诗，他们各有各的作风，绝不相同。李白之豪放，与东坡之豪放不同，杜甫与乐天不同，陶元亮与王维又不同，这是各人的天性不一样，所以诗也绝不能和人学，即学也学不来，倒反不如见从己出，要说什么，便说什么，有时或许会有好诗。清沈晚村有诗云："身安万事闲，日落一村静，携儿向月明，壁上看人影。"颇悠闲可喜，这便是肯说自己的话的好处。事情是很不平常的，只是大人领着孩子晚上到村外去闲溜达，然而意境是非常的佳妙。这样我们也就可以知这诗是什么东西了。如果有人要问怎样能做好诗，怎样能做诗人？那只好请他自己去想，这种秘密我恕不奉告。

原载 1935 年 1 月 7 日《申报·自由谈》

民众艺术的内容

苏 汶

近来，民众艺术的声浪似乎又高了起来，但是我们对于真正的民众艺术家的所以成为"众"的原因，却绝对忽略了过去。我们甚至忘记了这班艺术家的存在；我们忘记了在我们这个社会里是早就存在着许许多多的说书家、滩簧家，以至于"小热昏"，他们都比我们更懂得民众所要的是什么，他们懂得给予民众以所要的东西，他们自己也成为民众的爱宠。自然，在这些人所给予的东西里，也许包含着一些封建社会的"毒汁"，但我以为毒不毒是另一个问题，重要的是在他们所以能深入到民众里去的原因。

前一些时，我曾在一个新的刊物里看到一篇介绍独角戏家王无能先生的文字，而且相当的批判了王先生的艺术的社会意义。此后，我们发现这种文字是非常之少，少到根本没有，这使我不能不对热心提倡民众艺术的诸位先生表示着遗憾。

近十年来，我们有一个伟大的民众艺术家，他的作品的号召力，不用说新文学的作品是不敢望其项背，即与张恨水先生的小说《啼笑姻缘》、郑正秋先生的电影《姊妹花》比较，相去亦何止千百倍。这位艺术家便是艺名"小达子"的李桂春先生。

固然，李先生自己演戏，座价虽然比不上梅博士那么叫人惊异，穷小子们究竟也只能高高的爬到三层楼去看看。可是，他的地位却的确是建设在这些三层楼群众上面的：我们往往看到三层楼上喝彩，而正厅和包厢里并不喝彩。这且不说，李先生手编的《狸猫换太子》连台戏，却更足证明他的艺术的确是能够深入到广大的群众里去。这本戏不单是李先生自己时常演唱，而别人也学着演唱。即就上海一隅而论，几乎每天，总有两三处游戏场的京剧班在演唱着这个戏，而且每场都挤足了人，这样的盛况，竟至维持了五六年之久，至今未见衰退。

据说士大夫们（旧的或是新的）是不屑看这本戏的，也就往往忽略了这个惊人的事实。曾经有一次，并不是出于什么严肃的动机，我曾经到过一家这种民众的乐园的游戏场，各场均嘈杂不堪，叫人不耐久留，只有京戏场情形却完全两样。人们把座位完全占据了去，非到终场决不会有空位子让出来。脸上人人都带着一种鉴赏艺术的严肃。应该笑的时候，他们笑；应该喝彩的时候，他们喝彩；甚至应该哭的时候，也有许多人真会哭。

台上自然是《狸猫换太子》。可是这个烂熟的故事，据我看，却不是每个观者都熟悉的。他们时常向邻座询问故事的经过；这里面，我却很偶然的发现了一个典型的事实：即是，他们并不关心每一个不一定重要的人物的姓名或其他，他们主要的是先问明白那是"好"人或是"坏"人，仿佛人物的"好"或"坏"一定，故事的展开便极容易理解了。假如，没有斗争便没有戏剧这句话可以到这里来应用，那么我敢说，《狸猫换太子》这个剧的构成分子并不是阶级斗争，也不是民族斗争，而的确是民众所最关心的"善"与"恶"的斗争。而这，也正式最足以诉诸于民众的感情的一点。

中国人素来最不肯放弃君子和小人之分界，我起初还以为仅仅限于士大夫阶级，现在却感悟到一般小市民及劳动者也都有着这种成见，因此，为原始的正义观扬眉吐气的《狸猫换太子》剧本，便刚巧在这种成见上建立了它的地位了。

有人颇鄙薄民众对艺术的欣赏力，以为民众所要的只是色情和滑稽；其实，我们这些自命的智识阶级何尝不是也要求着色情和滑稽。民众艺术除了这些无聊的组成分子之外，自然也有它的所以能成为民众的内容在。我们假如不从民众的感情上去耐性的寻味、体会，以创造新的无"毒"的东西来代旧的也许有"毒"的东西，只是凭着一些高调的而实际上潦草的理论来进行我们的运动，那，据我想，要获得李桂春先生那么广大的群众的爱戴，恐怕未必是可能的事吧。

原载1934年8月《现代》杂志第5卷第4期

"雅"与"俗"

苏 汶

近来在文艺作品里流行着一种多量地使用粗俗语的风气,好像弃此不足以表示平民化似的。这里所谓的粗俗语,当然特别是指那句要牵涉到女子的某一器官上去的骂人话。跟上海话的"偌(读若那)娘"以及各类同一句话的种种支衍。本来,为传述口语的神情起见,适当地用上几句,也不但是可以,而且是应该的;但是用得过量,以至叙述要用,描写要用,诗歌里都用,那便无形之中成为一种提倡。这种提倡,纵然说不了怎样特别要不得,但至少也像提倡"国粹"一样的没有什么特别要得吧。

用"偌娘"这一类话来骂人,渐渐地在骂者已经不以为是一种怎样重大的侮辱,而被骂者似乎也可以泰然处之。于是骂儿子而实际上等于不骂的也有,骂同胞兄弟而不觉得"乱伦"的也有。更渐渐地这骂也根本不成其为骂,仅仅被当做一种口头上的惊叹记号,用来加重语气。实在是由于我们的大众口语字汇缺少一个可以拿作加重语气用的字眼。一件东西可以衰到"偌娘"的程度,同时也可以好到"偌娘"的程度;这假使还是骂,那就真是无的放矢了。总之,这已经成为一个有声音而没有意思的字句了。

在大众口语里常用这些话的确是普遍,可是我们总觉得倒并不一定句句话里要夹上一个；即使句句话里都要夹上一个的人也有，但究竟不是多数。最多用的还得首推我们的作家。其原故，大概是为了我们的作家觉得这些话非常触耳，因此才把它当做大众口语里惟一的特征而抓住了。

跟"俗"相对的是"雅"，出口敢雅我觉得应该是北平人。

这雅，一半也就是礼貌。的确，凡是到过北平菜馆子的人，都一定会想像中国是最有礼貌的民族吧。然而这菜馆式的礼貌，也许不是纯粹的礼貌，其中还含有"小眼"气息，不很靠得住。那么我可以举一个旁的例。

譬如说，一辆坐客的洋车赶上一辆没有坐客的洋车去，那么车夫嘴里便说"劳驾"，至于后面的人撞了前面还骂前面的人"勿生眼睛"那一类的事情，却大概是没有。

"劳驾"是北方一句很普遍的口语，然而很雅。要用个大雅点的字眼就没法子说；勉强说，那就是"有劳你的车驾"。驾，从马，中国古时通行的是马车，那是这句话由来非一朝。托你办一件事情，那便得请你坐了你的马车去办，多客气。

洋车夫嘴里的"劳驾"当然也可以解作"有劳你的车驾"，然而从驾字的意思这一点上看，那么这句客气话也就成为决不下于"倷娘"那样的侮辱。洋车夫不想到"劳驾"云者，是叫人来骂车，不是叫人像马似的"驾"着车那样"劳"法。因此，这个雅的字，可以说是跟那个俗的字一样的被人只记得声音而忘记意思了。

我们的理想的语文是既然不用"劳驾"来代替"请让开"，也不用"倷娘"来代替，代替什么呢？代替一切。

原载1932年12月22日《申报·自由谈》

现代中国艺术之恐慌

傅 雷

现代中国的一切活动现象,都给恐慌笼罩住了:政治恐慌,经济恐慌,艺术恐慌。而且在迎着西方的潮流激荡的时候,如果中国还是在他古老的面目之下,保持它的宁静和安谧,那倒反而是件令人惊奇的事了。

可是对于外国,这种情形并不若何明显。其实,无论在政治上或艺术上,要探索目前恐慌的原因,还得望外表以外的内部去。

第一,中国艺术是哲学的,文学的,伦理的,和现代西方艺术完全处于极端的地位。但自明末以来(十七世纪),伟大的创造力渐渐地衰退下来,雕刻,久已没有人认识;装饰美术也流落到伶俐而无天才的匠人手中去了;只有绘画超生着,然而大部分的代表,只是一般因袭成法,摹仿古人的作品罢了。

我们以下要谈到的两位大师,在现代复兴以前诞生了:吴昌硕(1844—1927)与陈师曾(1876—1923)——这两位,在把中国绘画从画院派的颓废的风气中挽救出来这一点上,曾尽了值得颂赞的功劳。吴氏的花卉与静物,陈氏的风景,都是感应了周汉两代的古石雕与铜器的产物。吴氏并且用北派的鲜明的颜色,表现纯粹南宗的气息。他毫不怀疑地,把各种色彩排比成强烈的对照；而其精神的感应，则往往令人发见极度摆脱物质的境界：这就给予他的画面以一种又古朴又富韵味的气象。

然而，这两位大师的影响，对于同代的画家，并没产生相当的效果足以撷取古传统之精华，创造现代中国的新艺术运动。那些画院派仍是继续他的摹古拟古，一般把绘画当作消闲的画家，个个自命为诗人与哲学家，而其作品，只是老老实实地平凡而已。

这时候"西方"渐渐在"天国"里出现，引起艺术上一个很不小的纠纷，如在别的领域中一样。

这并非说西方艺术完全是簇新的东西。明末，尤其是清初，欧洲的传教士，在与中国艺术家合作经营北京圆明园的时候，已经知道用西方的建筑、雕塑、绘画，取悦中国的帝皇。当然，要谈到民众对于这种异国情调之认识与鉴赏，还相差很远。要等到十九世纪末期，各种变故相继沓来的时候，西方文明才挟了侵略的威势，内犯中土。

一九一二，正是中国宣布共和那一年，一个最初教授油画的上海美术学校，由一个年纪轻轻的青年刘海粟氏创办了。创立之目的，在最初几年，不过是适应当时的需要，养成中等及初等学校的艺术师资。及至七八年以后，政府才办了一个国立美术学校于北京。欧洲风的绘画，也因了一九一三，一九一五，一九二〇年，刘海粟氏在北京上海举行的个人展览会，而很快地发生了不少影响。

这种新艺术的成功，使一般传统的老画家不胜惊骇，以至替刘氏加上一个从此著名的别号："艺术叛徒"。上海美术学校且也讲授西洋美术史，甚至，一天，他的校长采用裸体的模特

（一九一八年）。

这种新设施，不料竟干犯了道德家，他们屡次督促政府加以干涉。最后而最剧烈的一次战争，是在一九二四年发难于上海。"艺术叛徒"对于西方美学，发表了冗长精博的辩辞以后，终于获得了胜利。

从此，画室内的人体研究，得到了官场正式的承认。

这桩事故，因为他表示西方思想对于东方思想，在艺术的与道德的领域内，得到了空前的胜利，所以尤有特殊的意义。然而西方最无意味的面目，——学院派艺术，也紧接着出现了。

美专的毕业生中，颇有到欧洲去，进巴黎美术学校研究的人，他们回国摆出他们的安格尔（Ingres）、太维特（David），甚至他们的巴黎的老师。他们劝青年要学漂亮（Distingue），高贵（Noble），雅致（Elegant）的艺术。这些都是欧洲学院派画家的理想。可是上海美专已在努力接受印象派的艺术：梵高、塞尚，甚至玛蒂斯。

一九二四年，已经为大家公认为受西方影响的画家刘海粟氏，第一次公开展览他的中国画，一方面受唐宋元画的思想影响，一方面又受西方技术的影响。刘氏，在短时间内研究过了欧洲画史之后，他的国魂与个性开始觉醒了。

至于刘氏之外，则多少青年，过分地渴求着"新"与"西方"，而跑得离他们的时代与国家太远！有的，自号为前锋的左派，摹仿立体派、未来派、达达派的神怪的形式，至于那些派别的意义和渊源，他们只是一无所知的茫然。又有一般自称为人道主义派，因为他们在制造普罗文学的绘画（在画布上描写劳工、苦力等），可是他们的作品，既没有真切的情绪，也没有坚实的技巧。不时，他们还标出新理想的旗帜（宗师和信徒，实际都是他们自己），把他们作品的题目标做"摸索""苦闷的追求""到民间去"，等等等等。的确，他们寻找字眼，较之表现才能要容易得多！

一九三〇至一九三一年中间，三个不同的派别在日本、比国、德国、法国举行的四个展览会，把中国艺坛的现状，表现得相当准确了。

现在，我们试将东方与西方的艺术论见发生龃龉的理由，作一研究。

第一是美学。在谢赫的六法论（五世纪）中，第一条最为重要，因为他是涉及技巧的其余五条的主体。这第一条便是那"气韵生动"的名句。就是说艺术应产生心灵的境界，使鉴赏者感到生命的韵律，世界万物的运行，与宇宙间的和谐的印象。这一切在中国文字中都归纳在一个"道"字之中。

在中国，艺术具有和诗及伦理恰恰相同的使命。如果不能授予我们以宇宙的和谐与生活的智慧，一切的学问将成无用。故艺术家当排脱一切物质、外表、迅暂，而站在"真"的本体上，与神明保持着永恒的沟通。因为这，中国艺术具有无人格性的，非现实的，绝对"无为"的境界。

这和基督教艺术不同。它是以对于神的爱戴与神秘的热情（Passion Mystique）为主体的，而中国的哲学与玄学却从未把"神明"人格化，使其成为"神"，而且它排斥一切人类的热情，以期达到绝对静寂的境界。

这和希腊艺术亦有异，因为它蔑视迅暂的美与异教的肉的情趣。

刘海粟氏所引起的关于"裸体"的争执,其原因不只是道德家的反对,中国美学对之亦有异议。全部的中国美术史,无论在绘画或雕刻的部分,我们从没找到过裸体的人物。

并非因为裸体是秽亵的,而是在美学,尤其在哲学的意义上"俗"的缘故。第一,中国思想从未认为人类比其他的人(事)物(编者按:从上下文义来看,"人物"应为"万物")来得高卓。人并不是依了"神"的形象而造的,如西方一般,故它较之宇宙的其他的部分,并不格外完满。在这一点上,"自然"比人超越、崇高、伟大万倍了。它比人更无穷,更不定,更易导引心灵的超脱——不是超脱到一切之上,而是超脱到一切之外。

在我们这时代,清新的少年,原始作家所给予我们的心向神往的,可爱的,几乎是圣洁的天真,已经是距离得这么的辽远。而在纯粹以精神为主的中国艺术,与一味寻求形与色的抽象美及其肉感的现代西方艺术,其中更刻画着不可飞越的鸿沟!

然而,今日的中国,在聪明地、中庸地生活了数千年之后,对于西方的机械、工业、科学以及一切物质文明的诱惑,渐渐保持不住它深思沉默的幽梦了。

啊,中国,经过了玄妙高迈的艺术光耀着的往昔,如今反而在固执地追求那西方已经厌倦,正要唾弃的"物质",这是何等可悲的事,然也是无可抵抗的运命之力在主宰着。

原载 1932 年 10 月《艺术旬刊》第 1 卷第 4 期

艺术与自然的关系

傅 雷

本篇为拙著《中国画论的美学检讨》一文中之第一节，立论大体以法国现代美学家查尔斯·拉罗（Charles Lalo）之说为主。拉氏之美学主张与晚近德意诸学派皆不同，另创技术中心论，力主美的价值不应受道德、政治、宗教诸观念支配；但既非单纯的形式主义，亦非十九世纪末叶之唯美主义，不失为一较为完满之现代美学观，可作为衡量中国艺术论之标准。

一 自然主义学说概述

美发源于自然——艺术为自然之再现——自然美强于艺术美——大同小异的学说——绝对的自然主义：自然皆美——理想的自然主义——自然有美丑——自然的美丑即艺术的美丑——

美感的来源有二：自然与艺术。无论何派的自然主义美学者，都同意这原则。艺术的美被认为从自然的美衍化出来。当你鉴赏人造的东西，听一曲交响乐，看一出戏剧时；或鉴赏自然的现象、产物，仰望一角美丽的天空，俯视一头美丽的动物时，不问外表如何歧异，种类如何繁多，它们的美总是一样的，引起的心理活动总是相同的。自然的存在在先，艺术的发生在后；所以艺术美是自然美的反映，艺术是自然的再现。

洛兰或透讷所描绘的落日，和自然界中的落日，其动人的性质初无二致；可是以变化、富丽而论，自然界的落日，比之画上的不知要强过多少倍。拉斐尔的圣母，固是举世闻名的杰作，但比起翡冷翠当地活泼泼的少女来，却又逊色得多了。故自然的美强于艺术的美。进一步的结论，便是：艺术只有在准确地模仿自然的时候才美；离开了自然，艺术便失掉了目的。这是从亚里士多德到近代，一向为多数的艺术家、批评家、美学家所奉为金科玉律的。但在同一大前提下还有许多歧异的学说和解释。

先是写实派和理想派的对立。粗疏地说，写实派认为外界事物，毋须丝毫增损；理想派则认为需要加以润色。其实，在真正的艺术家中，不分派别，没有一个真能严格地模仿自然。写实派的说法："若把一个人的气质当作一幅帘幕，那末一件作品是从这帘幕中透过来的自然的一角"（根据左拉）。可知他也承认绝对地再现自然为不可能，个人的气质，自然的一角，都是选择并改变对象的意思。理想派的说法："唯有自然与真理指出对象的缺陷时，我才假艺术之功去修改对象"（画家勒勃朗语）。他为了拥护自然的尊严起见，把假助于艺术这回事，推给自然本身去负责。所以这两派骨子里并没有不可调和的异点。

其次是玄学（形而上学）家们的观点：所谓美，是对于一种观念或一种高级的和谐的直觉，对于一种在感官世界的帷幕中透露出来的卓越的意义（仿佛我们所说的"道"），加以直觉的体验。不问这透露是自然所自发的，抑为人类有意唤起的，其透露的要素总是相同。至多是把自然美称作"纯粹感觉的美",把艺术的美称作"更敏锐的感觉的美"。两者只有程度之美,并无本质之异。

其次是经验派与享乐派的论调:美感是一种快感,任何种的叹赏都予人以同样的快感。一张俊俏的脸,一帧美丽的肖像,所引起的叹赏,不过是程度的强弱,并非本质的差别。并且快感的优越性,还显然属诸生动的脸,而非属诸呆板的肖像。"随便哪个希腊女神的美,都抵不上一个纯血统的英国少女的一半",这是罗斯金的话。

和这派相近的是折衷派的主张:外界事物之美,以吾人所得印象之丰富程度为比例。我们所要求于艺术品的,和要求于自然的,都是这印象的丰富,并且我们鉴赏者的想象力自会把形式的美推进为生动的美。

从这个观点更进一步,便是感伤派,在一般群众和批评家艺术家中最占势力。他们以为事物之美,由于我们把自己的情感移入事物之内,情感的种类则被对象的特质所限制。故对象的生命是主观(我)与客观(物)的共同的结晶。这是德国极流行的"感情移入"说,观照的人与被观照的物,融合一致,而后观照的人有美的体验。

综合起来,以上各派都可归在自然美一元论这个大系统之内,因为他们都认为艺术的美只是表白自然的美。

然而细细分析起来,这些表面上虽是大同小异的主张,可以抽绎出显然分歧的两大原则,近代美学者称之为绝对的自然主义和理想的自然主义。

一、绝对的自然主义——为神秘主义者、写实主义者、浪漫主义者所拥护。他们以为自然中一切皆美。神秘主义者说:"只要有直觉,随时随地可在深邃的、灵的生命中窥见美。"写实主义者说:"即在一切事物的外貌上面,或竟特别在最物质的方面,都有美存在。"意思是,提到艺术时才有美丑之分,提到自然时便什么都不容区别,连正常反常、健全病态都不该分。一切都占着同等的地位,因为一切都生存着;而生命本身,一旦感知之后,即是美的。哪怕是丑的事物,一当它表白某种深刻的情绪时,就成为美的了。德国美学家苏兹说:"最强烈的审美快感,是'自由的自然'给予的欢乐。"罗斯金说:"艺术家应当说出真相。全部的真相,任何选择都是亵渎……完满的艺术,感知到并反映出自然的全部。不完满的艺术才傲慢,才有所舍弃,有所偏爱。"

总之,这一派的特点是:(一)自然皆美;(二)自然给予人的生命感即是美感;(三)艺术必再现自然,方有美之可言。

二、理想的自然主义者——艺术家中的古典派,理论家中的理想派,都奉此说。他们承认自然之中有美也有丑。两只燕子,飞得最快而姿态最轻盈的一只是美的。许多耕牛中,最强壮耐劳的是美的。一个少女和一个老妇,前者是美的。两个青年,一个气色红润,一个贫血早衰,壮健的是美的。总之,在生物中间,正常的和典型的为美;完满表现种族特征的为美;发展和谐健全的为美;机能旺盛,精神饱满的为美。在无生物或自然景色中间,予人以伟大、强烈、繁荣之感的为美。反之,自然的丑是不合于种族特征的、非典型的、畸形的、早衰的、病弱的。在精神生活方面,反乎一切正常性格的是丑的,例如卑鄙、怯懦、强暴、欺诈、淫乱。艺术既是自然的再现,凡是自然的美丑,当然就是艺术的美丑了。

二　自然主义学说批判（上）

> 绝对派的批判：自然皆美即否定美——自然的生命感非美感——艺术为自然再现说之不成立——自然的美假助于艺术——史的考察——原始时代及其他时代的自然感——艺术与自然的分别——

我们先把绝对的自然主义，就其重要的特征来逐条检讨。

一、自然的一切皆美——这是不容许程度等级的差别羼入自然里去，即不容许有价值问题。可是美既非实物，亦非事实；而是对价值的判断，个人对某物某现象加以肯定的一种行为：故取消价值即取消美。说自然一切皆美，无异说自然一切皆高，一切皆高，即无相对的价值——低；没有低，还会有什么高？所以说自然皆美，即是说自然无所谓美。

二、自然所予人的生命感即是美感——这是感觉的混淆，对真实的风景感到精神爽朗，意态安闲，呼吸畅适，消化顺利，当然是很愉快而有益身心的。但这些感觉和情绪，无所谓美或丑，根本与美无关。常人往往把爱情和情人的美感混为一谈，不知美丑在爱情内并不占据主要的地位：由于其他条件的配合，多少丑的人比美的人更能获得爱；而他的更能获得爱，并不能使他的丑变为不丑。美学家把自然的生命感当作美感，即像获得爱情的人以为是自己生得美。我们对自然所感到的声气相通的情绪，乃是人类固有的一种泛神观念，一种同情心的泛滥，本能地需要在自己和世界万物之间，树立一密切的连带关系，这种心理活动绝非美的体验。

三、艺术应当再现自然——乃是根据上面两个前提所产生的错误。自然既无美丑，以美为目标的艺术，自无须再现自然，艺术之中的音乐与建筑，岂非绝未再现什么自然？即以模仿性最重的绘画与文学来说，模仿也绝非绝对的。

倘本色的自然有时会蒙上真正的美（即并非以自然的生命感误认的美），也是艺术美的反映，是拟人性质的语言的假借。我们肯定艺术的美与一般所谓自然的美，只在字面上相同，本质是大相径庭的。说一颗石子是美的，乃是用艺术眼光把它看作了画上的石子。艺术家和鉴赏者，把自然看作一件可能的艺术品，所以这种自然美仍是艺术美（二者之不同，待下文详及）。

倘艺术品予人的感觉，有时和自然予人的生命感相同，则纯是偶合而非必然。艺术的存在，并不依存于"和自然的生命感一致"的那个条件。两者相遇的原因，一方面是个人的倾向，一方面是社会的潮流。关于这一点，可用史的考察来说明。

在某些时代，人们很能够单为了自然本身而爱自然，无须把它与美感相混；以人的资格而非以艺术家的态度去爱自然；为了自然供给我们以平和安乐之感而爱自然，非为了自然令人叹赏之故。

把本色的自然，把不经人工点缀的自然认为美这回事，只在极文明——或过于文明，即颓废——的时代才发生。野蛮人的歌曲，荷马的史诗，所颂赞的草原河流，英雄战士，多半是为了他们对社会有益。动植物在埃及人和叙利亚人的原始装饰上常有出现，但特别为了礼拜仪式的关系，为了信仰，为了和他们的生存有直接利害之故，却不是为了动植物之美：它们是神圣之物，非美丽的模型。它们的作者是，祭司的气息远过于艺术家的气息。到古典时代（古希腊和法国17世纪）、文艺复兴时代，便只有自然中正常的典型被认为美。但到浪漫时代，又不承认正常之美享有美的特权了，又把自然一视同仁地看待了。

艺术和自然的关系，在历史上是浮动不定的。在本质上，艺术与自然并不如自然主义者所云，有何从属主奴的必然性，它们是属于两个不同的领域的。本色的自然，是镜子里的形象。艺术是拉斐尔的画或伦勃朗的木刻。镜子所显示的形象既不美，亦不丑，只问真实不真实，是机械的问题；艺术品非美即丑，是技术的问题。

三　自然主义学说批判（下）

> 理想派的批判：自然美的标准为实用主义的标准——自然的美不一定是艺术的美——自然的丑可成为艺术的美，举例——自然中无技术——艺术美为表现之美——理想派自然美之由来——自然美之借重于艺术美："江山如画"——自然美与艺术美为语言之混淆——

理想派的自然主义者，只认自然中正常的事物与现象为美——这已经容许了价值问题，和绝对派的出发点大不相同了。但他们所定的正常反常的标准，恰是日常生活的标准，绝非艺术上美丑的标准。凡有利于人类的安宁福利、繁殖健全的典型，不论是实物或现象，都名之为正常，理想派的自然主义者更名之美。其实所谓正常是生理的、道德的、社会的价值，以人类为中心的功利观念；而艺术对这些价值和观念是完全漠然的。

自然的美丑和艺术的美丑一致——这个论见是更易被事实推翻了。

一个面目俊秀的男子，尽可在社交场中获得成功，在情人眼中成为极美的对象，但在美学的见地上是平庸的，无意义的。一匹强壮的马，通常被称为"好马""美马"，然而画家并不一定挑选这种美马做模型。纵使他采取美女或好马为题材，也纯是从技术的发展上着眼，而非受世俗所谓美好的影响——这是说明自然的美（即正常的美，健康的美）并不一定为艺术美。

近代风景画，往往以猥琐的村落街道做对象；小说家又以日常所见所闻、无人注意的事物现象做题材。可知在自然中无所谓美丑的、中性的材料，倒反可成为艺术美。唯有寻常的群众，才爱看吉庆终场的戏剧、年轻美貌的人的肖像，爱听柔媚的靡靡之音，因为他们的智力只能限于实用世界，只能欣赏以生理、道德标准为基础的自然美。

牟利罗画上的捉虱化子，委拉斯开兹的残废者，荷兰画家的吸烟室，夏尔丹的厨房用具，米勒的农夫，都是我们赞赏的。但你散步的时候，遇到一个容貌怪异的人而回顾，却绝非为了纯美的欣赏。农夫到处皆是，厨房用具家家具备，却只在米勒与夏尔丹的画上才美。在自然中，绝没有人说一个残废的乞丐跟一个少妇或一抹蓝天同美；但在画面上，三个对象是同样的美——这是说自然的丑可成为艺术的美。康德说："艺术的特长，是能把自然中可憎厌的东西变美。"

自然的丑可成为艺术的美，但艺术的丑却永远是丑。在乐曲中，可用不协和音来强调协和音的价值，却不能用错误的音来发生任何作用。在一首诗里羼入平板无味的段落，也不能烘托什么美妙的意境。

以上所云，尽够说明自然的美丑与艺术的美丑完全是两个标准。但还可加以申说。

美的艺术品可能是写实的；但那实景在自然中无所谓美，或竟是老老实实的丑。你要享受美感时，会去观赏米勒的乡土画，或读左拉的小说；可绝不会去寻找那些艺术品的模型，以便在自然中去欣赏它们。因为在自然中，它们并不值得欣赏。模型的确存在于自然里面；不在自然里的，是表现艺术。所以康德说："自然的美，是一件美丽之物；艺术的美，是一物的美的表现。"我们不妨补充说：所表现之物，在自然中是无美丑可言的，或竟是丑的。

我们对一件作品所欣赏的，是线条的、空间的（我们称之为虚实）、色彩的美，统称为技术的美；至于作品上的物象，和美的体验完全不涉。

即或自然美在历史上曾和艺术美一致，也不是为了美的缘故。如前所述，原始艺术的动机，并非为了艺术的纯美。原始人类为了宗教、政治、军事上的需要，才把崇拜的或夸耀的对象，跟纯美的作用相混。实际作用与纯美作用的分离，乃是文化史上极其晚近的事。过去那些"非美的"自然品性（例如体格的壮健，原野的富饶，春夏的繁荣等等），到了宗教性淡薄，个人主义占优势的近代人的口里，就称为"自然的美"。但所谓自然美，依旧是以实际生活为准的估价，不过加上一个美的名字，实非以技术表现为准的纯美。因为艺术史上颇多"自然美"和"艺术美"一致的例证，愈益令人误会自然美即艺术美。古希腊，文艺复兴期三大家，以及一切古典时代的作者，几乎全都表现愉快的、健全的、卓越的对象，表现大众在自然中认为美的事物。反之，和"自然美"背驰的例证，在艺术史上同样屡见不鲜。中世纪的雕塑，文艺复兴初期、浪漫派、写实派的绘画，都是不关心自然有何美丑的，反而常常表现在自然中被认为丑的东西。

周期性的历史循环，只能证明时代心理的动荡，不能摇撼客观的真理。自然无美丑，正如自然无善恶。古人形容美丽的风景时会说"江山如画"，这才是真悟艺术与自然的关系的卓识，这也真正说明自然美之借光于艺术美。具有世界艺术常识的人常常会说"好一幅提香！"来形容自然界富丽的风光，或者说"好一幅达·芬奇的肖像！"来赞赏一个女子。没有艺术，我们就不知有自然的美。自然界给人以纯洁、健康、伟大、和谐的印象时，我们指这些印象为美；欣赏名作时，我们也指为美：实际上两种美是两回事。我们既无法使美之一字让艺术专用，便只有尽力防止语言的混淆，诱使我们发生错误的认识。

四　自然与艺术的真正关系

批判的结论——艺术美之来源为技术——艺术假助于自然：素材与暗示——技术是人为的、个人的、同时集体的；举例——技术在风格上的作用——自然为艺术的动力而非法则——自然的素材与暗示不影响艺术品的价值——

以上两节的批评，归纳起来是——

（一）自然予人的生命感非美感；（二）自然皆美说不成立；（三）艺术再现自然说不成立；（四）自然美非艺术美；（五）自然无艺术上之美丑，正如自然无道德上之善恶；（六）所谓自然美是：A. 与美丑无关之实用价值；B. 从艺术假借得来的价值；（七）自然美与艺术美之一致为偶合而非艺术的条件；（八）艺术美的来源是技术。

自然和艺术真正的关系，可比之于资源与运用的关系。艺术向自然借取的，是物质的素材与感觉的暗示：那是人类任何活动所离不开的。就因为此，自然的材料与暗示，绝非艺术的特征。艺术活动本身是一种技术，是和谐化、风格化、装饰化、理想化……这些都是技术的同义字，而意义的广狭不尽适合。人类凭了技术，才能用创造的精神，把淡漠的生命中一切的内容变为美。

技术包括些什么？很难用公式来确定。它永远在演化的长流中动荡。它内在的特殊的元素，在"美"的发展过程中，常和外界的、非美的条件融合在一起。一方面，技术是过去的成就与遗产，一方面又多少是个人的发明，创造的、天才的发明。

倘若把一本古书上的插图跟教堂里的一幅壁画相比，或同一幅小型的油画相比，你是否把它们最特殊的差别归之于画中的物象？归之于画家的个性？若果如此，你只能解释若干极其皮表的外貌。因为确定它们各个的特点的，有（一）应用的材料不同：水彩、金碧、油色、羊皮纸、墙壁、粗麻布；（二）用途之各殊：书籍、建筑物、教堂、宫殿、私宅；（三）制作的物质条件有异：中古僧侣的惨淡经营，迅速的壁画手法，屡次修改的油画技巧；（四）作品产生的时代各别：原始时代、古典时代、浪漫时代，文艺复兴前期、盛期、后期。这还不过是略举技术元素中之一小部；但对于作品的技术，和画上的物象相比时，岂非显得后者的作用渺乎其小了吗？

这些人为的技术条件，可以说明不同风格的产生。例如在各式各样的穹窿形中，为何希腊人采取直线的平面的天顶，为何罗马人采取圆满中空的一种，为何哥特派偏爱切碎的交错的一种，为何文艺复兴以后又倾向更复杂的曲线，所有这些曲线，在自然里毫无等差地存在着，而在艺术品的每种风格里，却各各占领着领导地位。而且这运用又是集体的，因为每一种的风格，见之于某一整个的时代，某一整体的民族。作风不同的最大因素，依然是技术。

一件艺术品，去掉了技术部分，所剩下的还有什么？准确地抄袭自然的形象，和实物相比，只是一件可怜的复制品，连自然美的再现都谈不到，遑论艺术美了。可知艺术的美绝不依存于自然，因为它不依存于表现的物象。没有技术，才会没有艺术。没有自然，照样可有艺术，例如音乐。

那末自然就和艺术不产生关系了吗？并不。上文说过，艺术向自然汲取暗示，借用素材。但这些都不是艺术活动的法则，而不过是动力。动机并不能支配活动，只能产生活动。除了自然，其他的感觉、情操、本能，或任何种的力，都能产生活动，而都不能支配活动。"暗示艺术家做技术活动的是什么"这问题，与艺术品的价值根本无关；正像电力电光的价值，与发电马达之为何（利用水力还是蒸汽）不生干系一样。

我们加之于自然的种种价值，原非自然所固有，乃具备于我们自身。自然之不理会美不美，正如它不理会道德不道德，逻辑不逻辑。自然不能把技术授予艺术家,因为它不能把自己所没有的东西授人。当然,自然之于艺术,是暗示的源泉,动机的贮藏库。但自然所暗示给艺术家的内容,不是自然的特色,而是艺术的特色。所以自然不能因有所暗示而即支配艺术。艺术家需要学习的是技术而非自然;向自然,他只须觅取暗示——或者说觅取刺激,觅取灵感,来唤起他的想象力。

原载《新语》半月刊第五期,1942 年 12 月

中国歌舞短论

聂 耳

电影艺术，本不应该谈起歌舞，但看有声片里，似乎有着很多用处，无妨就此叙述叙述。

说到中国的歌舞，不免想起创办这玩意儿的鼻祖：黎锦晖，不怕苦，带领了一班红男绿女东奔西跑，国内国外，显了十几年的软功夫，佩服！佩服！

香艳肉感，热情流露，这便是十几年来所谓歌舞的成绩。

口口声声唱的是艺术，是教育；然而，那末一群——表演者——正是感着不可言状的失学之苦，什么叫社会教育？儿童教育？唉！被麻醉的青年儿童，无数！无数！

黎锦晖的作品当中，并非全是一塌糊涂。有的却带有反封建的元素，也有的描写出片面的贫富阶级悬殊；然而，我们所需要的不是软豆腐，而是真刀真枪的硬功夫！你想，资本家住在高楼大厦大享其福，工人们汗水淋漓地在机械下暗哭，我们应该取怎样的手段去寻求一个劳苦大众的救主？！

《夜花园里》是卖文者感到劳苦大众的痛苦；《小利达之死》便写了一点点贫富的冲突。所以，我之对于歌舞和那鼻祖，还有着一线的希望之路。

今后的歌舞，若果仍是为歌舞而歌舞，那末，根本莫想踏上艺术之途！再跑几十年也罢！还不是嘴里进，屁股里出？

　　贫富的悬殊，由斗争中找到社会的进步，这事实，谁也不能掩护。嗳哟哟！亲爱的创办歌舞的鼻祖哟！你不要以为你有反封建的意识便以为满足！你不听见这地球上，有着无穷的一群人在你的周围呐喊，狂呼！你要向那群众深入，在这里面，你将有新鲜的材料，创造出新鲜的艺术。喂！努力！那条才是时代的大路！

1932 年 7 月 13 日

原载 1932 年 7 月 1 日上海《电影艺术》第 3 期

电影的音乐配奏

聂 耳

我们每看一部影片,不仅是去看银幕上所映出的画面,同时还要用耳朵去听它所配奏的音乐。

在看电影的时候,有时会使你兴奋激昂,有时会使你感伤得流泪;这不是单纯的在银幕上所给与的刺激,而一半是耳朵周围的音响支配了你的情感。

无疑地,音乐在电影艺术中是占有很重要的地位。

在好莱坞每摄一部影片,它对于音乐的配奏看得非常重要。不论有声片或无声片,音乐工作的布置却是首先要解决的问题:有声片分幕后便交音乐家作曲,收音部研究各种音响配置的问题;无声片在拍戏时有无线电、留声机在摄影场伴奏乐队演奏的音乐,制造出种种空气帮助演员的表情或导演的指挥。

在苏联和德国,他们对于无声片的音乐配奏也是取同样方式,但对于有声片却更精细得多。我们可以在他们的影片里看出,他们是最能善用声片的音响,使乐音、噪音适当地配合着剧情,给观众感到眼里所看的,耳里所听的,脑里所想的,融化得恰到好处。

回顾国产影片的对于音乐,一向是取忽视的态度,莫说拍无声片拍戏时没有制造空气的音乐设备,就是在有声片里也没有一部是对音乐下过一番功夫；固然，我们不能去和外国片相比，然而也不要忽视它，我们至少要利用这一有力的工具，渐渐增强国产影片的实力。

制片家们！认清了音乐在电影艺术中的地位，认真地去注视它，这是我们最低限度的希望。

1933 年 4 月 14 日

原载 1933 年 7 月上海《电影画报》第 1 期

文人画的价值

陈师曾

甚么叫作文人画，就是画里面带有文人的性质，含有文人的趣味，不专在画里面考究艺术上的功夫，必定是画之外有许多的文人的思想。看了这一幅画，必定使人有无穷的感想，这作画的人必定是文人无疑了。有人说文人去作画，岂不是外行，把外行的人去画，这画里面的趣味埋没了，怎么叫作好画呢？要晓得画，这样东西，是性灵的，是思想的，是活动的，不是器械的，不是单纯的要发表作者的性灵和思想，自然有一种文人，也要在画里面，发表他的性灵和思想，带着他自己的本质。有人又说作画不在画里面考究，却又节外生枝，把别的东西放进去，明明是画里的功夫不够，却把别样东西来遮掩打诨，以画而论，却没有价值了！

文人的画却不免有这种弊病，以画而论，却不能十分考究，也有失却规矩的，也有形体不能正确的，却是要拿别一种意思去看他，自有一种文人的趣味，文人的思想，别人学不到的，况且文人画不是都不讲究规矩的，这文人不是一种奇怪的人，他虽不作画，他的思想和趣味常常与画有关系的，文人做的事，是甚么事呢？无非是文辞诗赋那些事，请问这文辞诗赋里面所讲的是甚么东西呢？无非是山水草木禽鱼等等这些材料，他所感触的，又无非人情世故古往今来的变迁，他这些感想，他这些材料，是不是与画家一样的呢？既然是与画家一样的，那么他不画就罢，他若要画，他就把这些材料，这些感想，都放到画里面去，这就把这一幅画，代替他的文辞诗赋了。并且古来的画，本是代文字的，有些文字说不出的，就把画来形容他，这却是别的一桩事，现在不必说他，但说文人的思想感触，不寄在文辞诗赋里面，却要把他寄在画里面，就把眼前的山水、草木、禽兽，做他的一种寄托的材料，这材料就随便他信手拈来，只要够发表他的思想和感触罢了，这材料虽有正确不正确的，却是他的思想和感触，借这材料发表的时候，自然叫别人看画，体会得来。还有一层，不是凡文人都能作画，也不是凡文人都能看画，总要在画里面有探讨，有习惯的观念的，才能够看得出来。

现在有一幅文人的画，随便叫一个人去看，叫他说出怎么样好，却说不出，他说得出的，那里一个桥，那里一棵树，那一条路是通到桥那边去的，或是这个鸡抬着头，那个竹竿有许多叶子生着枝上，不过这样说说罢了。至于是甚么家数，甚么来源，甚么笔法，却不能讲得出，要晓得文人的画，不是行家画，却也不是全然外行，这里面消息，很难参透的（倪云林论画要平淡天真无纵横作家习气）。

东坡的诗说的"论画以形似，见与儿童邻"，这就是东坡极端打破形似的主张，是就代表文人画的说法。就可以想见时代的思想变迁，到了北宋以来，文人的画盛行的原故，又可以想见文人画不能不发表的趋势了。

文人画却不是宋时才有的，六朝的时代，庄老的学说盛行，那时候一班文人学士，都含有一种超世界超社会的思想，要脱离物质的束缚，发挥自由的情致。寄托在高旷清净的一种境界，所以有宗炳王微两个画家，专画山水表示他的人格和思想，这两个画家，却是文人。他的画虽没有看过，可以想见他的画，与别样一般的画家不同，总带了文人的气味。所以，东坡有诗称道宗炳的画，可以想见东坡与他神情契合的了。并且宗炳王微两画家，都有论画的著作。当时文人很多，何以他们这些文人不能个个能画呢？可以想见这宗王两画家实在是画里面有研究的，又能发表自己的思想。宗炳与王微以前，也有许多文人能画的，如蔡邕、张衡、王廙、王羲之、献之这些人，何以他们不曾有文人画的旗帜呢？想是他们还是拘守画家的成格，没有甚么多大的发展，这也是时代的关系，没有到时候，并且就画里面的规矩邱壑格局方法等等而论，还没到美备的境界。溯说渊源都是从他们引起来的，后世更加发展。到了唐朝的时候，有一个南宗开山祖师王摩诘，"诗中有画，画中有诗"的人，张洽、王宰、郑虔都是得了传染，这也是一时的风气。到了这个时候，自然文人的一种思想，文人的一种性质，都要发表出来，并且当时的人不能画的，对于画的议论和诗歌，也就渐渐地多了。绘画与文辞，越逼越近，越有密切的关系，所以荆、关、董、巨四家相继而起，传南宋的衣钵，质而言之，就是张文人画的旗鼓。虽然如此，那一班不是文人的画派，却不能消灭，他有他的辛苦，有他的价值，尽可并行不悖。所以五代以至于两宋，穷极技巧，名手很多，各有面目，开后人无数的法门。

南北两宋的时代文运最隆，文家诗家词家理学家，彬彬辈出，思想最为发达，所以绘画一道，亦随之应运而起，各极其能。欧阳永叔、梅圣俞、东坡、山谷这些诗文家对于绘画，很有些趣味，有些评论；司马温公、朱考亭在画家传里都有名，可想见文人的思想与绘画，在宋朝的时代，是极发展的时代，还有华光和尚的梅花，文与可的墨竹，在当时很有名的。这梅花竹子若把他当做一种花卉画，不见甚么出奇，到了这宋朝文人思想发达的时代，却有多少妙处含在里面。后来元明以下，那些画家，都从这里讨生活，并且苏东坡与文湖州是要好的朋友，学他画墨竹，做出许多说墨竹的诗文来，表彰墨竹的趣味。几枝墨竹有甚么出奇，到了文人的手里写出来，自然有种种的妙处，这都不是不文的人能够做得到，懂得着的。

还有一层，我们中国的画，是与写字有密切的关系，大凡能写字的他的画也是好的，所以古今书画兼长的很多，画里面的笔法，总是和写字一样。宋朝龚开论画说："人言墨鬼为戏笔，是大不然，此乃书家之草圣也。岂有不善作真书，而能作草书者。"又陆探微因王献之有一笔书，他就创一笔画。又赵子昂论画诗："石如飞白木如籀，写竹还应八法通，若也有人能会此，须知书画本来同。"又赵子昂问画道于钱舜举："何以称士气？"钱曰："隶体耳，画史能辨之，即可无翼而飞，不尔，便落邪道，愈工愈远。"柯九思论画竹："写竹干用篆法，枝用草书法，写叶用八分法，或用鲁公撇笔法，木石用折钗股、屋漏痕之遗意。"南唐李后主用金错刀书法画竹，当时学他的人很多。这样看起来，文人的画不但把意思趣味放在画里，而且把写字方法也放进去，所以觉得画里面很不简单，不是专在画的范围里研究便可了事，还要从他种方法研究，才能够出色。所以从宋直到明清，文人的画颇占势力；也怪不得这种画占势力，实在是他们都是有各种素养各种学问凑合得来的。倪云林自论画："仆之所谓画者，不过逸笔草草，不求形似，聊以自娱耳。"又论画竹："余画竹聊以写胸中逸气耳，岂复较其似与非。"吴仲圭论画："墨戏之作，盖士大夫词翰之余，适一时之兴趣。"看这些论说，可以想见文人画的意旨所在，都是同东坡一个鼻孔出气。元季四大家，都是品格高尚，学问渊博的，所以他们的画，上继荆关，下开明清两朝诸家法门。清初四王、吴、恽，都是从元四大家出来，说他们的画，不是都不讲形似，都是格法精备，何尝有点牵强不周到不完足的地方。就是倪云林极不讲形似，他的树何尝不像树，石何尝不是石。所谓不求形似，是他的精神不必专在形似上求，他用笔的时候，另有一番意思，他作画的时候，另有一种寄托，正是东坡说的："赋诗必此诗，定非知诗人。诗画本一律，天工与清新"。要不拘在形迹上刻舟求剑，自然天机流畅，才算是好。我又说一句话，文人的不求形似，正是画的进步，何以见得呢？我有一个浅近的比譬：有一个人初学画的时候，要他像，却不能像，久而久之，慢慢儿地像了，后来很像了。后来把那些物体都记熟了，随便画来，不必工整，自然画甚么像甚么，不必要处处一点一点地理会，自然得心应手，岂不是他的神情超于物体之外，却能摄取那物体的最要紧的征象吗？我把这个次序去看历史的画家经过，也是这个道理：汉以前的画是难得看见的，就看钟鼎上的图案和文字，不过是一个记号的征象，却不能说是像，那时候的文字，也有许多就是画，是算不得完全的画，却是不像得很，汉朝的画刻在石上的，也是很古拙的；六朝造像就有精致的了，如曹望禧造像、刘根造像，面目衣褶，俨然是画家的法度，不是汉朝武梁祠、嘉祥画像那样古拙；唐宋以后，更加精巧，不但形体规模，妙合法度，施彩色的染晕法、阴阳凹凸的面，都是很明显，六朝以前的彩色，尚不能这样入细，可见得是极形似的了，所以再一进步，必有一种草草数笔便能摄现全神的画，所以这种不求形似的画，却是经过形似的阶级得来的，不是初学画的不形似的样子。再说，西洋人的画是极讲形似的，现在新派的画，全然打破从来的规矩，所谓未来派、立方派，这又像甚么东西，不懂得的岂不反以为可笑，以为可怪吗？

我说画虽小道，第一要人品，第二要学问，第三要才，第四要情，才说到艺术上的功夫，所以文人画的要素，须有这四种才能够出色，文（徵明）沈（周）仇（英）唐（寅）四家以功力而论，都是旗鼓相当，以文人画的价值评论起来，仇十洲到底比不过他们三家，这是甚么原故呢？

原载《绘学杂志》1921年第2期

国画之气韵问题

余绍宋

今日承教育部第二次全国美术展览会之招,来此讲演关于中国画之理论。窃意中国画最重要之部分,不外气韵与画法两种。关于画法有一定之规律,尚有书籍可以参考,学校都是尚可本其经验所得以之讲解,闻者亦可领悟以从事于练习。独此气韵问题是难以言语形容者,所以历来论画书籍中,并无整个的或彻底的研究,偶然散见一二条,亦皆知其然而不知其所以然之论,无由使人集会。因此无论画家与赏鉴家,都感到十分烦闷。至于气韵二字,在吾国画中极关重要,盖无气韵之画,便推动了画之精神,惟近来画家因种种关系,渐有忽略此点之趋势。今日兄弟所以趁此机会,欲与诸位谈谈,意在唤起注意,共同讨论。不过自问学问浅薄,对于此问题,不敢说有深切的研究,只能就见到者约略敷陈,还望诸位指正。

现在拟分数段说明:第一说气二字之起源;第二说气韵二字之解释;第三说气韵在中国画上之价值;第四说气韵与形似之关系;第五说如何而始有气韵;第六说气韵非仅墨笔写意画有之;第七说今后中国画仍应注重气韵;第八结论。

一　气韵二字之起源

气韵二字，最初见于南齐谢赫所著之《古画品录》。谢赫为发明六法之人，气韵便是六法中之第一种，所谓"气韵生动"是也。其第二种为"骨法用笔"，第三种是"应物象形"，第四种为"随类赋彩"，第五种为"经营位置"，第六种为"传移模写"。其实后五种俱有法度可循，独此第一种所谓气韵，则通于五种皆应有之事，否则五种虽工，亦不能称为好画。故以气韵列为六法之一，论理上殊不妥当，不过相传既久，亦不必更持异论耳。清邹一桂《小山画谱》中曾言："以气韵为第一种，是赏鉴家言，非作家言。"其论殊不当，试问作家作画，如不讲求气韵，赏鉴家从何赏鉴得出来？所以气韵二字，作家亦应注重，不可为其所误。

二　气韵二字之解释

前言气韵二字难以言语形容，所以发明垂千年，而论画者皆无具体的说明。直至明末唐志契著《绘事微言》始有相当的解释，其言曰："气者有笔气，有墨气，有色气，而又有气势，有气度，有气机，此间即谓之韵。"后来张庚著《浦山论画》，更为推广言之，谓："气韵有发于墨者，有发于笔者，有发于意者，有发于无意者。发于无意者为上，发于意者次之，发于笔墨者又次之。"发于笔墨两种，不必多加说明。其所谓发于意者，即"走笔运墨，我欲如是而得如是，若疏密、多寡、浓淡、干湿各得其当"是也。所谓发于无意者，即"当其凝神注想，流盼运腕，初不意如是，而忽如是。谓之为足，而实未足；谓之未足，则又无可增加。独得于笔情墨趣之外，盖天机之勃发也"。此论甚精。于极难形容之象，而发挥至如此程度，实已不可多得。其后唐岱著《绘事发微》，方薰著《山静居画论》，亦略有解说，但谓："气韵以气为主，有气则有韵，而气皆由笔墨而生。"所言虽不若张氏之精辟，然亦有其见地也。

昔笪重光著《画筌》一书，中有云："真境现时，岂关多笔；眼光收处，不在全图。含景色于草昧之中，味之无画，擅风光于掩映之际，览而愈新，密缴之中，目兼旷达，率易之内，转见便娟。"当时王石谷、恽南田评此数语，以为是"阐发气韵最微妙处，学者须作禅句参之，默契其旨。"笪氏此论，盖专为画山水而发，其实他种之画，亦可通用，不过略涉玄妙，浅人不易领略而已。

以上述古人所说，今更就余个人意见言之，吾人作画，必本于性灵与感想而成，方有价值，否则便是死物，与印板何异，又何必多此一举。惟由性灵与感想所发挥而出者方有个性之表现，而此个性之表现，气韵即自然发生。所以历来大家之画，各人有各人之风格，亦即各有其气韵，不能强同。即使同一画派之画，细看亦各有不同，而此不同之特点固存于笔墨，然亦更须于笔墨之外求之。此中微妙，非多看画，不能领会，仍归于难以言语形容耳。但须注意者，气有清浊之分，如所谓俗气、死气、习气，乃至使人观之生恐怖厌恶之气，皆浊气也。此种亦是其个性所发现之气，但无韵之可言，故不得称为气韵，应在摈除之列。

三　气韵在国画上之价值

今试取一有名之画与一寻常之画，并悬一处，不必画家或赏鉴家，只须略有知识之人，一望即知其孰优孰劣。何也？一有气韵，一无气韵也。不但此也，即取一临本与真本并列观之，但使其人略有知识，亦可立决其真伪。何也？亦气韵为之也。盖有气韵之画，一触目便觉画中景物，突现当前，使人倏然兴极好之美感，味之不尽。无气韵之画，无论如何，总觉障眼，即使其画极工、极细、极似真景，亦但能使人赞其用力之勤，费时之久而已，不能动人欣赏，使人意远也。此便是正宗画与工匠画不同之点。（"正宗画"三字从前所无，鄙意欲以称历来正宗画派之用，含士气画与作家画在内。往日有称为文人画者，嫌其意义狭隘，故立此称。）亦即是赏鉴家辨别真伪最要之点。工匠画只是供社会实际应用之需要，如广告、剧场背景，以及漆匠、泥水匠、雕花匠所画之类，原无须乎气韵。今日吾人所谈之正宗画，乃吾国最高艺术之结晶，将欲藉之以提高人类思想，为一般国民修养身心之用，而使跻身于高尚纯洁之域者也。若是，安得不重气韵？质言之，无气韵之画，便是俗画。俗画对于有知识之人固无用处，即对于一般人亦无用处，还不若工匠画尚有实用。

今人颇有讥国画为"贵族艺术"，不适用于一般民众，而欲提倡所谓"十字街头艺术"者。不知所谓"十字街头艺术"者，是何等画？若除去余之所谓正宗画，便是俗画或工匠画。工匠画或可谓为十字街头艺术，但彼自有实用，原不必更为提倡。若俗画既无气韵，则与提高人格目的何与？至谓正宗画为"贵族艺术",亦殊不然。历来画家所写,大半皆山林隐逸之趣,无论山水人物皆然,而画笔亦皆注重旷远、绵邈、萧散、清逸一流。至于画家,大半属于山人墨客,或士人消遣情怀,寄托逸兴之作,与所谓"贵族"何关?若云名画非贵族不能享有,便指为"贵族艺术"加以排斥,则直是根本推翻本国固有之文化。兹因今人动因画重气韵谓为"不合时宜",故连类言之。

四 气韵与形似之关系

唐张彦远《历代名画记》曾云:"古之画或遗其形似而尚其气韵,以形似之外求其画,此难与人言也。今之画纵得形似,而气韵不生,以气韵求其画,则形似在其间矣。"此为重气韵不重形似之论首见于载记者,后来学者论画俱宗之。故苏东坡诗有"论画以形似,见与儿童邻"之句,倪云林有"仆之所谓画者,不过逸笔草草,不求形似"之论。而不求形似一语,遂为画家唯一之原则,亦即为国画精神之所寄。惟所谓不求形似,并非故意与实物实景相背驰,乃是不专注重于形似,而以己之性灵与感想与实物实景相契合、相融化,撷取其主要之点,以表现一己之作风,而别饶气韵。所以说,气韵即个性表现,犹之诗文同一题,而作者各以其性灵与感想为之,俱不相似,而仍切题。又如书法,数人同临一家,而其结果各有其特异之点也。

昔恽南田云:"不求形似,正是潜移造化而与天游。近人只求形似,愈似所以愈离。"王孟端亦言:"所谓不求形似者,不似之似也。"此两说最为精微。更为推阐言之,所谓不求形似者,乃谓作画时不可如工匠画,刻意求似真物真景,须有一种意思以自发其天机。犹之吾人学画者，稍有进益，往往多形似。久之功夫精熟，往往不以为然，而下笔时所欲画之形体自然奔赴腕下，与之契合，不必刻意描写，而神理自得。所谓"超以象外，得其寰中"，"离其形而得似"也。若必求其形似，则与照相片何异？若以形似为佳，则既有照相机，又何必作画？又如数人、数十人画一实物、一实景，而皆形似则个性丧失，岂得称为艺术？但亦不可误会，以为无须形似，只是不求形似而已。所以"不似之似"一语，最堪玩味，"不似之似"便是遗貌取神。今更以浅语言之，如画人，人之形体，凡画者皆能之，而欲得人之神情则大不易。又如画花木，花木之形体，凡画者皆能之，而欲得花木之精神则大不易。又如画山水，山水之形体，凡画者皆能之，而欲得山水之灵气则大不易。所谓神情，所谓精神，所谓灵气，便是气韵所寄。人与花木山水，皆是生物，皆有生气，故画之佳者，称曰"气韵生动"，谓有气韵便向能生动也。如画人而不能得其神情，则与旧时画匠为死人传真何异？画花木而不得其精神，则与旧时女子刺绣花样何异？画山水而不得其灵气，则与山川道里舆图何异？安有艺术之价值耶！

原载滕固编《中国艺术论丛》，商务印书馆1938年版

音乐的势力

萧友梅

今天上海市教育局约兄弟到这里来播音演讲,讲题是《音乐的势力》。在未讲这个题目之前,先要把音乐的组织简单地说明一下。

谁都知道音乐是声音的美术或时间的美术,但不是随便一阵叮叮咚咚或大摄大打乱杂无章的声音,都可以叫做音乐,必定要有一定的节奏(rhythm),有相当的和音(harmony)衬托着,配成一种抑扬得宜的曲调(melody),用适当的章法(即形式),加上各种表情(expression)表现出来,才算是真正的乐曲,才算是音乐。

那么看来音乐不外由"节奏""和声""曲调"三种原素组成,但是音乐的种类实际上不止三种。第一因为三种原素的配合法甚多,第二因为表情法各曲不同,在合奏的乐曲还有各种乐器的配合法不同,因而作出种种音色出来;尤其是近五百年的西方音乐,不独理论方面愈研究愈精,就是乐曲作法和演奏技术,也变化无穷,登峰造极。近代音乐的种类因此千变万化,无所不有,断非我们中国一千年来没有进步的音乐可以比得上的。

音乐的种类既然很多,并且每种有特殊的性质,有特殊的效用,譬如:

一、温柔恬静的音乐，可以安慰人的脑筋，教人听见容易安眠，摇篮曲就是属于这类；

二、快活的音乐，教人听见精神爽快，小孩听见常常活活泼泼地跳舞起来，这类乐曲西方更多，不能逐一列举；

三、雄壮的音乐，可以鼓起人的勇气，振起人的精神，像军队进行曲就是属于这类；

四、悲哀的音乐，教人听见发生悲感，甚至令人流泪，哀悼进行曲和 Elegie（悲歌）属于这类；

五、忧郁的音乐，听见教人沉闷；

六、喜悦的音乐，听见教人欢喜；

七、优美庄严的音乐，可以洗净人的杂思，提高思想的目标，可以使人的举动变成庄重的态度；

八、怨慕的音乐，可以表现人类怨慕的情绪；

九、音乐又可以治病或减轻病人的痛苦，欧战时各国伤兵医院，多备有特殊的音乐，教伤兵听见，减少他们的痛苦，在割症时亦有奏着音乐的；

十、近年欧洲法院亦有用音乐改造罪犯心理的试验，就是每天清早于一定的时间演奏一种特别音乐，教犯罪者静听，经过若干时间之后，自己忏悔，立意改过，期满出狱，改邪归正的人很不少。还有用音乐来辅助审判的：某处地方有一件谋杀案，犯人被捕之后，屡次审讯，不肯供认。判官因为找不得证据，又不能立刻判决，于是用音乐助审。把凶手关在一个光线阴暗的房间，半夜从隔壁放一种悲惨的音乐，并且带有一种悲惨的哭声，等这个犯人听过几天之后，再提出审讯，果然被音乐感动，良心发现，逐一供认。可见音乐的力量了。

还有一件最明显的，就是音乐的节奏可以指挥最大群众，可以统一整个民族的举动。

在西方于举行大会之前后常唱几首"会歌"，这种"会歌"的节奏都很鲜明，歌词亦十分得体，唱过之后增加许多合作的精神。群众受了这种歌曲的影响，好像物体被地球引力吸着，不知不觉要向同一个方向去，军队依着一定的节奏长期步行不觉疲倦，过千过万人唱着军歌一齐冲锋，不觉痛苦，就是这类的实例。

以上所讲的效力有明显的，有潜伏的，有立刻发生效力的，有慢慢才见功效的。笼统可以叫它做"音乐的势力"。

欧美各国对于音乐的势力早已晓得，所以政府、社会、学校、家庭各方面，到处都利用音乐来辅助他们的工作。他们对于音乐教育都很注意，除掉政府办的音乐院之外，私人捐出大笔款项设立音乐学校的也很多；对于有音乐天才的青年或有创作力的人们，也用尽各种方法来鼓励，或用国奖、罗马奖、头奖、二奖及各种学位等等名誉奖励，或用金钱奖励。法国、比国的教育部叫"科学美术部"，就是表示美术与科学并重的意思。俄国政府近年并且设立"乐部"，德国政府亦设立"全国音乐局"，专管音乐教育和关于音乐的工作，可见他们的如何努力了。我们中国从前并不是不知道音乐势力的伟大，古书所谓"移风易俗，莫善于乐"，就是这个意思。周朝、唐朝都看得音乐很重，那两朝在我们历史上不是最强盛的时代吗？这就是最显明的证据，谁也不能否认的。到后来逐渐不注意音乐，或简直不把音乐当作一回事，听它自生自灭，所以坏的音乐一天一天的加多，而好的音乐就逐渐减少。好像有一块田地，本来是种稻的，现在地主不注意种稻，听它随便生草，野草一天比一天长得多，就把稻米的地位占满，叫它没有立足之地。这就是一个顶好的例子。现在还不赶紧把坏的音乐——淫词淫曲——去掉，把好的音乐介绍进来替代它，将来全国人的精神就很难有改造的希望。因为音乐的势力很大，不独好的音乐有伟大的势力，坏的音乐也有很大的势力：听惯悲曲的人们很少有快乐的精神的，听惯慢板音乐的人们很少有活泼的精神的，听惯颓废音乐的人们很难有振作精神的，听惯淫邪音乐的人们不会有高尚思想和光明磊落态度的，听惯节奏不鲜明和散板音乐的人们不会有合作精神的。这样看来，音乐的恶势力，可怕得很！我们中国全国现在到处都有这种恶势力盘踞着。我们政府如果不马上设法把它们消灭，不马上整顿音乐教育，国民精神断难有振作的希望，全国人断难有合作的可能。

所以，第一我希望政府赶快派音乐专家去检查全国流行的音乐，认为有伤风化和有颓废性或消极性的音乐，马上禁止演奏和印行，一方面改良学校的音乐功课，一方面检定音乐师资，鼓励创作发扬蹈厉的新歌新曲，注意音乐专门教育。第二我希望社会上有财力而对于音乐有兴趣的人们，最好尽力捐款出来提倡音乐教育或奖励音乐学生，以补助政府的不足；各无线电播音台顶好请音乐专家替你们选购一批好的唱片，以备随时播音，逐渐把听众的精神改变过来；做父母的假如发现你们的小孩有音乐天才时，就要趁早请人教他学音乐，或把他送到音乐学堂去，因为近代音乐技术一天进步一天，有许多乐曲的技术很难，非从小学起很难学得成功的。欧洲许多音乐大家都是从小就学起。假如我们希望中国将来产生一批大音乐家，可不能不请求你们帮忙了。

最后我顺便介绍一件事，就是上海本埠法租界霞飞路140号法文协会的广播电台（Alliance Francaise Station Radiophonique），每天有三次音乐播音：第一次午后12点半到2点，第二次6点半到8点，第三次9点到10点半。这三次播音的节目，最好是第三次，有许多很难听得到的音乐，但是比较程度略为高些；第一、第二两次的节目比较略为浅一点，可惜有时还掺杂一些jazz音乐（西乐中的不良好者），不过平均比较别个电台的节目已经好得多了。第三次的播音节目单，每星期日有印成的分送各处，可以写信去要。法国电台的波长是214.2公尺，周波数是1400。诸位若是喜欢听好的西乐，不妨常听听这个电台第三次的节目。

原载《音乐教育》1934年3月第2卷第3期

论音乐感人之理

杨昭恕

音乐者，具有最高等感人之效力者也。能使人喜，能使人怒，能使人忧，能使人思，能使人悲，能使人恐，能使人惊；能使人心旷神怡，能使人情志优越；能使人怀高山之想，能使人缅流水之思。要之：心理上所有之情境，音乐皆能一一感动而引起之。至若听雅乐而恹恹欲睡，聆俗乐而不知倦，则又属于心理之反感。而同一感人之作用，固未尝有二也。

夫音乐之能以感人，固矣。然以何理由而感人如是之神且验乎？在科学未昌明之时代，讨论此问题者颇多神秘奇异之说，百兽率舞也，凤凰来仪也，游鱼出听也，六马仰秣也；舞干羽于两阶，而有苗来格也，莫非以音乐为不可思议之物。故凡懋修文德之君主，擅长技术之专家，苟有关于乐律之制作及演奏，于是种种牵强附会之说，即因之以起。而抑知一律诸科学之方法，非惟不能推厥音乐感人之原理，而荒谬无稽，真有不值一噱者。

据现在科学家之解释，音乐之所以感人者，其理由有二：一由于"物理"方面者，一由于"心理"方面者。关于"物理"方面者，不外物质之振动；关于"心理"方面者，不外精神之影响。然在解释音乐感人问题上，"物理"与"心理"决不能截然为二。盖物质之振动，固属"物理"一方面之事实。若就听神经之感应言之,则又兼"心""物"两方面之事实矣。今姑置此种理论而不讲,特就鄙所视为音乐感人之理由两种,列述如下,用质之音乐哲学专家焉。

一　感情移入

感情移入,原属本能之一种。而能以他人之举动或言语笑貌,引起自己之同一心情,复以此同一心情,借以解释他人之同一心情,仿佛置我个人之心情于他人之心情中者然,所谓社会同情心即指此也。而音乐对于人类能生特别之感动者,实赖有此种之本能作用。人惟有哀感之心情,而后感而发噍杀之声响;亦惟有感哀之心情,一闻噍杀之声响,则引起哀感之心情焉。人惟有乐易之心情,而后感而发啴缓之声响;亦惟有乐易之心情,故一闻啴缓之声响,则引起乐易之心情焉。至若清风之谱、明月之调,在奏者固赖有精深微妙之技术;而在听者,亦须有音律之素养。否则对蠢蠢之动物而奏丝桐,其俗所谓"叩木钟"然,焉望其感而遂通声声相应者乎?故舍"感情移入"之理,则音乐几成赘物矣。

二　把握现量

把握现量,本佛家禅定之结果,非吾人所骤然能以得到者。然而音乐所以感人者,实由于能使人多少得到把握现量之情境。所以闻优美之音乐,几如神游八极,超然物外,甚者并自我之人格而亦忘之。不知者,以为音乐之魔力使人陷于昏迷之状态。而不知此等"把握现量"之情境，为佛家苦修禅定难以得到者。音乐之功用，乃能使人于倏忽间得之，此音乐之所以能陶情淑性，而兼能移易风俗习惯也。然则现量为何物乎？简言之，心理学家所谓"感觉"是已。稍阅新出唯识书籍，当能得其梗概。惜乎瑜伽师修禅定时，不知假音乐之扶助，专凭静坐之功夫。故真能把握现量者，除瑜伽师外一切钝根众生几一生不能修到。而西国宗教占世界最大势力者，未必非音乐扶助之力也。

原载《音乐杂志》第一卷第 4 号，1920 年 6 月

关于美的几种学说

刘伯明

美之意义，自柏拉图以降，异说纷纭。言其大别，可分数种试分述之。

一　快乐道德说

此说为柏拉图所倡，就其标名观之，其中含有两义：一谓美术隶于道德，而一谓美术隶于快乐。此两义实不相容，然在柏氏则可并行，此吾所以并论之也。

柏氏之道德说，详见 Phuedrees 篇中，其义 Plotinus 尝推衍之。柏氏意谓美者，实孕育真善之母。吾人自有形之美，冉冉而上，直达理想境界。迨臻其境，则心凝神释，冥合于真体，而又与其自身及其俦类诉合无间。柏氏所主，盖偏于形式之美，以谓举止之温雅，与夫声音之廉肉节奏，能使人之思想，趋于正轨，而动其善心，其后宗是说者甚多。康德谓见崇闳及自然之美，而生欣赏之情者，亦必能感受高洁道德观念。他如 Schiller Ruskin, Shelley, Wordsworth 诸人，亦主是说。然即经验论之，此说似无确凿之凭证，盖民之居于山明水秀之乡者，其道德未必高洁。而好美术者往往崇尚自由，尚自由则易流于诞慢，不受礼仪之制裁。此讲文学者所以多放诞自恣,而川洛两党冲突之所由起也。虽然,自其常经言之,善美两物,非截然不相融合。人心既属统一,则审美之情移植至道德,亦理之当然。大抵人之富于审美情操者,必具有超脱利益之同情,其心所爱慕,往往使之忘其私意,而与雄伟之美相接,尤能荡涤其污浊之情。此种心德固有其流弊,然一切罪恶,原于鄙俗,俗子所信者,囿于可食可饮可抚之物,宜其贪鄙而无高洁之操。即其操行偶合道德,亦不过循循然为众人之所为,无特立独行之风也。

柏氏第二说,谓美术(似专指绘画诗词而言,氏称之曰摹仿的艺术。)不过一种悦人之具,而其所以能悦人者,以其所摹拟者往往为人所欲有或其所欲行,职是之故,其所摹仿者必合乎道义,而后不致妨害人心。夫美术特征之一,在能使人悦怿,此不容疑义者也。虽然美之性质,不仅存乎一时之快感,使其如是则饮酒吸烟与观莎士比亚之戏剧,当无差异。如谓快乐有两种,有精神赏会之快乐,有官觉之乐,审美之乐属第一种,则乐不自存而隶于善。更有进者,以美为怡情之资,则美无标准。因人而殊,不嗜毚肉者吾人不能责之,而不爱佳山水者吾人则谓之鄙俗。凡此皆谓美乐二者之间有差别也。近人主斯说者,首推俄国文豪托尔斯泰。托氏著有一书,谓美术非怡情之资,乃传情之具。而所传之情,必合人生正鹄。又所达者必显豁不晦,虽以牧竖之贱亦能解之。氏又谓美术之用,在使人类宗教情愫,日益深挚。而增进其道德观念,故真正美术家,必有真情至性自然流露,而不能自禁。其循循缩缩,囿于古人法度之中,或仅凭偶然之兴会者,其所创造徒增人生之负累,非美术也。

是故托氏所主,与柏拉图等所持之论,其间所差甚微,盖皆以美术隶于道德也。夫美术与道德,虽非截然二物,渺不相关,然方之谆谆劝世,则或有间。盖美术家方其创造,无为而为,其天机流行如鸢飞鱼跃,与汲汲焉冀与人以道德上之教训者,则迥不相同也。

二 实在模型说

前节谓柏拉图谓美术本于摹拟。常人心理,似亦以为然。其持此论,犹其以知识为外物之表象,谛以审之。此说可施诸有关实用之艺术,而与美术无与。描摹花草之属,虽至逼肖,而索然无生气,不及原物远甚。且假使一物之美恶存乎肖与不肖,则绘画可废,而可以摄影代之矣。

亚里氏似亦主摹拟说,但就摹拟一语,赋以新义,以谓文学之异于历史传记者。一表统举之常德,一表偏及之特性。其意之所在,不甚明了。然其意非谓文学所描写漫无定限,或与事实僻驰,则可断言。其意殆谓文学所写人物,其所行所言,吾人皆本演绎得之。以无关系者搀入其间,而史家所载与此不同,即其琐屑无关紧要,甚且前后矛盾者,亦兼收而并蓄之。故即其当然者论之,戏剧小说之属,方之历史记载,尤为真确而自然。盖其所写者,既非凭空结构,又非切于事实,如普通写实派所云云。其所描写,乃出于其人物之本性,故美术家必洞鉴其物之心理,曲尽其态,而后其所描写,或谓贪夫,或为情人,皆能为其同类之代表。凡此皆得自同情,非综计共通之性,所可幸获者也。

三　主智说

此说康德首倡之，康氏著有《赏鉴批判》一书，继《纯理批判》《实践理性批判》之后，其论美之意义，虽不无疵病，而美之为学，实自康德始。康氏谓美之判断与事实之判断不同。纯理所见，仅及事实之相承，而又与道德判断殊科。盖道德涵有利益，而有目的存乎其间，而美感超然于利益之外，不宁惟是。美之判断，又与官觉之乐不同，盖官觉之乐因人而殊。而美有标准，其积极之义，则谓一物为美，以其形式适合吾人之理智与想像，而理智与想像二者又互相谐和，无扞格之虞。有是谐和，则一种愉快随之而生，所谓美感是也。故康德于内容形式二者，立甚严之界，以谓物之为美，由于吾人之判断之施诸其形，而非因直接之感觉，而由是所谓内容之美，又称表示之美形式之美之界立矣。

康德之说，颇不合近人所明。盖美之待鉴别而后知者，已不为美感，谓之美之评论可也。且形式内容两者，不能分离，即康德有时亦徘徊于二者之间。自近人所明观之，一物之美存乎其所表示，而所表示者因人而殊。同一物也，甲见之而悲，乙见之而喜。心理异，故所示亦不同，此异于康德者也。

黑智儿所持亦偏于主智之说，但其谓美为观念之表示，则与康德迥殊。盖主要内容者也，黑氏谓艺术之进化，分三时期，其始物质多而意思少，建筑是也。继也二者平均，陶冶之术隶之。终则思想占领，此可见之音乐与诗词也。

黑氏谓一物之美，存乎其所表示。其说诚不可易，但其谓一物所表示，独立自存，不因观者之心理而移，则殊不合事实。盖物之表示，即观者自身之表示，以无情之人观物，是犹无所挟而游宝山，必无所得也。

四　主情说

此说叔本华主之最力，即谓其首创此说，亦不为过。叔氏谓世界之中，其足为人之纠缠者甚多，内而意念相续，情感炽然；外而物诱牵引，纷至沓来。欲脱兹烦恼，最善之方，莫如赏玩美物。盖人方赏玩时，其身若与所赏玩者冥合，不分畛域，于是念尽尘亡，心极宁静。叔氏之说，本于其宇宙观，渠谓世界本体，名曰意志（即趋向生命之意志，又称求生意志）。凡世间所有，无论其属于自然或心理世界，皆此意志自体之表现，如吾人对于一切，持静观之态度，不思据为己有，则万物无一不美。其所以不美者，以有利益搀入其中也。如是观物（即直观法），则吾人精神上之桎梏自然解脱，而求生意志亦随之而消。其宁静恬淡，不啻佛家之涅槃也。

五　表现说

此说近人柯茈斯主之。柯氏为意大利近今哲学名家，其所持之说，度越前哲远甚，其意谓美者非仅物之属性，如常人所云，美之存在根于觉知。此种觉知，即一种精神上之活动。凡人欣赏一篇美文，一段戏剧，皆有此项活动。所谓审美的经验是也。且一有此经验，则审美之动作已毕，譬诸诗情虽未见诸文辞，其情不因之而有所增减。自柯氏观之，美之本体存乎表示，凡吾人不能以现实或意想之声音文字色彩自表示者，不得称之曰美。而声音文字色彩无所表示者，亦不得被以此名。吾人性情未经表示之先，往往虚无缥渺，存乎若存若亡之间，而山水花草诗词所以为美者，以有吾人性情表示其中，故谓山水诸物表示性情。与谓吾人表示性情于山水诸物，两词之意，实无差别。而吾人之所表示其合乎事实与否，皆非所计。盖美术之家以心眼观物，不可绳以科学真妄之标准也。虽然，其所表示，虽不尽合事实，而亦非出于矫揉造作，或近于幻想。其所示者，必皆自然，甚且视已然事实尤为自然也。

由以上所述观之，则通常之说，以谓内容形式之间，有不可逾越之鸿沟，而内容寄于形式，犹寄物瓶中，其说诚不可信。盖此二者不可分离，离之则美不可得。即文学中词句之位次，可谓之纯然属于形式者，而稍稍移动之，其所表神情，往往因之大变，则内容形式不可分离，其所以然之故，彰彰明矣。

原载《学艺杂志》第二卷第 8 期（上海），1910 年

《梅兰芳歌曲谱》序

刘半农

现在的世界，正是个群流并进、百家争鸣的世界。就政治说，有意国的法西斯主义，同时又有俄国的布撒维克主义；就文学美术说，有学院派，同时又有未来、立方、爹爹等派。把这些信仰、意趣、手腕绝端相反的东西放在一起，犹如白云观里一百三十五岁的老道之旁，站着个短裙短发的妙龄女子：这在主张思想统一、意志统一、一切统一的人看来，当然有些气闷。但世界就是这样的一个东西，而且永远是这样的一个东西，而且，彻底的说，非如此不足以成世界，非如此不足以成世界之伟大。要是把世界上的事物全都统一了，把世界上的人的身体、精神、举动也全都统一了，我们张开眼睛看去，所有的人都好像是一个模子里翻出来的土偶，回头看看自身，也不过是这些土偶中之一，请问到了那时，还有什么人生的意趣？人生的意趣要是消亡了，世界也就跟着消亡了。

在戏剧这一个问题上，亦应作如是观。我可以不打自招：十年前，我是个在《新青年》上做文章反对旧剧的人。那时之所以反对，正因为旧剧在中国舞台上所占的地位太优越了，太独揽了，不给它一些打击，新派的白话剧，断没有机会可以钻出头来。到现在，新派的白话剧已渐渐的成为一种气候，而且有熊佛西先生等尽心竭力的研究着,将来的希望,的确很大,所以我们对于旧剧,已不必再取攻击的态度;非但不攻击,而且很希望它发达,很希望它能于把以往的优点保存着,把已往的缺陷弥补起来,渐渐的造成一种完全的戏剧。正如十年前,我们对于文言文也曾用全力攻击过,现在白话文已经成了气候,我们非但不攻击文言文,而且有时候自己也要做一两篇玩玩。我们对于文学艺术,只应取赏鉴的态度,不应取宗教的态度。宗教的信仰是有一无二的。文艺上的赏鉴,却不妨兼容并包:这一分钟可以看了仇十洲的工笔仕女而心领神会,下一分钟尽可以看了石涛和尚的草笔山水而击节叹赏。

所谓旧剧,无论是京腔,是昆曲,均可称之为歌剧,与西洋的 Opera 同属一类。现在反对歌剧的人,不外乎两种:第一种人根本反对歌剧,无论是西洋的,是中国的,都在打倒之列;第二种人以为歌剧可以有,但中国的实在要不得,必须打倒了中国的而采用西洋的。

对于第一种人,我似乎可以不必多说什么;对于第二种人,却不得不将我所见得到的,用最简单的话语来纠正一下:第一,他们以为中国的音律太简单,而且只有单音,没有配音。这句话并不十分真确:即使是真确的,也并不是中国歌剧的毛病。因为音律的简单与否,及演奏时有无配音,只是音乐中所取材料的浓淡问题,并不是音乐本身的好坏问题。譬如作画,大红大绿的油画固然可以很好,寥寥两三笔淡墨水画亦未尝不可以绝妙。

第二,他们以为中国歌剧的情节不好,而且种种做工,不合于自然。我以为歌剧重在音乐,情节不过是音乐所寄附的一个壳子,好不好没有什么关系。西洋歌剧的情节,也大多不甚高明。

即如巴黎 Opera 里所演第一本拿手好戏《浮士德》，是根据德国歌德的小说编的。歌德的小说，固然是世界文坛上一部极伟大的著作，但到编成了歌剧以后，其重心即由文学的变而为音乐的，听戏的人，就只感觉到音乐的伟大而不再感觉到文学的伟大（脚本中已将歌德的词句大改特改，且歌词深奥，非预先读熟者不易听懂）。这时候的《浮士德》，只是 Opera 的音乐，附着于歌德的小说的壳子上；而歌德的小说的壳子，仅仅是齐东野语一流，就情节说并没有什么价值。至于说中国歌剧的做工不合于自然，就先该问一问歌剧的"歌"是否合于自然。我们人对人说话是用"话"，并不是用"歌"。自然的话既可美化而为歌，则将普通的动作美化而为做工，也当然是可以的，而且是必须的。譬如画图，真要合于自然，除非照相（是照相馆的照相，不是艺术化的照相）；若用笔画出，多少总有一点剪裁，总有一点个人的情绪在里面，就决不能自然；而艺术上所需要的，却在此不在彼。又如图案画，把不规则的实物规则化，几何化，与自然相离得太远了；然因其能将形与色剪裁得适当，配合得适当，仍能自成为一种美，自成为一种很高等的艺术。我们对于戏剧中的歌剧，虽然不能恰恰比之图画中的图案画，却不妨就用看图案画的眼光看它。

　　第三，他们以为中国歌剧在组织上及设备上太不进步：最显著的如男女老少之互扮，布景及彩光之简陋或无有，锣鼓之喧闹，茶房及手巾把子之讨厌……诸如此类，我们也承认是很大的毛病，但与歌剧的本身无关。要是我们有意改良，改起来并不困难。

　　他们以为中国歌剧不能存在的理由，大概有这三种之多；而我以为中国歌剧可以存在的理由，却只有一种：我以为乐歌与戏曲，是和语言有基本的关系的。一国有一国特殊的语言，就应当自有其特殊的乐歌与戏曲，要不然，乐歌与戏曲的情绪韵调不能与语言相谐合，结果便成了个非驴非马的东西。我们听过采用东洋调子编成的小学唱歌，也听过硬用中国文字配合西洋音调的耶教赞美诗。要是这种的歌可以使我们满意，我就不说什么；若然听了要头痛，我就敢说：在中国语言未消灭之前，无论是贝吐文贝吐武做的曲子，都不能适用到中国歌唱里来的；能适用到中国歌唱里来的曲子，应当中国人自己做。要是你们学了——或者是，尚未学——一点或半点的西洋音乐，就想现现成成的搬过来应用，恐怕天下没有这样的便宜事！

我并不以为中国原有的歌剧（无论是京腔是昆曲）就是理想的中国歌剧，理想的中国歌剧恐怕至少要有三十年的努力才能造成。但取原有的歌剧当做努力的底子，乃是一条极正当的途径：它尽可以有缺点，但究竟是基于中国的语言制造成功的，究竟是数百年或数十年来一般中国人听了觉得和自己的情绪韵调相吻合的；你尽可以把它改良，直改它到原来的面目完全消失，但必须按着步骤，渐渐的改去。若要把它一脚跌翻了搬进西洋货来，恐怕还不是根本的办法：根本的办法应当从禁说中国话入手！

梅畹华君要到美国去游历，天华替他编了一部《歌曲谱》，要我做篇序，我就把我对于旧剧的意见大概说一说。话虽说得简单，却自信是基本的理论，不是搔不着痛痒处的废话。

我不会捧角，而且今日的梅兰芳，也不像十多年前希望人家捧了，所以我对于梅君个人及其艺术，可以不说什么。

梅君到美国去，在别人以为是一件惊天动地的事，在我却并不觉得有何等重大的意义,因为乐人演员等到国外去游历或演奏,在欧美是很普通的。在中国,恰如三层楼上小姐,平时到后花园赏花,已很不容易,一旦要走出大门,到观音寺里去烧炷香,自然是破天荒了。

我所希望的,是梅君及其同行诸君到了国外,能有充分的机会可以增加些见识,以为回国后改良旧剧的参考。至于在美国演艺的成功或失败.却没有多大的关系,因为中国的历史语言人情风尚所产生的中国剧,能否为美国人所了解而得其赏鉴,本来是不可预知的。

一种艺术之得以发达,全赖具有相当的资格的爱护人(Patron)为之提倡,单靠艺术家自身是没有多大的力量的。在今日以前,中国旧剧是没有爱护人的,虽然清朝的王公大人以及民国的军阀如张宗昌褚玉朴等辈,也曾颠倒于旧剧,但只是糟蹋旧剧的大混蛋而已,说不上爱护。现在李石曾先生特组中华戏剧社以为改良戏剧的有系统的、有规模的预备,这爱护人的一把交椅,当然要请李先生坐了。

歌剧中的文词,虽然并不很重,但如高山滚鼓般的不通到底,总未免太说不过去。从前编京剧的人,大概都是只能写写"两斤白面""三斤豆腐"的先生们,所以京剧的词句,大半都是要不得的。现有齐如山先生以其文学的手腕出全力帮忙,在这一层上,也总算有了个救星了。

以梅君在旧剧上所有的成绩与信用,加之以李先生的热心爱护,更加之以齐先生的大卖气力,而天华也愿意从旁打打杂,我想,中国的歌剧,或者从此有了些希望了。

但完美的中国歌剧,决不是三年五年之内所能看得见的:如我前文所说，至少要有三十年的努力，所以到我们看见完美的中国歌剧时，梅君已在六十大庆之后了，不像今天的翩翩的美少了。

十八年十二月三十日北平

原载1930年版《梅兰芳歌曲谱》

要善于辨别精粗美恶

梅兰芳

《中国青年报》编辑部同志要我向青年同志们谈几句话，我在几句新年贺词中曾谈到："希望青年艺术家要注意辨别精、粗、美、恶。"我向来觉得这是一个艺术家一生艺术道路的重要关键点，所以今天谈戏，我还要从这句话谈起，并且想打几个比方，具体的来谈谈。

以演员来说，无论过去、现在都有下列几种情况：有些是由一般的演员渐渐变成好演员，又不断进步成为突出的优秀演员。也有些始终是一般的演员。还有些已经成为比较好的演员，慢慢又退化成一般的演员。更有些本来还不错，而越变越坏了。以上这些变化是什么原因呢？当然，天赋条件的不同，也决定了很多演员的前途，诸如好嗓子、好扮相变坏了就是演员的致命伤。还有一部分演员是自己不努力学习锻炼，或是生活环境不好，以及其他种种复杂原因，都能使演员表演停滞不前或退步，甚而至于到了不能演的程度。也还有一种情况，演员天赋条件并不错，也很努力练习，可是演的总不够好。我个人的看法，最根本的原因，就是今天所要谈的，演员本人能不能辨别精、粗、美、恶的问题。

一个演员表演艺术的道路如果不正确，即使有较好的条件，在剧场中也能得到一部分观众的赞美，终归没有多大成就。所以说演员选择道路关系非常重大。选择道路的先决条件，就须要自己能鉴别好坏，才能认清正确的方向。不怕手艺低，可以努力练习；怕的是眼界不高，那就根本无法提高了。

不能鉴别好坏，或鉴别能力不强的人，往往还能受环境中坏的影响而不自觉，是非常危险，并且也是非常冤枉的。譬如一个学员天赋条件很好，演技功夫也很扎实，在这种基础上本来可以逐渐提高的。但如果和他同时还有个演员，比他声望较高，表演上不可否认的也有些成就，可是毛病相当大，他就很可能受到这个演员的影响，学了一身的毛病，弃自己所长，学别人所短，将来可能弄得无法救药。归根的原因在于自己不能辨别，为一时肤浅的效果所诱惑，以至于走上歧路。

还有一些演员，条件和功夫基础都还不错，也没有传染上别人的坏毛病，但自己的艺术总不见进步，别人的长处感染不到，在生活中遇见鲜明的形象也无动于衷，这是什么道理呢？当然自己不继续勤学苦练也可能在一定程度上造成故步自封；但也确有很努力的苦练了半辈子，可是总不够好，我们京剧演员对于这种现象有句老话是"没开窍"。这种"没开窍"的原因，就是没有辨别精、粗、美、恶的能力。看见好的不能领会，看见坏的也看不出坏在何处，到处熟视无睹，自己不能给自己定出一个要求的标准，当然就无从提高自己的艺术。固然聪明人容易开窍，比较笨的人不容易开窍，但是思想懒惰，或骄傲自满，不肯各方面去思考，不多方面去接触，如同自己掩盖自己眼睛一样，掩着眼睛苦练是不会开窍的。所以天赋尽管比较迟钝，只要努力去各方面接触，广泛的开展自己的眼界，还是能作得到的。我个人的体验，辨别精、粗、美、恶的能力，完全可以用这种方法训练出来。因为好和坏是比出来的，眼界狭隘的人自然不能知道好的之上更有好的，不看坏的也感觉不出好的可贵。譬如一个演员看一出公认的优秀演员演的戏，或者看一件世界知名的伟大艺术品，看完之后应该自己想一想，究竟看懂没有？一般公认为好的地方究竟看出好来没有？不怕说不出所以然来，只要看得心花怒放，那就说明看懂了。如果自问确实没有看出好来，不要自己骗自己，而轻轻放过去，应当向比自己高明的人去请教，和自己不断地继续钻研，一定要使这个公认的好作品，对自己真的发生感染力，那就说明你的眼界提高了一步，这时候对自己表演的要求无形之中也提高了。

对于名演员的表演，一般都有些崇拜思想，容易引起注意，也自然容易发生感染，因而不至于轻轻放过。只是对于一些有精湛表演而不很出名的演员，在辨认他的优点的时候，则比较困难。遇到这种观摩机会，千万不要觉得他不是名演员而加以漠视，因为这正是锻炼眼力的好机会。我个人就有这种经验，我青年的时候，每次演完戏常常站在场面后头看戏，看到有些扮相嗓子都不好的配角演员，前台观众对他不大注意，后台对他却很尊敬，我当然明白这样的老先生一定是有本事。但坦白的说，最初我也看不出好处在哪里，经过长期细听细看，渐渐了解他不仅是会的多，演的准，而且在台上确是有别人所不及的地方。譬如一出戏的配角有某甲、某乙、某丙，在他们共同演出的时候，觉得除了主角之外，还看不出某个配角有什么突出的地方。等到有一天这出戏的某乙演员死了，换上另外一个人，立刻就认识到，原来某乙有这些和那些的长处，是新换的人所赶不上的。从这种实际体验中不知不觉把自己的眼睛练得更敏锐了些。

演员对于观摩同行之外，还应当细细的观摩隔行的角色演戏，来扩大自己的眼界。另外对于向来没有看过的剧种和外国戏，更是考验眼力的好机会，因为对一个完全生疏的剧种，往往不容易理会。但是只要虚心看下去，一定也一样会发现它的优缺点。遇到机会把所看到的优缺点向人家本剧种的内行透露出来，看他们对自己的外行看法有什么表示。凡是对一种生疏的东西已经能提出恰当的批评来，就说明在原来的基础上又提高了一步。

这些增强自己眼力的方法，都是要时时刻刻耐着心去做，不可听其自然，因为有时稍微疏忽，就会受到损失。举一例来说：我记得有一次也是去看一种从来没有见过的地方戏，最初一个感觉，好像觉得唱念有些可笑，锣鼓有些刺耳，很想站起来不看，在这时候自己克制自己，冷静了一下，就想到我是干什么的？今天干什么来了？一定要耐心看下去。转念之间，立刻眼睛耳朵都聪明了，看出不少优点。看了几次之后，不但懂了，而且对于这个剧种某几个演员的表演看上了瘾。我在几十年的舞台生活中向来是主动的多方面去接触，可是有时还沉不住气，不免要犯主观，不是转念的快，就几乎使自己受了损失。所以我觉得一个演员训练自己辨别精、粗、美、恶的能力，全靠自己来掌握。

不但观摩台上的表演如此，在台下学戏更是如此。我们做演员的，向老师学戏是最基本的功课。开蒙的时候，当然谈不到鉴别力，只能一字一板，一手一式的跟着来。在过了一定的阶段以后，就需要去注意认识老师的艺术成就。举个例来说，我记得当初向乔蕙兰先生学《游园惊梦》的时候，他已经早不演戏了。我平常对于乔先生的印象就是一个干瘦的老头，可是他从头到尾作起这出戏的身段来时，我对于那个穿着半旧大皮袄的瘦老头差不多就像没看见一样，只看见他的清歌妙舞，表现着剧中人的活动。当时我就想到：假使有个不懂的人在旁边看着，一定会觉得可笑的不得了。还有陈德霖老夫子同时也教我这出戏，我也有同样的感觉，他们素身表演和在台上同样引人入胜，这是真本事。（好多老前辈都有这个本事，现在谈到陈、乔二位先生，只是例子之一。）对于这样的老先生，除了学他们的一手一式精确演技之外，只要你眼睛敏锐，有鉴别力，就可以发现有很多很多他所说不出来的东西你可以学到。

有了这种锻炼，不但会研究老师，而且会随时随地发现值得注意的事物。在日常生活中，譬如看见一个人在安闲的坐着，或一个人在路上丢了小孩是什么神情姿态。一个写得一手好字的人拿笔的姿势，一个很熟练的洗衣人的浣洗动作……如果发现有突出的神情和节奏性很强的动作，都能通过敏锐的鉴别而吸收过来，施以艺术加工，用在舞台上。

一个演员对于剧本所规定的人物性格，除了从文学作品和过去名演员对于角色所创造、积累的结晶应当继承以外，主要就靠平时在生活中随时吸取新的材料来丰富角色的特点，并给传统表演艺术充实新的生命。假使不具备辨别精、粗、美、恶的能力，将会在日常生活中吸取了不合用的东西，甚而至于吸取不少坏东西。

有时候演员的动机确实很好，想从生活中吸取材料，只由于不辨精、粗、美、恶，对于前人的创造没有去很好的学习，或者学习了而不求甚解，视之无足轻重，因而对于生活中千千万万的现象，就不可能辨认出哪个好哪个坏，哪个能用在舞台上或不能用在舞台上。例如孙悟空这个角色,当优秀的演员演出时,观众觉得他是一个英雄,是一个神,一出场就仿佛明霞万道似的,从扮相到舞蹈动作都表现这种气概,在这种气概之中还要有猴子体格灵巧的特色,这是最合乎理想的孙悟空。但现在也有些扮孙悟空的并不具备这形象,只是拼命学真猴子,把许许多多难看的动作直接搬上舞台,甚而至于把动物园中猴子母亲哺乳小猴子、抚摸小猴子的动作,都加到孙大圣的形象上去,这种无选择的向自然界吸取,是一种非常不好的倾向。

作为演员,当然要求在舞台上有创造。但是创造是艺术修养的成果,如果眼界不广,没有消化若干传统的艺术成果,在自己身上就不可能具备很好的表现手段,也就等于凭空的"创造",这不但是艺术进步进程中的阻碍,而且是很危险的。

一个古老的剧种,能够松柏长青,是因为它随时进步。如果有突出的优秀的创造而为这个古老剧种某一项格律所限制的时候,我的看法是有理由可以突破的。但是必须有能力辨别好坏,这样的突破是不是有艺术价值?够得上好不够?值不值得突破?我同意欧阳予倩先生说的话"不必为突破而突破"。话又说回来,没有鉴别好坏的能力,眼界狭隘,就势必乱来突破了。

我个人的经验,除了向老先生虚心学习和多方面观摩别人演出以外,还有最重要的,就是借用观众鉴别精、粗、美、恶的言论来增强自己的鉴别力。观众里面有很多是鉴别力特精的,演员们耐性听一听观众尖锐的批语会帮助我们眼睛更亮耳朵变得更尖,能发现更多值得参考的东西。以上所举的一些例子,都是以演员来谈的。至于剧作者和戏曲干部,也同样需要努力去扩大自己的眼界。譬如有这样一出戏,故事方面有头有尾,尽管和小说所描写叙述的不完全一致，但能使观众看得明白。内容也不算太多而主题鲜明，本是一出好戏。假使一个剧作者，把小说的叙事过程大量增加进去，由六刻的戏扩大成十余刻的戏。原来观众最爱看的场子，势必因增加内容而给减弱。这样做不但是这个好作品本身的损失，形成风气，害处更大；这也就是由于作者不辨精、粗、美、恶才发生的。

所以我个人的体会，不论演员或剧作者都必需努力开展自己的眼界。除了多看多学多读，还可以在戏曲范围之外，去接触各种艺术品和大自然的美景，来多方面培养自己的艺术水平，才不致因孤陋寡闻而不辨精、粗、美、恶，在工作中形成保守和粗暴作风。我们要时刻注意辨别好坏，将来在舞台上一定会出现不朽的创造。

以上所谈的不是深奥的理论，本是人人都知道的，并且戏曲界大多数人都具有鉴别能力，好像是用不着细讲了。但前面所列举的现象，无庸讳言也是存在的事实。由此看来，一般太好太坏固然一望而知，但"生疏稀见的好"和"看惯了的坏"就可能被忽略；"真正具有艺术价值"和"一时庸俗肤浅的效果"，尤其现实主义和自然主义、形式主义与精确优美的程式错综夹杂的现象，更不大容易辨别。所以今天我特意谈一些个人的体会，供献给需要参考的同志们来参考。

原载《戏曲研究》1957年第1期

属于一个时代的戏剧

洪　深

一

戏剧所搬演的，都是人事，戏剧的取材，就是人生。同别的艺术（如图画音乐）相比较，戏剧更是明显地、充分地描写人生的艺术了。但是人生是流动的、进步的、变迁的，而不是固定的、刻板的、万古不移的。一个时代有一个时代的精神与状态，有特殊的思想，人事与背景，所以除非作者偷懒，不曾亲自去阅历人生、观察人生、了解人生，直接的记录人生；而只是人云亦云，抄袭了、偷取了、摹仿了别人的作品；仅仅写出有技术而无意义的戏剧而外；凡一切有价值的戏剧，都是富于时代性的。接言之，戏剧必是一个时代的结晶，为一个时代的情形环境所造成，是专对了这个时代而说话，也就是这个时代隐隐的一个小影。戏剧不能没有时代性，因为人生先是不能不分时代的。

二

有时戏剧所搬演的，并非作者时代的人生，而是已往的时代,或者未来的时代的人生。写这类历史剧或幻想剧,当然不能不求剧中所引用的习惯、风俗、行动、语调、思想、情感等等,与假定时代中所晓得所承认的情形相符合。当然不能不注意剧中时代的空气,与刻画剧中时代的背景。但是那作者所处时代的精神,仍然会不知不觉而很有力量地在作品中流露出来的。我们生在一个时代,不能不受那时代一切事物的刺激,不能不为那时代生活状态所拘束,不能不被那时代的道德标准人生哲学所支配。我们人格本就是时代所造成,时代的影响,是非常伟大的。而且艺术不同科学,艺术都是主观的发挥,艺术表现作者的人格。那时代精神,既然影响了作者的人格,必然也是影响他的作品的。所以戏剧题目的性质,剧中人事的时代,虽然能给予戏剧一种特殊的空气,而决不减少了剧本所包含(作者所处的)时代的精神。(如果作者生在二十世纪,而执意要做十八世纪的人,他的作品便充满了十八世纪的精神。)最现成的例,有萧伯纳所著历史剧《圣约翰》(Saint Joan)。它所搬演的,是十五世纪法国一个农女,改易男装,领了法国的军队,反抗英人,后来战败受擒,被目为人妖而焚死的一段故事。虽然历史的事实,未曾改动;中古时代的空气,亦无错误,而剧本的态度见解,断断不是二十世纪欧洲大战以前的人所能有。《圣约翰》虽是描写十五世纪的历史剧,但并不属于约翰贞德的时代,而明显是属于萧伯纳时代的戏剧了。

三

在哪一个时代,一定有哪一类作品,这是无可避免的。希腊伊士奇与索福克等悲剧，十之九言神怪，在现今科学昌明的时代，岂不使读的人嘴都笑歪了么！但是希腊的宗教，本是崇拜天地间一切自然的现象，伟大的能力的（他们有日月风雨战猎之神）。又因他们的迷信，并不是无意识的求福，愚昧的恐怖，而实有十分景仰英雄的观念。他们的神道并不是丑恶可骇，而是和善的、伟大的、尊严的。所以在希腊的悲剧里，神道都喜欢管人世的闲事。加入人生，共同活动。那人生有神道的加入，就有一种人类几乎不能抵抗的势力。而人类偏要进取，偏要反抗，偏要与预定的命运奋斗，结果愈是失败，愈见得人类的伟大。这就是古时希腊的时代，造成希腊的悲剧了。易卜生为什么不写希腊式的悲剧呢？为什么他的戏剧题目，是社会内容的黑暗，恶性遗传的惨酷，家庭内的不谅解，人类所受虚伪、自私、固执成见的痛苦？为什么他极端主张个人主义？为什么他的作品里，充满了革命的精神，而同时又有无限深沉的悲哀？这是因为易卜生生于1828年，亲自看见法国的大革命，及1848年世界人类对于自由平等的奋争。他深切的觉得挪威的社会，太小气了，太虚伪偏窄迂阔无勇了。他很不满意于他的祖国（有许多理由，尤其是1864年，丹德之战，挪威诿避义务，不肯出兵援助丹麦）；从36岁以后，漂流在外的时候居多（意大利，德意志，随处住五六年，而不久居）。他的大部分社会剧，是在外国写成的。这可见易卜生的时代，造成易卜生的戏剧了。总而言之，处在伊士奇、索福克的时代，不能不言神怪；处在易卜生的时代，不会不写社会问题；可怜伊士奇索福克易卜生都是为时代所驱使罢了。但是他们却无须乎觉得抱歉和惭愧的。

四

　　戏剧的过时：就是说读者时代的人生，与作者时代的人生，不复是一样。从前对于一个时代的说话，现在已经不适用了。这完全是从观众方面立论，于戏剧原来的用意价值，是没有关系的。作品有没有价值，先须问作品能不能表现作者时代的精神。如果是作者所处时代人生的一种记录观察解释，必定对于这个时代有过相当的贡献用途利益的。就是后来时代的读者，也可以从作品里明了作者的时代，而增加了人生的阅历与智慧了。凡是一个时代的戏剧，而不妨移到别个时代去的，无非是远离了人生的戏剧。非但没有价值，而且事实上简直是做不到的。易卜生在1879年写了《傀儡家庭》，其后三十年间，欧美的道德观念、社会组织，受了多大的影响，人生（与艺术）得有多大的进步，在现代剧里，可算得最有价值之一了。然而目今社会上一部分人，已经废除了婚姻仪式；离异与结婚，随愿从便；无所谓法律的拘束，社会的制裁。他们如果再听见易卜生在剧本里，唠唠叨叨说什么精神的结合，才可算美满的婚姻，什么妻子在家庭内，也应有相当的责任，似乎主张婚姻同恋爱是一样的神圣，不免要觉得是麻烦，是无聊。太重视婚姻，思想落伍了，公认为有价值的《傀儡家庭》，何尝不是富于时代性，何尝不只是属于一个时代的戏剧。所以一部剧本，愈是有价值（即愈是对了一个时代说话，而有伟大感动的能力），必愈是充满了作者所处时代的精神（即所受人生的影响愈为深刻）。而愈是充满了时代的精神，愈容易过时，这是当然的事实了。

五

　　戏剧既然与时代——即与人生——有如此密切的关系，而人生又无时无刻不在流动进步变迁之中；所以"某某戏剧有永久的价值"，这句话是不能成立的。或人说，人生也有一部分，比较的少改移，比较的有永久性：就是人类根本的欲望与情感。我们读阅古代如希腊或英依丽萨白后时的戏剧，也时常忽略了时代，不十分注意那时代的事物与背景，但很热烈地为那剧中所描写的人类欲望与情感所激动。如果在写剧的时候，放弃了那属于一个时代容易变迁的事物，而努力于发挥人类不大改换的情性（如恋爱、愤恨、牺牲、报复、嫉妒、贪得、勇敢、忠诚之类），岂不就可写成有永久价值的戏剧了？但这是事实上做不到的。第一，我们并不能忽略了时代，而仍能真切了解那时代的戏剧。我们看了希腊剧里多言神怪，倘或不晓得那时代的宗教，就要目为无意义了。我们看了依丽萨白时的戏里，女扮男装的非常之多，在剧中从不露出破绽，倘或不晓得那时代没有女伶，所有女角本由童子扮演的，就要目为不可信了。我们看了英国复朝时代戏剧的淫秽，便亟须解释，那时朝野竭力摹仿法国风气使然，不以为非的。我们看了九更天滚钉板的残酷，便亟须声明，当时或者有这种制度，以防止虚伪的告讦的。否则我们不免要怀疑误会了。第二，人类的欲望与情感，未始没有增减与改变。从前所谓将士之勇，是冲锋陷阵，身先士卒。现在所谓将士之勇，是退居火线之后，从容调度，遇变不惊。从前承认自杀是人格清白的表示。现在认为没有胆量应付环境，一死是最省事的方法以避免责任。从前丈夫死了，妻子空门守节，视作无上光荣。现在徒觉其无聊。即如男女恋爱，可算得是万古不移的了，然而才子佳人式的恋爱，与互助合作的恋爱，性质全异。试看现时代所竭力制止的欲念，不复容许的情感，如一夫多妻，一女多夫，杀父蒸母，殉葬殉神，生女溺毙，以金钱购身体，以金钱购贞操，残酷的报复行为（如车裂、肢解、腰杀、炮烙）。在人类的历史里，至少有一个时代，在一个地方，视为正当平常当然公平的事，人类所渴欲为之的。所以欲望与情感的引起，一个时代与别个时代不同。欲望与情感的发展，也是一个时代与别个时代不同。如果戏剧的描写，对于一个时代（任何时代）的背景，没有多大关系，必致所记录的欲念与情感，欠于真实；且兴趣减少，意义空泛，反而不如有时代性戏剧能动人了。（完全脱离时代背景的戏剧，是没有的。即抽象如"Everyman"仍一望可知有中古时代宗教的背景。）

六

现在的时代，变迁得迅速极了。有人说，一百年的人生，在十年中就匆匆过去了。记得十三年以前，一个很冷的冬天早晨，我独自一个坐在课堂里，写《贫民惨剧》的一节对话：

"爹！世界上都是一样的人，为什么有的坐洋车？有的拉洋车？"

那时候恐怕列宁还在瑞士某城一个斗室内，替他所办的报纸埋头做稿子。如今俄国的政治，世界的局面，都已大改变了。我在戏里很幼稚地提出而不会回答的问题，幸得孙中山先生的民生主义，我们也有了希望了。记得六年以前的春天，在第一次奉直战争后，我特为上北方去，想收拾一点戏剧的材料。在火车里听得兵士谈说，吴佩孚战胜的军队，将长辛店阵线上，受有微伤而不碍性命的奉军，多数活埋了。因为奉军身边，都有几十块钱，吴军很穷，不活埋，不能夺取奉军的钱。我当时听了，情感上起了极大的冲动，好几天不能自然。后来慢慢的联想到北方军阀和兵士一切的罪恶，慢慢的对于受虐害的民众发生无量的同情，慢慢的对那作恶的兵士也会发生同情了。但我只是一个从事戏剧的人，别无能力，所以只得费了几个月的工夫，在那年冬间，完成了《赵阎王》这部剧本。如今已有实行的政治家，起兵将北方的军阀打倒了，欣喜得像那剧本内所描写的事实，以后再也不会发生了。这两部剧本都是有时代性的。我现在全照旧时所作，一些不加修改，刊登出来，为要忠实的保存着的时代对于我所生的影响，以及我能力所够得到，捉取着的时代背景与精神。还有一点，可以无须乎多声明的，就是《贫民惨剧》与《赵阎王》都是我阅历人生，观察人生，受了人生的刺激，直接从人生里滚出来的。不是趋时的作品（做文字同穿衣裳一样会求时髦）。如果我是求时髦，《贫民惨剧》就不应在民国五年（1916 年）写，《赵阎王》不应在民国十一年（1921 年）写，都应在民国十五六年（1926—1927 年）写了。我敬谨的将这两个有时代性的剧本，贡献在读者诸君之前。同时在序文里，说明我对于戏剧时代性的见解。很惶恐的希望着读者给予我相当的谅解与同情。

原载《洪深戏曲集》，现代书局 1933 年版

艺术的产生和发展

曹伯韩

艺术是怎样产生的？在古代，人们的答复是"神造"，希腊有九女神名"妙色"（Muses）者，就是艺术之神。我国人有一句流行的话说"文章本天成，妙手偶得之"，意义也相类似，还有"梦笔生花而能写好的文章""母亲梦长庚人怀而诞生的儿子则为天才诗人"等的故事，都好像是用"神造"来解释艺术的起源的。

到了科学产生以后，人们对艺术的产生就从自然环境与人的心理方面去寻找新的解释。比方说人有爱美的本能，因见有美丽的花鸟而绘画在自己的墙壁上或用具上面，因听得禽鸟的和鸣或风的怒号而创造音乐等。《礼记·乐记》篇说"凡音之起，由人心生也。人心之动，物使之然也"，这"物"字如仅作为自然环境解释，那就是上述的意思。

再进一步，人们对艺术的起源才从社会方面去探讨，于是发现了劳动和艺术的关系。不过人们不能正确地了解它们的先后，有人说艺术比实用目的的生产更早，即以为人类的本能是爱游戏的，游戏中的动作预先演习了生产劳动的动作，这是自然而然的——在这里，他们认为游戏是艺术的最简单的形式。

其实，这是把劳动与艺术的关系弄颠倒了。最新的观点是承认劳动先于艺术，因此，游戏的动作与生产劳动的动作相类似，应当解释为模拟生产劳动。当然，在模拟中是将这种动作练习得更纯熟了，其对于生产劳动的帮助是很大的。

"游戏的产生是想把由力的运用而产生的快乐再生起来。"（普列汉诺夫）在野蛮人的跳舞中，他们再现了打猎的动作，或其他生产的动作，或战争中的动作。如巴西土人的部落有一种跳舞，是表示受伤战士之死亡的。澳洲土人有一种原始的妇人舞，模拟从地下拔出植物根的动作。布须曼人喜欢画孔雀、象、河马、鸵鸟，这就使打猎再现于图画了。同样，野蛮人的戏剧也是表演战争、劳动和家庭生活的。

我国西南边疆有一种狮戏，模拟着猎人与狮斗的样子，可说是一种原始舞，至于各地流行的狮灯、龙灯，大约是这类原始舞的残余。我国古代衣服的装饰，也是绘画着鸟兽的图形在上面，如所谓"黼黻"，也可认为是原始艺术的残余。

艺术所包含的实用性，如生产劳动及战争的演习，是属于保存种族的。此外，还有属于繁殖种族的，如野蛮人装饰自己，他要装饰得使女性欢喜，或者使仇敌害怕。在前之一例，艺术是合乎传种的实用目的；在后之一例，则艺术是合乎保存种族的实用目的。我国苗、瑶民族现在仍然以唱歌、跳舞为男女结识的机会。《诗经·国风》所包含的民歌，如《桑中》《溱洧》诸篇，差不多写着同样的情形，可知当时汉族也保留了古时的艺术——歌舞的作用。封建道德所咒骂的桑间濮上，至资本主义社会则以新的姿态出现，如跳舞厅、公园都是，在这些公共的娱乐场所中，以跳舞、音乐等为男女交际的媒介与点缀，这也是证明艺术的实用性之一方面——繁殖种族。

跳舞与诗歌及音乐，在原始时是联结在一起的，它们都表现着劳动或战争中的节奏。歌舞中的拍子与抑扬，我们从劳动者的协力动作以及动作时的"杭育""亥育"的歌声，同样可以看到。有一个埃及歌，是从汲水劳动中产生的，它包含四段，第一和第三段都是简单的旋律，第二和第四段都是和旋律同样长久的休止。据一个法国音乐家研究，这歌的第一段表示劳动者举起水桶并倾倒一空的动作，那水桶是一个棕榈枝叶制成的篮子，里面垫着羊皮，以长绳系于竹竿上，而竹竿则搭在棚架上或树枝的杈桠上，使其平衡。第二段表示他们放篮子下去汲水。第三段，他们再举起篮子。第四段，他们又放篮子下去。这就是，当工作紧张时歌唱，不紧张时则休止，因为这时唱歌没有用处。劳动或行军时需要有韵律的歌伴随着，因为这可以减少疲乏。管仲使齐国的军队越过一个高山，拿破仑使法国的军队越过阿尔卑斯，都曾得过歌的帮助。

总而言之，艺术是人类社会生活的产物，主要的根源是生产劳动，其次是战争，再次是性的要求。这在原始的低级的艺术得了证明。可是艺术进一步的发展就具有相当的独立性。如有着专门的音乐家、雕刻师、画师、诗人、伶人等，而一般人很少有艺术上的贡献。艺术的内容渐渐表现着与生产无关的所谓纯粹的美，于是人们以为艺术是脱离尘俗、不染功利性的东西。实际上呢，无论什么艺术，都是反映着社会生活的。假使说艺术的创作者主观上反对艺术的功利主义，而努力制造其唯美的艺术品，这一件事实也就是艺术反映社会生活的凭据。为什么呢？因为当某一社会将近崩溃的时期，那没落的社会层必然是暮气沉沉，倾向于颓废浪漫，不敢正视现实，反而要逃避它，躲藏在"艺术之宫"去。或者那社会还没有临近崩溃，只是达到了向上发展的顶点，不能再前进了，在这种场合，那一行将没落的社会层也是要与现实生活脱离的，如我国辞章家的吟风弄月便是封建士大夫颓废意识的表现。

艺术与科学、哲学不同的地方并不在于前者是感情的而后者是理智的，因为不曾通过理智的感性是混沌的，它并不能产生艺术。艺术之所以能动人感情的缘故，是因为它有形象的认识或形象的思维之特点。每种艺术品包含一定的人生观，不过它不是用抽象的议论表示出来，而是用声音、颜色、动作等的具体形象来表现的。比方封建时代，臣民应该为君主而牺牲自己的一切，女子对于男子也是一样，所以在旧戏里面常常提倡女子尽节、臣子殉君，而贬斥篡夺皇位的曹丕等。旧小说、旧诗都是这样。至于现代，则反映资本主义拜金思想的艺术，如描写淑女绅士的恋爱、富商大贾的争利、寄生阶级的享乐等，都是赞美资本家崇拜金钱的人生观写照。另一方面则有掘开现在社会黑暗面的讽刺艺术，如写实主义的作品。再则有反映新社会的黎明的艺术，不但暴露资本主义的现实，而且暗示着改造现实的途径。这种种艺术的流派，无论是旧的、新的，如果在当时能够代表社会上多数人的意识而能以美妙的形象化表达出来，就必然成为名作。有时一种作品出于这一社会层的作者，而代表那一社会层的人生观，如在当时因为环境的关系不能普遍到那一社会层去，而仍留在原社会层去欣赏，那就不免有"明珠暗投"的故事，但到了社会进一步发展的时候，这种被人湮没的名作又会被人珍贵起来。

在中国，过去有"载道"与"言志"两种文艺观，近年则有"为艺术的艺术"与"为人生的艺术"的争论。其实言志的艺术在无意之中也包含了"道",而载道的艺术又何尝不是用言志的方式表现出来?作为纯艺术的艺术,不知不觉间也宣传了某种人生观,而作为宣传品的艺术,也要求巧妙地形象化,因为愈形象则愈能动人。所以我们不能把艺术的审美价值与社会价值对立起来,而应当把它们统一起来。

因此,我们对于艺术的评价不但注意它的内容,而且注意它的形式。新艺术的创造是在接受旧艺术的遗产及扬弃旧艺术的形式与内容的过程中去达到的。我们不但要求意识的正确,也要求形式进步。一切东西都是发展的,今天的艺术即使因为注重宣传的作用而采用了较粗野的形式,但随着就会看见那形式的蜕变与革新,而便利这种变化的物质环境也就日益具备了。

原载曹伯韩著《精神文化讲话》,开明书店 1945 年版

音乐的欣赏

黄　自

凡欣赏一件艺术的作品，无论是诗、剧、书、雕刻、建筑或音乐，我们有三条路可以走：

（一）知觉的欣赏（Sensual appreciation）；

（二）情感的欣赏（Emotional appreciation）；

（三）理智的欣赏（Intellectual appreciation）。

我小的时候，最喜欢读白乐天的《琵琶行》。当时年幼，连字的意义都不能完全了解，更谈不到什么领略诗中深意。我喜欢它，只因为它的音节铿锵，念起来非常好听。那么这欣赏完全是知觉的欣赏。现在我的知识稍为增加了一点，人世悲欢离合的滋味略为尝过些，于是我读此诗，渐能领会到白居易被谪后自嗟身世飘零的情感。所以我于此诗，能在知觉的欣赏外又加了情感的欣赏。假使另外有一个人，他对于诗学是有研究的，他欣赏这首诗就同我不同了，他非但能如我领略音节之美及体会诗人的情感，而且更能明白这诗人如何应用双声及平仄转韵的法子，把金石之声烘托出来。不但如此，他还能够赏识这首诗的结构如何严密精细。譬如那次弹琵琶的事，发生在浔阳江上，月明之夜，这明月、秋江是全篇诗的背景。所以白老先生在叙他送客将别的时候说："别时茫茫江浸月。"后来琵琶女奏演完毕，大家鸦雀无声，听得出了神，白乐天复提到江、月来："唯见江心秋月白。"到最后琵琶女在自述身世孤单里也说："绕船明月江水寒。"这三句都是说江、说月，如此非但能使我们觉得江上明月历历在目，得一种适当的背景，而前呼后应，使这背景有所统一。这个人因为他能从技术（Technique）上领略这首诗的妙趣，而另得一种微奥的快乐，是理智的欣赏。

再譬如，我到意大利米兰的圣玛利亚教堂去，看见了 Da Vinci 的杰作《最后的晚餐》（The Last Supper），我是完全不懂绘画的，非但如此，我连得这张画是根据什么故事也不知道，我只觉得画的十三个人，人人各异，神气宛然，同时这画的色彩很美丽。除此之外，我再不能觉得此画有何妙趣，那么这画于我，仅"悦目"而已，换一句话说，我的欣赏，悉凭知觉。假使侥幸，有一个懂绘画的朋友同我一块儿去，而同我说："这画的是耶稣受难前一夜同他十二门徒聚餐的图。当时耶稣说门徒中有人受了人家的贿赂，把他卖给他的仇人。所以你看这是 Juda，他是卖耶稣的人，你看他何等惊惶！那手持利刃的是忠实的 Peter，你看他何等愤忿！那中间态度镇静的当然是耶稣。"我听了他的话，情感为之冲动。他继续地说："这画家拿耶稣安置于中，而以十二门徒分散左右，三人为伍，成为四组。各人的姿势虽异，而各人的激烈的态度相同。你看 Da Vinci 复利用背景——那十字格的天花板，同后面的三扇窗——光线及人物的支配——像十二门徒的视线都集中在耶稣身上——使得全图统一而不散漫。"因为我的朋友这般地指导我，所以我又能从情感、理智方面欣赏这张画。

要真能欣赏艺术作品，这三种欣赏——知觉的、情感的、理智的——都不可缺。欣赏音乐当然也是如此，可是音乐与旁的艺术，如画、如诗、如雕刻，有些不同的地方，请分别讨论。

第一，音乐所用的材料，是我们日常生活中所没有的，而其他艺术所用的材料，是我们日常生活中所惯有的。绘画中明晦的光、曲直的线及各种彩色，我们随处可见；诗、戏剧中用的文字、语言，更是每日必须经验的。惟独音乐用的"乐音"（Musical tones）是我人平时所不闻。因我人日常所听得的是"杂音"（Noise）。我讲话的声音是"杂音"，外面走过车的声音也是"杂音"。除了音乐外，请问诸君哪儿还可以听见 do、re、mi、fa、sol、la、ti，几个"乐音"？因此没有音乐训练的人去听音乐，有些像一个人到了一个言语不通的外国，什么话都不能懂。他须一样一样从头学起来，因为这些新的意义、新的表情法，是他平日所不用的。

第二，雕刻、建筑、绘画是"空间的艺术"（Art of Space）。欣赏"空间的艺术"，记忆力差些还不很要紧，因为它是可以保留的。你看一张画，看了一遍可再看一遍，你可慢慢地、细细地去研究它，它决不会逃走的。音乐不然，是"时间的艺术"（Art of Time），随作随止，究竟不能"绕梁三日"的。所以如果你的记忆力不强，你听了后半，忘了前半；再去听后半，又忘了前半。那么要审别音乐的意义及结构之精密，是不可能。

第三，艺术都有两个要紧的成分："内容"（Content）与"外形"（Form）。"内容"是艺术作品的主题、意义。"外形"是就技术（Technique）上的讲求，表示出主题与意义，而同时使作品有美的组织。在绘画、诗、雕刻等艺术，"内容""外形"都判断是两件事，决不会混淆。可是在纯正的音乐里——"命题音乐"（Program Music）除外——"内容"与"外形"是一而二，二而一，不能分辨的。什么是音乐的"内容"？音乐的"内容"就是"乐意"（Motive）的种种变化（Development of a Motive）。"乐意"的蜕化同时产生出曲体的结构——那就是"外形"了。英国有位评论家 Walter Pater 说："因为音乐的'内容'与'外形'是合而为一的，所以它是最高的艺术。"

第四，音乐的"内容"既是"乐意"的蜕化，音乐的意义当然就是音乐本身，而不是借题于外界事物。有一次 Beethoven（世界上最著名的作曲家）做了一首 Sonara。他把他的新作弹与一位朋友听，他的朋友听完了问他："你这曲的意义是什么？"Beethoven 不答，坐下来把他的曲从头又弹了一遍说："我的曲的意义就是如此！"所以我们知道纯正音乐的意义，不是言语可以解释的；纯正音乐所表的情感，更不是文字可以描写的。有的人说音乐的意义泛，使人不易揣摩，可是音乐的妙处，正在此点。一张画、一首诗，把意义写得明显，但是因为明显的缘故，它的意义也只能止于斯，尽于斯。音乐泛，耐人寻味，你如此去想它也可，如彼去想它也可。

因为以上讲过音乐的四个特点：

第一，音乐所用的材料，不是我人平日所惯用的，欣赏音乐，必须先有音乐的训练。

第二，音乐是"时间的艺术"，随作随止，欣赏音乐须具极强的记忆力。

第三，音乐的"内容"与"外形"是不可分辨。

第四，音乐的意义就是音乐本身，不可以拿言语来解释的。

所以欣赏音乐，似较欣赏其他艺术为难。一个完全不懂画的人看了一张画，虽然不能领略其中的妙谛，至少可知道画家画的是什么；一个不懂诗的人读了一首诗，至少也可知道诗人讲的是什么；一个不知音乐的人去听音乐，只能听见叮叮咚咚乱响一阵罢了。

我深信欣赏音乐的能力每人都有，不过很多人因为没有得到相当的训练或经验，所以这能力没有发展。Berlioz（法国一位音乐家）说世界上只有两种人对于音乐不表同情：第一种人是无感情的人；第二种人是不懂音乐的人。没有感情的人即有，恐怕很少；对于音乐不表同情的人，十个有九个，因为不懂音乐的缘故。Goethe 说得好："一个人每日应当听一点音乐，念一点诗，看一张好的画；不要使得世俗的烦扰把天赋我们的审美能力磨折掉了。"

要养成欣赏音乐的能力，不是一朝一夕可以办得到的，需要经日积月累的训练，方能逐渐将它培养起来。要有人以为今天读了一篇论音乐欣赏的文或是听了讲欣赏音乐的法子，而明日就可变成高山流水知音的，那我就要不客气地对他说："先生，你错了，天下绝无如此容易的事！"再者，即使养成了欣赏音乐的能力，也决不是随便什么音乐听了一遍，就可以完全领略。高深艺术的美的奥妙的意义，是深藏的，不是浅露的。

好像记得 Charles Darwin 说他自己少年的时候很喜欢艺术，后来悉心研究科学，把从前欣赏艺术的能力都消磨完了。他暮年复想在音乐、美术、诗歌中寻找些乐趣，竟不能，因为抛弃太久了。所以我们要欣赏音乐，应当常常听些音乐，一曝十寒是不济事的。

原载《黄自遗作集·文论分册》，安徽文艺出版社 1997 年版

影剧之艺术价值与社会价值

孙师毅

中国开始影剧运动的历史,不好算多,却也占去影剧自有历史以来的时间之五分之一了。自制的影片,虽然看见一套一套的出来,解析影剧本身之价值的文字,却没有见过一篇发表。我自然不能说没有人懂得这个,不过我总觉得大家不应该忽视这个。

大凡一件新事业的创端,前驱的人必然须负着解释与宣扬的责任,以求其获得一般人之了解与夫社会之赞同,特别是这种绝对不能离开社会而存在的影剧事业,是尤其不能少掉这种立基的工作。这篇短文中所要叙述的,便是关于影剧的价值问题。

影剧,它是艺术;但是它又不是像普通的艺术作品那样,只供少数同趣味的人的欣赏。它有它艺术方面的价值,同时还有它社会方面的价值。所以这应该分做两层述说。

兹先论第一点,影剧之艺术价值。

在我国的电影界中,时常听见"电影是艺术"的标语,其实,这是根本不通的一句话。电影是艺术么?用不着怀疑便可以知道它完全不是。电影术的出现,当然是一种 Scientific Invention,到了戏剧(Drama)和它结合,成功了电影剧,这才树立了它艺术的位置。

艺术的最大功能,是在人类感情方面的贡献。托尔斯泰艺术论的结论谓："艺术是人类生活的机关，它能把人类的理性意识移为感情。"影剧便是这样，完全利用了间接暗示的力量，去感动它的观者。剧中人的情感，可以替代了观者的情感；换一句话说，便是观者的情感，可以被同化于剧中人的情感。这便是戏剧的功能；而在影剧上是尤其显著。影剧虽然为一种无言剧（Pantomime），然而正因为它是这种Pantomime，在理论上，它是完全用不着任何种的解释。它是借了动作（action）去述说一个故事，所以它便成了国际的，无文法的一种语言。所以它较任何种艺术，都来得普遍。它占艺术上最后而且最高的位置。因为它是艺术综合体，并且它还利用了许多科学。虽然在时间上，它是最后完成的，而在性质上它却是一种最复杂的结合，所以影剧便没有人能否认它是结晶艺术的。

现在再论其第二点，影剧之社会价值。

社会学家告诉我们："影剧间接的暗示，是具有极大力量的。这种暗示力量，可以是建设的力量，也可以是破坏的力量。"（The indirect suggestion of the motion picture is powerful both destructively and constructively.）总之影剧这件东西，能够发生极大的影响，具有可惊的力量，这是我们可以完全相信的。当欧战期间，美国人参与兵役者，旦夕间有百万之众，日人讶而问其所以召集之道，对曰，赖于影剧而已。即以中国而论，自侦探长片输入而后，国内之盗劫偷窃之数，遂与此等影剧之流行而同增。且其所用之方术，亦即本之于影剧上传来的西方方法。这些，不过是就其影响关系之较著者而言。还有：影剧演员的服饰，可以变成社会装饰的导师；剧中人性格行为的表现，可以转移社会上的习惯风俗。这实在是因为影剧这件东西，已渐进为社会娱乐的中心，而其间接暗示的力量，又复如此之伟大；而且它的欣赏又不被限于一切的界限；无国界，阶级和男女少长的分别。所以它的发展，就不容一般人不加以特别的注视和研究。在美国，据 Manhattan（纽约城的一部）一处的调查，11 岁到 14 岁的学校儿童中，平均有百分之十六，每天去看影剧，在儿童一方面，已经有这样一个可惊的百分比。影剧势力之伟大，几乎在社会之任何方面，都可以使我们见到了。（美国最近还有许多社会学家关于影剧影响的统计，恕不一一举录。）从它的社会势力讲，我们实在不能不承认它的社会价值。

从以上两段简单的叙述看来，我们已大致可以肯定影剧之艺术方面与社会方面的价值了。素来轻蔑影剧事业的人，如其能够因为我这篇影剧价值问题讨论的开端，而引起他研究的兴趣与重视的眼光，那就使我有意外的高兴了。

1926 年 1 月作

原载《国光》1926 年第 2 期

中国绘画之精神(节选)

傅抱石

中国画的精神,我想不妨分为三部分来研究。

甲　超然的精神

第一:中国画重笔法(即线条)。中国人用毛笔写字,作画也用毛笔,书画的工具方法相同,因此中国书画是可以认为同源的。古人说,画是补助文字的不足,字有许多人不懂。在今日尚且如此,在古代我想不识字的人一定更多。所以为了达到政治上、教育上或道德上的目的,常用画来补救它。孔子看了周代明堂的墉画就叹着说:"此周之所以盛也!"我们从这个立场看来,中国的字和画,实在没有什么特殊的不同。但是,从历史家的立场来看,人类在没有文字时代,早就有了画,有了美术的活动。中国出土公元前一千余年的东西,没有文字而画已是相当精粹。故从文化的进展来观察书画产生的程序,画是先于文字的,即西欧亦然。中国讲究书画,外国朋友是认为很奇怪的,外国人写字用钢笔,写出来的字没有显著的分别,即有,也不是引人发生兴趣的唯一条件。中国人则不然,每个人写的字,各不相同,假定写一"天"字,二十个人写,结果是二十个样子,二十种不同的精神在焕发着。这也许是外国朋友认为不可思议的。因之，中国人对于书画往往联想到其他的许多东西，一个人的个性认为可以从他的书画上加以推断，而且据古人说这是相当准确的。明朝的傅青圣先生，他说他写一辈子字，被赵子昂害了，赵子昂的字容易学得像，好像是小人，易亲易交；后来改学颜鲁公，便不同了。颜鲁公如正人君子，不轻易交朋友，非常难接近的。这话就是从书画的笔法中去看一个人的人格。记得在华很久的美国福开森先生说过，"中国一切的艺术，是中国书法的延长"，要了解中国的艺术，起码的条件要对中国方块字发生兴趣，这话我认为是很对的。中国的画和字是这样结成不解姻缘，它们同根同源，这是中国绘画超然之第一点。

第二：中国画重气韵。六朝时南齐有一位人物画家谢赫，他是中国画最早的一位批评家，著《古画品录》一书，批评自陆探微以后的二十七个画家，提出了六个批评标准，即后世所谓的"六法"：一、气韵生动，二、骨法用笔，三、应物象形，四、随类赋彩，五、经营位置，六、传移模写。他认为六法齐全者只有陆探微一人。这个六法，千数百年来，一直为中国的画家、学者所乐道，同时也成为中国画史上的一个大问题。我们称誉人家的画好，就说某先生精于六法。盖六法实在是谢赫的六种评画的尺度。譬如这个画的线条好，就够得上骨法用笔，着色好就够得上随类赋彩，构图好就够得上经营位置。我们应该知道，他那个时代是人物画盛行的时代，他的六法在原则上是专指向人物画的。这六个标准在今天看，最重要的还是在第一标准——气韵生动。气韵生动究竟是什么东西呢？千余年来，多少学者、画家，被这个问题苦恼，因为这里面有种种的看法，有种种不同的感觉。我们看图画的时候，常会说这个画气韵盛，但是，气是什么东西？气在哪里？就很不易说明了。我认为气韵与形体是有着连带关系的，同时形体在中国画上又别具意境。顾恺之曾著有一篇《魏晋胜流画赞》，论时代，这应是中国绘画批评史的第一篇，谢赫的《古画品录》，就是循这途径而产生的。他批评戴逵的《稽兴像》说"如其人"，如其人三字是很有道理的，就是指形体与精神的关系而言。他评《壮士》说："有奔腾大势，恨不画激扬之态。"又评一仕女，他说："是美女而非烈女也。"因为他对于人物画，主传其神气，而神气是应该出自写实的。譬如中国人画像谓之写真，写真就是传其神气。谢赫的气韵之说，最初的含义或是指能出诸实对而又脱略形迹，笔法位置一任自然的一种完美无缺的画面，这是中国绘画超然的第二点。

第三：中国画重自然。中国几千年来，以儒教为中心。虽然儒教思想在政治上非常深厚，但是，促成中国艺术之发展，和孕育中国艺术之精神的应该是道家思想。这一点我们从中国历史资料中可以很清楚地看得出来。在后汉时代壁画盛行，但是画孔子像的只有四川成都和山东曲阜两个地方规模较大。一般壁画的题材，多是道家中的人物，如西王母、太乙真人之类；不仅公家的壁画是如此，就是私人的壁画也是如此。《汉书》中记载，在皇帝的宫殿里，也多是道家题材的绘画，这不是偶然的，因为道家的思想，主要的是崇尚自然，主张虚无而又富于玄想的。你看看中国没有一张画是把纸画满的，每一张画都有空间，这空间的控制比什么还重要的呀！单就四川雅安、新都等地墓阙的雕画论，都是线条组成的，动物、人物或建筑物，它的空间控制得非常好，我们不能不承认这一点优点。现代齐白石先生的画，也可以看得出来，一张长条，下面只画一只螃蟹，可是看起来一只螃蟹不以为少，空间则不以为多。其次的一种发展，即是东晋以后，政治中心迁移南方，士大夫纷纷南来，我们请一翻《昭明文选》，可知这个时候的文人，多半是喜欢游山玩水，像王微、谢灵运等都是喜欢吟咏山水的。江南的山水宜人，一般人对之，自然就特别爱好。中国人除了道家思想关系以外，我以为多与爱好山水有关。如果我们一个人整天住在亭子间，偶而跑到燕子矶去，极目远眺，看大江之东流，胸襟为之豁然！气概也就不同了。所以爱好山水与中国人之性情关系甚大，假如中国人是喜欢花卉的，也许我们对于许多事情的看法会有不同。《文心雕龙》中说："老庄告退，山水方滋。"就是指这个时候北方士大夫到南方来的一种精神生活的转变。有这么美丽的山水，自然要把它收之于笔头纸卷之上。刘宋时，有高士宗少文者，他爱好山水，遍历名山大川，一直到老，因为有病，不能再游，于是在家里四壁画诸山，坐卧其间，名曰"卧游"，意谓："抚琴动操，欲令众山皆响。"各位想想，这是一种什么境界呀？由此看来，可知士大夫之崇尚自然，应该相信是山水画发达之原因，同时也是道家思想发展中之美景了。我个人还有一个偏见的看法，中国人如果永远不放弃山水画，中国人的胸襟永远都是阔大的。这是中国绘画超然之第三点。

乙　民族之精神

中国画另有一种精神便是民族精神。当然上面所说的多少与民族有关，这里所说的是大约相同于孙中山先生三民主义所讲的民族意义。在这个意义下，中国画重人品，重修养，并重节操。北宋以后绘画益盛，文人如黄山谷、苏东坡、沈存中等，都主张画是人品的表现，黄山谷论李龙眠的画，有"画格与文章同一关纽"之语。苏东坡画竹不画节，人问何故？他说你何尝见竹是一节一节生的。这种重人品弃形似的思想，影响以后中国的绘画，非常重要，所以有人说："人品不高，用墨无法。"画家一定要多读书，必须有书卷气，否则就一文不值。仇十洲的画，至今为中外所重视，但是在当时，唐寅、文徵明，尤其以后的董其昌，都看不起他，就是因为他不是读书人出身。这种重修养、重人品的条件，本是中国画一贯的精神，尤其在北宋以后特别抬头。这东西，西洋画家看起来也许不以为然，但在中国却变为衡量之标准。赵子昂本是一个艺术的全才，文章、音乐、绘画都好；但是，他是宋朝宗室之后，却做了元朝的官，就不惜说他的人正和他的字一样，娟好特甚，没有骨头。元之四大家，个个都好，只是王叔明不幸是赵子昂的外甥，而且一度做泰安知州——这是相当误会的——因为这样，他的作品，终还有人不满。像这种事实，特别在元代，更有急遽的转变。他们认为文即是画，画乃文的最高一层，所以一般文人士大夫多借绘画抒写性灵，或发扬志节，只求达意，并不在乎工不工，像不像。譬如南宋偏安江左，文人士大夫作画多不用颜色而改用水墨，于是纯水墨或浅绛之类的画更是盛行。站在中国画史的立场看，墨是中国画最重要的因素，可是在一千四百年以前，墨在画的地位，并不重要，所以，谢赫批评二十七个画家的"六法"中，没有谈到用墨。如上所讲，墨是北宋南宋之间才开始盛行的。这个时候，刘松年、李唐、马远、夏圭，所谓南渡四家，他们的作风，尤其马夏，可说完全是水墨作风,所以有"水墨苍劲"之称。我们看故宫藏的《长江万里图》,真是水墨淋漓,可以想象当时作画的时候精神之紧张。南渡后的宋朝很不安宁,一般士大夫自然没有心情去作工笔画。我们看这时期"册页"和"手卷"的盛行,画风乃至样式的转变,是有其所以然的。马远画画总是画景物的一个角落,于是人都称他为马一角,他的意思,或是表示宋朝的天下只剩东南一角了。还有郑所南画兰花不生根,不画土,就是表示宋朝的江山已被元人占领,没有土地了。他取名思肖,思肖者,思赵(宋)也。赵家天下"走"了,不是"肖"么?中国画在元朝的八十余年中,就艺术讲,比较萧条。当时画家极少画绚丽的颜色画,或大规模的工笔画。他们的目的,无非在对异族的宰治的抗议,所谓"萧疏淡泊,寄托遥深"。像倪云林,他画竹不过是"逸笔草草",洩洩胸中逸气。他的画上很少画人,据说只有二三张画有过人物。他为什么不画人物?明代的元卓林代他说了:"不言世上无人物,眼底无人欲画难。"中国画的这种转变,完全是借笔墨来发挥伟大的民族精神啊!

丙　写意的精神

我们常听见人家问话,先生是画工笔的还是画写意的。这写意两字,好像面包蛋糕一样成为一个专门名词了。中国画画一个人,不只是画外表,而是要像这个人的精神,一般人所谓"全神气",即是要把这人的精神表达出来。所以中国画要画的不是形,而是神。不是画的精细周到,而是要把握每一个特殊的重点。画人不一定要画眼睛,他需要删削洗练,使画出来是精彩的东西，缺一笔不可。不必细细去描，换句话，它不是要说明这个东西，而是希望用最简练的手法来代表这个东西。这种写意的精神，我个人认为是产生于中国画的工具和材料尤其是中国人的思想。因为中国的绢纸笔墨，只能够写意，也最适宜于写意。在这种工具短绌、材料不健全之下，能够担负这样伟大的任务，已经就是了不起的了。明朝的查伊璜论画，他说是"白日做梦"，而且是醒时之梦。梦虽无理，而却有情，画不可无理，却必不可无情，画家要画得好画，就要打开眼睛做梦，能做奇梦的人，才能画好画。这种说法，当然道破了此中之秘，但也是工具材料及传统思想，全力包围下一种无可奈何的前途。不过时至今日，环境已经不同，绘画的工具材料，可能渐趋改进，对于中国画的传统精神，将来会变成什么样子，现在很不容易预料。不过有一点可以说，假如中国人用毛笔的习惯不取消，中国的线条画是不会变的。譬如说如果将来有一种材料，比现在的纸更健全，那么，中国画的写意精神，也许会动摇。在尚未实现之前，写意是该大书特书的。

原载1947年9月上海《京沪周刊》第1卷第38期

普遍的音乐

——随感之四

冼星海

学音乐的人，没有一个不是抱大志向的。在他们理想里，充满着乐圣及天才的印象，个个的想望都是将来中国的贝多芬、舒柏特、瓦格纳这样人物。可是事实上能做到吗？我们还要考虑到中国的音乐环境和中国的音乐。由此类推，中国的现在，实在难产生像贝多芬等的大天才。与其缺乏天才，不如多想方法，务使中国有天才产生之可能，才是学音乐的人的责任。要使中国有音乐天才产生之可能，其责任落在一般音乐教育者的身上，他们的工作是非常重大，不但学得了音乐便知足，还要广播全国，感染全国。人人能尽力做，尽力学，势必人人能歌能舞能奏，全国能够如是，岂不是一件极光荣的事吗？我的主张是要把音乐普遍了中国，使中国音乐化了，逐渐进步上去，中国不怕没有相当的音乐天才产生。若不先提倡普遍音乐，恐怕再过几十年还是依然的中国，音乐不振的中国啊！

假如你已有志于音乐的，我便劝你好好的用功，不要随随便便的去研究，学成后把你所学教授别人，还要一生不忘，要经过许多苦恼和失败，甚至你所想望的事实，会常常令你丧志的，困苦的，只是这才是人生的真谛。我们要做普通人所不能做到的事情，而且要吃普通人所不能吃的苦，才是做成了一个可站立得住的所谓人，才算堪称为人。贝多芬何尝不是饱吃痛苦，屡历厄运的人呢！然而他的不朽就在这里。所以学音乐的人啊，不要太过妄想，此后实际用功，负起一个重责，救起不振的中国，使她整个活泼和充满生气。还要记着吃苦是不免的，羊肠小道不易步行，我们只有血汗忍耐和努力才能达到我们的想望。此后学音乐的人，虽然把谋幸福或快乐的念头打消，但将来中国音乐发达，达到世界乐坛上的位置，也是你们学音乐人的幸福和快乐。

伟大的思想应该有的，同时要有伟大的实行。做一个真伟大的人，不是做一个像伟大的人。所以学音乐的人的思想，不要空想，还要实行。中国需求的不是贵族式或私人的音乐，中国人所需求的是普遍音乐。要了解没有音乐的普遍全国，便没有音乐统一之可能；没有音乐统一之可能，还能产生音乐大天才吗？不怪中国自有历史以来最缺乏的就是音乐天才，直至今日，也没位置站在世界乐坛上的。啊！我们学音乐的人，要多么自省！责任是我们的。

原载1929年7月1日《音乐院院刊》第3号